全球海洋中心城市建设的地区实践与政策创新

谢慧明　周　彬　余　杨　等著

中国财经出版传媒集团

经济科学出版社
Economic Science Press

图书在版编目（CIP）数据

全球海洋中心城市建设的地区实践与政策创新／谢
慧明等著．-- 北京：经济科学出版社，2022.11
ISBN 978 - 7 - 5218 - 3868 - 8

Ⅰ.①全…　Ⅱ.①谢…　Ⅲ.①城市建设 - 研究 - 世界
Ⅳ.①F299.1

中国版本图书馆 CIP 数据核字（2022）第 128296 号

责任编辑：吴　敏
责任校对：郑淑艳
责任印制：张佳裕

全球海洋中心城市建设的地区实践与政策创新

谢慧明　周　彬　余　杨　等著

经济科学出版社出版、发行　新华书店经销

社址：北京市海淀区阜成路甲 28 号　邮编：100142

总编部电话：010 - 88191217　发行部电话：010 - 88191522

网址：www.esp.com.cn

电子邮箱：esp@esp.com.cn

天猫网店：经济科学出版社旗舰店

网址：http://jjkxcbs.tmall.com

北京季蜂印刷有限公司印装

710×1000　16 开　21.25 印张　360000 字

2022 年 11 月第 1 版　2022 年 11 月第 1 次印刷

ISBN 978 - 7 - 5218 - 3868 - 8　定价：86.00 元

（图书出现印装问题，本社负责调换。电话：010 - 88191510）

（版权所有　侵权必究　打击盗版　举报热线：010 - 88191661

QQ：2242791300　营销中心电话：010 - 88191537

电子邮箱：dbts@esp.com.cn）

序

哲学社会科学的向海图强

海洋关系民族生存发展，关乎国家兴衰安危。海洋对人类社会发展进程产生了重大影响，尤其是十五六世纪之交的"地理大发现"之后，航海技术的突破造就了世界市场和全球联系，海洋文明成为一种新兴形态。党的十八大报告提出"建设海洋强国"，明确"提高海洋资源开发能力，发展海洋经济，保护海洋生态环境，坚决维护国家海洋权益，建设海洋强国"。党的十九大报告进一步强调"坚持陆海统筹，加快建设海洋强国"。事实上，习近平总书记对海很有感情，一直有经略海洋的战略思考和谋划。早在 2003 年 7 月，时任浙江省委书记习近平同志就全面系统阐释了浙江发展的"八个优势"，提出了指向未来的"八项举措"，即"八八战略"。其中，第六条就是"进一步发挥浙江的山海资源优势，大力发展海洋经济，推动欠发达地区跨越式发展，努力使海洋经济和欠发达地区的发展成为我省经济新的增长点"[①]。总之，以习近平同志为核心的党中央扎实推进海洋强国建设，海洋经济高质量发展成效显著，海洋科技创新有了实质性进展，海洋事业总体上进入了历史上最好的发展时期。此时，哲学社会科学的向海图强正当其时，恰逢其势。

[①] 习近平：《干在实处 走在前列——推进浙江新发展的思考与实践》，中共中央党校出版社 2006 年版，第 72 页。

一、哲学社会科学的向海图强需要构建海洋人文社会科学的学科体系、学术体系和话语体系

人文社会科学对海洋文明研究的分支学科包括海洋政治学、海洋经济学、海洋社会学、海洋法学、海洋管理学、海洋旅游学、海洋军事学、海洋史学、海洋考古学、海洋文学、海洋民族学、海洋文化学、海洋民俗学、海洋宗教学等。哲学社会科学性较强的海洋科学还包括海洋哲学、海洋战略学、海洋政策学、海洋地理学、海洋教育学、海洋体育学、海洋美学等。这些学科在融合和初创阶段实际上是政治学、经济学、管理学、哲学、文学、历史学、人类学、民族学、民俗学、宗教学等传统学科繁荣的新增长点。它们从交叉中走来，在融合中深化，并最终服务于海洋强国建设的伟大实践。

从中国知网的统计来看，以"海洋"为主题的学术研究可以追溯到1670年，相关研究多达84万条（截至2022年5月）。"海洋强国"主题相关研究最早出现在1996年，海洋经济强国作为跨世纪国家战略被学界提出。20多年来，"海洋强国"主题相关研究已达5000多条，涉及海洋强国建设、海洋科技创新、海洋生态文明、海洋权益维护、海洋经济发展、陆海统筹、专属经济区、海上丝绸之路、海洋资源、海洋文化、海洋教育等。不同主题的学术研究业已构成了别具一格的中国特色的海洋人文社会科学的学术体系，其进一步发展要求加强海洋战略研究，包括海洋政治战略、海洋经济战略、海洋文化战略、海洋社会战略和海洋生态文明战略等；要求加强中国边疆海洋档案整理与研究，而中国海洋档案的抢救性整理与研究有待根据地区资料储备的绝对优势、历史发展阶段的比较优势和相应团队的"冷门绝学"优势深入推进。

海洋人文社会科学的话语体系建设旨在打造以"海洋"为标识的新概念、新范畴、新表述。中国特色的海洋人文社会科学话语体系可以是海洋强国概念的提出和发展，可以是海上丝路、冰上丝路、

海洋牧场、蓝色粮仓等一系列概念的提出，可以是海洋中心城市建设等命题的提出。而包含浙江元素的海洋人文社会科学话语体系可以是从海洋经济强省到海洋强省，再到海洋强国等一系列概念的溯源；可以是"跨越'清大线'，念好'山海经'"命题的提出；可以是基于"山海协作工程"学术体系的新范畴和新表达（"山"与"海"的携手同行，浙江对中西部地区的对口支援)[①]。

二、哲学社会科学的向海图强需要挖掘浙江元素，贡献浙江智慧和提供浙江方案

改革开放以来，浙江的海洋经济发展大体经历了以下三个阶段：第一阶段，建设海洋经济大省（1978～2002年）；第二阶段，建设海洋经济强省（2003～2011年）；第三阶段，建设海洋强省（2012～）。在第一阶段，浙江的海洋发展思路与改革开放紧密结合，"引进来、走出去"是主要任务，海洋优势产业逐渐形成并日趋多样，科学技术是撬动产业发展和实现"海洋经济大省"的主要驱动力量。在第二阶段，浙江通过做深做大海洋经济、全面发展海洋产业、联动发展海陆经济、推进"山海协作"工程等推进海洋经济强省建设。在第三阶段，正式提出海洋强省战略，海洋资源、海洋经济、海洋生态、海洋科技、海洋法制、海洋文化、海洋权益等思想体系及实践不断丰富发展。浙江的生动实践为哲学社会科学的向海图强提供了丰富的素材。

高水平建设具有浙江辨识度的海洋人文社会科学要求从浙江的实践出发，加强海洋人文社会科学的融合研究，在推动海洋政治、海洋经济、海洋文化、海洋生态、海洋治理等新学科和新领域的交叉融合中构建新理论；要求创建海洋类哲学社会科学重点实验室，

---

① 本书编写组：《干在实处 勇立潮头——习近平浙江足迹》，浙江人民出版社、人民出版社2022年版，第113～120、151～160页。

推动大数据、云计算、人工智能等在海洋人文社会科学领域的应用，在海洋领域初步形成定位清晰、特色鲜明、布局合理、引领发展的实验室建设体系；要求推进海洋强国领域政治话语学理化、学术话语大众化和中国话语国际化，加强海洋人文社会科学交流展示场所和新媒体大众传播平台建设，开展海洋治理等全球性问题的国际合作研究；要求推动省内国家高端智库和各类新型智库建设，完善浙江海洋发展智库联盟建设机制，聚焦东海发展的全局和长远问题，加强各智库联合研究攻关，切实提升服务重大决策的能力和水平。

根据浙江省"十四五"发展规划，浙江省哲学社会科学的向海图强研究包括但不局限于：大力推进浙江海洋强省建设，加快海洋成为浙江发展新增长点，打造投资驱动的山海协作升级版，推动宁波片区锻造世界一流强港硬核力量，中国—中东欧国家经贸合作示范区创新发展，海外仓新业态确保浙江出口份额，推动舟山片区做强油气全产业链，推动建设大宗商品资源配置高地，海洋渔业转型提升机制和模式，加快建设甬舟温台临港产业带，推进完善陆海区域协调体制机制，深入推进浙江近岸海域生态修复，浙江省全面落实休渔禁渔禁捕制度，美丽海湾保护与建设行动，浙江省人防海防工作新成效新探索，唱好杭甬"双城记"，浙江省支持海洋中心城市建设，山区 26 县和 6 个海岛县跨地区教共体组建，山区 26 县和 6 个海岛县救治和共享中心建设，等等。这些研究主题可以进一步与各个设区市的实际相结合，进而围绕海洋强省战略贡献学界智慧。

三、哲学社会科学的向海图强需要加强海洋中心城市的全球化和全球中心城市的海洋化研究

城市尺度的海洋人文社会科学研究是海洋科学与城市科学在哲学社会科学领域的交叉。国内海洋城市的研究始于 20 世纪七八十年代，彼时的海洋城市研究主要是指海洋居住城，指的是向海洋要空间。新时代的海洋城市研究有中心化的主题，这一主题源于不同阶

段海洋中心城市建设的兴起。2017 年，《全国海洋经济发展"十三五"规划》明确提出推进深圳、上海等城市建设全球海洋中心城市。2019 年，《中共中央　国务院关于支持深圳建设中国特色社会主义先行示范区的意见》中提到支持深圳加快建设全球海洋中心城市。2020 年 1 月 12 日，浙江省十三届人大三次会议明确，率先实施长三角区域一体化，谋建全球海洋中心城市。2021 年初，经浙江省社会科学界联合会分工，由我带领团队一行 15 人于 2021 年 1 月 11～13 日赴宁波和舟山开展"三服务"调研，并形成了《推动宁波舟山全球海洋中心城市建设的问题与对策》的调研报告，省委主要领导对此进行了批示。

在调研过程中，我提出了宁波舟山一体化建设全球海洋中心城市面临的九个方面问题需要深化研究：（1）宁波舟山建设全球海洋中心城市的功能定位不够明确；（2）宁波舟山建设全球海洋中心城市面临一体化困境；（3）宁波舟山港与一流强港的"硬核"目标还有差距；（4）宁波舟山港服务功能不够完善，服务能级不够高；（5）宁波舟山的海洋产业升级乏力且未实现优势互补；（6）宁波舟山建设全球海洋中心城市的创新能力不足；（7）宁波舟山城市大脑"数字赋能海洋"刚刚起步；（8）宁波舟山所处的海洋环境质量较差；（9）宁波舟山城市治理能力和治理体系现代化水平有待提升。这些问题集中表现为：对全球海洋中心城市建设的研究不够深入，宁波大都市区中心城市能级偏弱，港口建设离"硬核"要求还有差距，海洋产业转型升级存在发展瓶颈，全球海洋中心城市面临数字化转型难题。

宁波大学东海战略研究院谢慧明教授课题组在调研报告的基础上进一步深化了相关问题研究。一是基于港口历史，对海洋中心城市进行溯源；二是全球海洋中心城市形象的内涵价值；三是全球海洋城市建设的产业特色及政策体系；四是全球海洋中心城市建设的硬核强港与服务提升；五是全球海洋中心城市建设的科技创新与人才集聚；六是全球海洋中心城市建设的数字赋能与制度重塑；七是全球海洋中心城市建设的生态保护与绿色发展；八是全球海洋中心城市建设的资源保障及其可持续性；九是全球海洋中心城市治理能力和治理体系现代化；十是全球海洋中心城市建设的未来展望。他们从这些方面深入剖析了全球海洋中心城市建设的地区实践与政策创新。

本书是新时代海洋强国建设的浙江故事，是浙江忠实践行"八八战略"、奋力打造"重要窗口"，高质量发展建设共同富裕示范区的海洋战略研究，是浙江支持宁波舟山海洋中心城市建设研究的深化，对宁波舟山一体化建设全球海洋中心城市具有重要的参考价值。全书既有实践性总结，又有学理性剖析；既有规范性分析，又有经验性考证；既有历史纵深感，又有现实针对性；对从事海洋经济、海洋治理、海洋文化、海洋生态等领域的学者和实践工作者均具有一定的借鉴意义。特作序推荐！

浙江省社科联党组书记、副主席

郭华巍

2022 年 6 月

目　　录

第一章　港口历史考察及海洋中心城市溯源

从某种意义上讲，人类社会的发展史就是人类认识海洋、征服海洋和向海洋索取的历史。1500 年前后完成的地理大发现使人类步入大航海时代。这既是世界近代史的开端，也是世界经济发展的起点，因为从那时起，世界上曾经处于相对隔绝的各地区才开始建立起直接联系。葡萄牙、西班牙、荷兰、英国和美国先后崛起成为海洋霸主，这与其主导的繁荣的海上贸易网密不可分。在这些贸易网之下，一系列城市或地区因海洋而兴或因海洋而衰，演绎了一幕幕起承转合的历史剧。

第一节　葡萄牙的海外扩张及依托港口城市

葡萄牙，这个得名于港口城市的国家似乎注定与大海有着密不可分的联系。1500 年前后，作为地理大发现的先驱，葡萄牙不断进行海上探险和海外扩张，并最终建立起覆盖欧、美、亚、非四大洲的庞大商业帝国，由此成为 16 世纪海上贸易史的主角之一。

一、葡萄牙在大西洋的重要扩张及依托基地

葡萄牙的海外扩张始于阿维兹王朝（Aviz House，1385 ~ 1580）统治时期，以若奥一世（João Ⅰ，1385 ~ 1433 年在位）1415 年攻占北非休达为标志。休达战役后，在亨利王子（Henry the Navigator，1394 ~ 1460）的支持和影响下，葡萄牙在大西洋上发现和占领岛屿并展开探索非洲西海岸的活动。15 世纪 20 年代至 50 年代，葡萄牙人一方面相继在马德拉群岛、亚速尔群岛以及佛得角群岛建立殖民地并开展种植或畜牧活动，使这些岛屿成为葡萄牙船只远航的中转港湾以及补给基地；另一方面沿着非洲西海岸不断前进，先后抵达博哈

多尔角、加内特湾、怀特角、布朗角以及阿尔金角，将足迹延伸至今几内亚比绍一带，并在阿尔金角建立了首个带有要塞的商站作为撒哈拉西部转口贸易的枢纽。

1481 年，阿丰索五世（Alfonso Ⅴ，1438～1481 年在位）的儿子继位成为若奥二世（João Ⅱ，1481～1495 年在位）。不同于其父亲的碌碌无为，他迫不及待地继续推进葡萄牙的海洋扩张事业。著名的米纳城堡于 1482 年建立，圣多美岛则于 1485 年成为殖民地，这两个地区是葡萄牙在非洲大陆上进行贸易和地理扩张的中心。与此同时，葡萄牙航海家继续沿非洲西海岸南下，陆续到达今尼日利亚、安哥拉、纳米比亚一带。最终，巴托罗梅乌·迪亚斯（Bartolomen Diaz，约 1450～1500）于 1488 年发现非洲大陆南端的好望角，这为后来葡萄牙人绕过非洲前往印度奠定了基础。

曼努埃尔一世（Manuel Ⅰ，1495～1521 年在位）时期，奉命前往印度的佩德罗·阿尔瓦列斯·卡布拉尔（Pedro Álvres Cabral，1467～1520）于 1500 年意外地发现了大西洋西侧的巴西。之后，葡萄牙不断派出舰队考察巴西的海岸，并建立商站。1503 年，第一座商站在塞古鲁港建立。而对巴西的永久征服到若奥三世（João Ⅲ，1521～1557 年在位）时期才被提上议事日程。设立世袭舰长领地制度，以及在萨尔瓦多建立中央政府这两项措施在一定时期内维持了葡萄牙对于巴西沿海地区的统治。

二、葡萄牙在印度洋和太平洋的重要扩张及依托基地

早在若奥二世时期，为打破意大利人对传统香料贸易的垄断，科维良（Pero da Covilhã，1460～1526 年以后）受国王的派遣，于 1488 年成功抵达印度西海岸，并在此之后陆续来到坎纳诺尔、卡利卡特以及果阿。而葡萄牙人对亚洲的探索直到曼努埃尔一世时期才全面展开。1498 年，瓦斯科·达·伽马（Vasco da Gama，1460～1524）绕过好望角，途经莫桑比克、肯尼亚一带，最终登陆印度西海岸的卡利卡特。此后，葡萄牙在非洲东海岸陆续建立了一系列基地（见表 1.1）作为前往印度沿途的商站，并通过军事或外交手段在印度西海岸拥有了大量基地（见表 1.2）。这些散布在东南非洲、南亚以及东亚的广大地区的居留地、要塞或商站组成了所谓的葡属"印度国"，由此奠定了葡萄牙在印度洋的海上霸权。若奥三世时期，通过和平贸易的方式，葡萄牙人在远

东扩大影响，开始在中国的澳门、日本的长崎开展贸易活动。

表 1. 1　　　　　　　　　　　葡萄牙在非洲东海岸的基地

时间	地点
1505 年	基卢瓦、蒙巴萨、索法拉
1507 年	莫桑比克
1520 年	马林迪、奔巴岛
1544 年	德拉瓜湾

资料来源：［英］杰里米·布莱克：《重新发现欧洲：葡萄牙何以成为葡萄牙》，高银译，天津人民出版社 2020 年版。

表 1. 2　　　　　　　　　　　葡萄牙在印度西海岸的基地

时间	地点	时间	地点
1503 年	科钦	1515 年	巴林、霍尔木兹岛
1505 年	坎纳诺尔、安吉迪乌岛	1530 年	孟买
1509 年	焦尔	1535 年	第乌
1510 年	果阿	1540 年	苏拉特
1512 年	奎隆	1550 年	马斯喀特

资料来源：［英］杰里米·布莱克：《重新发现欧洲：葡萄牙何以成为葡萄牙》，高银译，天津人民出版社 2020 年版。

三、葡萄牙贸易网的典型港口城市

概括而言，葡萄牙在海洋方面的成就大体来说有两个方面（赵婧，2019）。第一，在探索非洲沿岸的过程中，葡萄牙人建立了联系欧洲、非洲和美洲的大西洋贸易体系。该体系的主体是一条从里斯本出发，经过马德拉群岛、佛得角群岛和亚速尔群岛，然后向南、向西继续航行，到达巴西的重要贸易航线。第二，葡萄牙人开辟了好望角航线，通过武装和垄断贸易的方式进入印度洋贸易体系，并继续航行至南中国海，直接沟通了东西方贸易。最终，他们在里斯本—果阿—马六甲—澳门—日本贸易航线的基础上，延伸和丰富了太平洋西部贸易网络。

在葡萄牙建立的上述两条航线上，涌现出了许多因海洋贸易而兴起或繁荣的城市或地区，如葡萄牙的里斯本、波尔图、阿威罗和埃武拉，巴西的伊塔玛拉卡、累西腓、萨尔瓦多和里约热内卢，安哥拉的罗安达，肯尼亚的蒙巴萨，莫桑比克，印度的果阿，马来西亚的马六甲，中国的澳门、双屿，以及日本的长崎，等等。

（一）里斯本

里斯本，在特茹河河口北岸，位于葡萄牙海岸线的中点。作为一座具有两千年历史的古城，里斯本在 16 世纪曾是当时欧洲最兴盛的港口之一，这与其所具备的良好条件是分不开的（顾为民，2017；陈家瑛，1999）。第一，城市历史悠久。里斯本大约从公元前 1200 年起就是腓尼基人贸易基地的所在地，或至少它是一个与腓尼基人保持密切商业联系的城市。在罗马时代，里斯本依然是一个重要的港口。罗马人曾在这里建造剧院和浴室。在西哥特人统治时代，里斯本则有了城墙和民宅。在摩尔人统治时，城墙又被重建。第二，地理位置合适。里斯本地处伊比利亚半岛西部海岸突向大西洋水域的尖角地带，是位于整个欧亚大陆西南端的大都会，既是政治中心，商业又很繁盛。阿丰索三世（Afonso Ⅲ，1210～1279）将首都设在里斯本，市区面积由此开始扩大。到了迪尼什一世（Diniz Ⅰ，1261～1325）时代，城市的商业更进一步繁荣。第三，基础设施完善。曼努埃尔一世在特茹河边建立了一片岸堤，其上建造了一批实用性的建筑物，包括专门从事进口货物贸易的海关大楼、可以为小麦称重的小麦储藏站、火药房、仓库，以及制造大炮的兵工厂。第四，造船业发达。里斯本的造船业在 15 世纪末至 16 世纪一直处于领先地位，在特茹河边有巨大的船坞。第五，气候舒适。在欧洲，整个葡萄牙的气候都被人广为称道，而里斯本尤以气候温和出名。因此，包括里斯本在内的葡萄牙西部和南部沿海地区是公认的黄金居住地带。

不过，里斯本也存在着致命缺陷——缺乏资本。因此，其城市发展要依靠日耳曼、意大利以及西班牙的资本。故而，葡萄牙政府不得不赋予外国商人许多特权，特别是意大利热那亚人。14 世纪以后，佛兰德斯、法国以及日耳曼的商船经常在里斯本港口停泊，葡萄牙政府为这些商人减税并给予他们法律上的保护。

如今，里斯本港仍是全世界著名的深水良港，可停靠各种重吨位船只。在葡萄牙国内，里斯本通过发达的陆海空交通与全国各地直至最偏远的角落相连；在世界范围内，里斯本则作为重要交通枢纽，连接欧洲、北美和非洲，是全球海上交通战略要冲。

（二）果阿

果阿是 15～18 世纪葡属东方的贸易中心，素有"东方的罗马"或"赤道上的罗马"之称。其实，在印度这片土地上曾有两座城市以"果阿"之名闻名于世。第一个果阿邻近祖阿里河，后因战乱和河道淤塞，城市的商业和贸易中心北迁至曼多维河左岸一个名为埃拉的村庄，并以此为中心逐渐形成了一个新的果阿。从 1510 年开始，葡萄牙人在此建立了葡属印度殖民地，该殖民地直到 1961 年才脱离葡萄牙回归印度联邦。果阿能够发展成为重要港口城市是因为（顾为民，2009）：第一，自然条件优越。果阿附近的曼多维河不仅宽阔，而且河水较深，在雨季时尤其如此。此地气候温润，有长青的果园和茂密的棕榈树林。更为重要的是，果阿所在的蒂斯瓦底岛两边都有大河流入大海，故有宽阔的锚位可供船只停泊。第二，具有前期发展基础。早在葡萄牙人殖民之前，当时管辖果阿的统治者便非常喜欢果阿。果阿就此获得了得天独厚的发展机会，城里先后筑起了要塞和其他优美的建筑物，成为当时印度西海岸除卡利卡特外的第二个重要的商业中心和港口，吸引了亚洲不同民族和不同宗教信仰的人，一时贸易繁荣、财富迭增。第三，造船业发达。正如历史学家苏萨所言，很明显，果阿取代了阿拉伯在印度西部地区贸易的中心枢纽地位，这里有良好的造船以及船舶维修设施。正因为这个原因，阿尔伯奎克在对形势做出评估以后，不顾反对，决意占领这个地方。由于认识到果阿在战略上的重要性，16 世纪 50 年代葡萄牙人决定将指挥总部从科钦移到果阿。从那时起，果阿成为葡属亚洲贸易的中心。与此同时，葡萄牙人还在原先的阿迪尔·沙希王朝建造的船坞和兵工厂的基础上，修建了新的船坞。

如今，果阿是印度的一个邦，位于印度西部，北邻中央邦，东部和南部与卡纳塔克邦接壤。

（三）马六甲

自 15 世纪初满剌加王国兴起，马六甲逐渐成为重要的国际贸易港口城市。

在古代东南亚交通史上，沿着主要航道，不同时期有着不同的航运中心①，而位于马来半岛南部的马六甲便是其中的一个。正因为其重要的地位，自 16 世纪初至 19 世纪 30 年代的 300 余年间，早期殖民主义强国（葡萄牙、荷兰、英国等）围绕马六甲展开了长期的争夺战。马六甲之所以成为重要的港口城市，其原因如下（万明，2020；龙艳萍，2010；周中坚，2014；桂光华，1985）：第一，马六甲海峡位于马来半岛与印度尼西亚苏门答腊岛之间，西通安达曼海，东连南海，是太平洋、印度洋与亚、澳、欧、非四大洲的咽喉之地，是连通太平洋与印度洋的要道。第二，马六甲港性能优良。马六甲港位于马六甲海峡最狭窄处，是天然良港，港宽水深，既隐蔽又便于防守，且无浅滩和树林，不易受风暴侵袭，船舶可安全入港。第三，季风条件得天独厚。马六甲是印度洋、南海和爪哇海季风的交叉点。在帆船时代，季风有着不可估量的作用，这成为推动马六甲港发展的重要原因之一。第四，政治环境稳定。满剌加位于东南半岛的最南端，立国之初只是一个偏僻的小渔村，因而经常受到北方强大的暹罗的侵扰。在郑和下西洋前夕，明朝派遣中官尹庆到满剌加赐封满剌加国王，满剌加正好利用这个机会请求明朝保护，以此来摆脱暹罗的控制。明朝对满剌加国王的册封增加了满剌加的外部稳定因素，对满剌加摆脱暹罗的侵扰起了一定作用。稳定的外部环境有利于满剌加经济的发展，为其成为贸易中心提供了条件。第五，对于海盗贸易的清剿。在 15 世纪的最初几十年里，当地的形势和外部的干预促使马六甲海峡因商务交通而重新开放。其决定性的因素是明朝政府和印度主要贸易界的迫切需要恰好一致，它们要镇压实际上存在于整个 14 世纪的令人讨厌的海盗行径，这种海盗的劫掠使通过海峡的贸易活动陷于瘫痪。第六，贸易管理制度完善。马六甲实行了沙班达尔制度，即设立四个港务官（沙班达尔），分管印度吉吉拉特地区、马六甲以西地区、马六甲以东地区、马六甲以北地区四个主要方向的商船和商务，且港务官均由相应地区出身的人担任，以便保护该地区商人。此外，马六甲力求实行低关税（6%，礼金 1% 或 2%），课税公平简便。第七，伊斯兰教的助推。满剌加王国确立伊斯

---

① 这些航运中心分别是：1～7 世纪扶南时期以顿逊为中心的马来半岛北部港口群，8～12 世纪室利佛逝三佛齐时期以巴邻旁为中心的苏门答腊东南部港口群，13～14 世纪满者百夷时期以图班为中心的爪哇港口群（参见周中坚：《马六甲：古代南海交通史上的辉煌落日》，载于《国家航海》第 2014 年第 2 期，第 173～179 页）。

兰教为国教，使得马六甲成为传播伊斯兰教的中心。于是，集商人和伊斯兰教徒于一身的阿拉伯航海者大量涌入马六甲，再从马六甲前往南海各地，推动了马六甲的繁荣。

基于上述原因，在 15 世纪形成了一个以满刺加为中心的贸易圈，并形成了南北两条弧线。北部弧线形成较早，包括从占城、越南、柬埔寨及泰国沿海直到满刺加；南部弧线是从菲律宾群岛经过婆罗洲、马鲁古群岛、巽他海峡，再从爪哇、苏门答腊直到满刺加。

（四）澳门

澳门在明代称濠镜或濠镜澳，是广东香山县（今中山市和珠海市）的小渔港，明代以前就是舟船随季风寄泊之处。16 世纪上半叶，葡萄牙人多次侵扰中国沿海地区，却在明朝官府反击下屡遭失败。因此，16 世纪下半叶，葡萄牙人转而采取谦卑态度，终于进入并赁居澳门，使其成为闻名遐迩的对华贸易基地和对远东贸易的中转港口。在这一时期，澳门得以繁荣发展的原因大致如下（黄鸿钊，1999；徐君亮，1996）：第一，交通便利。1523 年以后，明朝只有广州可以接受外国商使朝贡贸易，而澳门至广州的直线距离仅 100 多千米，水路船运内航可以直达广州及粤西南沿江、沿海各埠，外航可以径直出海；陆路交通也有莲花茎石矶连接内地。便利的交通使擅长进行商业贸易扩张的葡萄牙商人获得发展空间。第二，港口条件好。澳门的海岸地貌受北东向和北西向构造线相交截影响，具有华南型海岸特征，即港湾、半岛和岛屿既有与海岸线平行的特点（如澳门半岛、氹仔和路环岛为北东向，与大陆海岸线大致平行，主要海道亦与该方向一致），也有与海岸线斜交的特征（如南湾、契辛峡、夹马口水道、壕江上游等都是北西向的）。这种海岸既有利于沿海交通，又便于远洋与内陆往来，是世界上一种优良的海岸类型。第三，享受优待政策。明朝政府对在澳门从事贸易活动的葡萄牙人采取宽容和优待的方针，允许葡萄牙人居留澳门进行贸易，并在地租和商税方面给予许多优惠，使澳门成为葡萄牙人经营的贸易基地。第四，取得了贸易垄断地位。明朝政府厉行海禁，不许沿海人民从事海外贸易；从 1522 年起，更罢闽浙二市舶司，封闭泉州港和宁波港，只剩下广州市舶司。而广州口岸的贸易又以朝贡贸易为主，这就导致澳门葡萄牙商人垄断中国对外贸易的局面。

在这一时期，以澳门为中心形成了数条国际航线：澳门—暹罗—马六甲—果阿—里斯本航线；澳门—日本航线；澳门—马尼拉—阿卡普尔科—秘鲁等拉美国家航线；澳门—东南亚航线（陈炎，1993）。然而，17世纪40年代以澳门为主要中转枢纽港的葡萄牙国际贸易航线趋向衰败，这是由于中国古代封建统治者的干预，葡日贸易中断，以及葡萄牙丧失马六甲（莫世祥，1999）。

虽然在清朝康熙年间澳门的贸易中心地位有所复兴，但鸦片战争以后还是一蹶不振，不再是中外贸易的重要口岸。这是由多方面原因导致的（莫世祥，1999）：第一，香港的崛起和广州、上海、天津、武汉等30多个通商口岸的开放造成了分流作用，削弱了澳门的地位。值得一提的是江门的开埠。1904年，江门正式开放为通商口岸，且可以利用轮船运输直接与香港进行进出口贸易。作为粤西南经济圈的重镇，江门严重压缩了近代澳门贸易赖以复兴的发展空间。第二，苦力贸易与鸦片贸易相继衰竭，导致畸形发展的近代澳门贸易出现难以替代的缺失，不可能再对粤西南地区的经济发展产生重大影响。第三，航道逐年淤浅、港口工程与商业设施落后，致使澳门难以长期发挥吸引和凝聚粤西南经济圈进出口贸易的中转港功能。此外，澳门位于珠江与西江的出海口附近，属于适宜帆船泊靠的浅海潮汐港，但不利于发展吃水深、载重量大的轮船贸易。第四，缺少与中国内地广阔腹地联网的铁路，外贸口岸与自由港的优势未能发挥，使经济发展受到限制。

如今，澳门是中华人民共和国特别行政区、国际自由港。

（五）萨尔瓦多

作为巴西最古老的城市之一，萨尔瓦多拥有巴西大西洋沿岸重要的天然深水港。1549年以后，萨尔瓦多成为当时葡萄牙殖民者在巴西建成的第一座城市，也成为美洲葡萄牙领地的首府和政治、经济、文化中心。直到1763年巴西迁都里约热内卢，萨尔瓦多作为首府的历史才宣告结束。萨尔瓦多之所以被葡萄牙人选中并演变成为一个重要的港口城市，其原因大致有二。第一，地理位置好。萨尔瓦多位于大西洋畔的一个半岛上，离托多斯奥斯圣托斯湾很近。第二，腹地资源丰富。在殖民时期，其东北部地区生产的蔗糖、南部地区生产的黄金和钻石有相当一部分是通过萨尔瓦多转口的。

如今，萨尔瓦多港仍是巴西大西洋沿岸的主要港口之一，其交通运输发达，有公路及铁路与国内线路相接，并有可飞往国内各地的航班。

（六）里约热内卢

里约热内卢曾是巴西首都（1763～1960 年），位于巴西东南部沿海地区，其境内的里约热内卢港是世界三大天然良港之一。1763 年，这里成为葡萄牙人巴西殖民地的首府，后又于 1822 年成为巴西共和国的首都。里约热内卢及其港口的发展离不开下述两个因素（刘少才，2016）。第一，地理条件好。里约热内卢与对岸的尼泰罗伊隔海相望，共同扼守着瓜纳巴拉湾的出口。第二，资源丰富。17 世纪时，里约热内卢的居民以种植甘蔗和捕鱼为生。到了 18 世纪，在米纳斯吉拉斯州发现了黄金和金刚石矿，由此在巴西掀起了"黄金热"，里约热内卢人口倍增。自 19 世纪中叶起，咖啡种植园的迅速扩大又为城市发展提供了新的动力。

如今，里约热内卢是巴西的第二大城市，仅次于圣保罗，又被称为第二首都，拥有全国最大进口港，是全国经济中心，同时也是全国重要的交通中心。里约热内卢港曾长期是巴西第一大吞吐港，但在 20 世纪 80 年代后期被圣多斯港赶超。

第二节　西班牙的海外扩张及依托港口城市

在经历了 1469 年卡斯蒂利亚和阿拉贡两个王国的联姻，以及 1492 年收复失地运动的胜利后，西班牙成为一个中央集权体制的统一王国。地理大发现的热潮和葡萄牙通过海上扩张的崛起无疑深刻影响了这个毗邻海洋的新兴王国，在宗教使命的鞭策和对黄金、香料的渴求下，西班牙紧随葡萄牙之后加入了开辟新航路的活动，向海外进行探索与扩张。

一、西班牙在大西洋的重要扩张及依托基地

哥伦布（Christopher Columbus，1452～1506）向西穿越大西洋的设想被西班牙王室采纳意味着西班牙向大西洋扩张的开始。1492 年，哥伦布率领船队登陆巴哈马群岛的一个岛屿并将之命名为圣萨尔瓦多。接着，船队到达了古

巴、海地等地。此后，西班牙人在海地岛建立了第一个根据地——圣多明各，并设置了殖民统治机构。直至 1513 年，西班牙人在海地岛上共建了 13 座殖民城市。[①]

以海地为跳板，西班牙向美洲大陆进行扩张。在 16 世纪 30 年代，科尔特斯（Hernando Cortes，1485 ~ 1547）和皮萨罗（Francisco Pizarro，1471 或 1476 ~ 1541）凭借威逼利诱，分别征服了庞大的阿兹特克帝国和印加帝国，从而确立了西班牙对墨西哥和秘鲁地区的控制。到 16 世纪下半期，西班牙在美洲更是掌握了除巴西外的北达加利福尼亚湾和密西西比河，以及南至火地岛的全部土地。

为连接与美洲地区的贸易活动，西班牙采取了独具特色的双船队贸易体制，即每年派遣两支由战舰护航的船队进行贸易。第一支被称作商船队，每年春季驶向加勒比海地区的韦拉克鲁斯；第二支被称作帆船队，每年夏季驶向南美洲大陆。[②] 这一时期，西班牙的船只从伊比利亚半岛上的港口（包括拉科鲁尼亚、巴约纳、阿维莱斯、拉雷多、加的斯）起航前往目的地，并最终返回塞维利亚。

二、西班牙在印度洋和太平洋的重要扩张及依托基地

在美洲地区的成功经营并未使西班牙停止对东方的探寻。1513 年，瓦斯科·努奈茨·德·巴尔博亚（Vasco Nunez de Balboa，约 1475 ~ 1519）在巴拿马穿越巴拿马海峡的意外之举揭开了西班牙前往印度洋和太平洋的序幕。

在西班牙对印度洋和太平洋的扩张过程中，最具重要意义的事件包括麦哲伦（Ferdinand Magellan，1480 ~ 1521）的环球航行，以及黎牙实比（Miguel Lopez de Legazpi，约 1503 ~ 1572）征服菲律宾。1519 年，麦哲伦率领远征队从西班牙起航，在发现并绕过麦哲伦海峡之后，进入太平洋并到达菲律宾。最终，船队借由印度洋返回西班牙，从而完成了人类历史上的第一次环球航行。这一航行坚定了西班牙向西开拓前往东方的航线的决心。随后，在东方建立贸

---

① 李春辉：《拉丁美洲史稿（上）》，商务印书馆 1983 年版，第 50 页。转引自王志红：《马尼拉大帆船贸易运行体制研究（1565—1642）》，华东师范大学，2018 年，第 16 页。

② 艾·巴·托马斯：《拉丁美洲史（第一册）》，商务印书馆 1973 年版，第 194 ~ 198 页。转引自王志红：《马尼拉大帆船贸易运行体制研究（1565—1642）》，华东师范大学，2018 年，第 19 页。

易据点便成为刻不容缓之事。1564 年，黎牙实比从西班牙在美洲的领地墨西哥出发，开启了征服菲律宾之路。凭借武力，他先后占据了宿务、班乃岛和马尼拉，从而逐渐确立了西班牙对菲律宾的辖制。在此期间，黎牙实比还派人成功开辟了从菲律宾返回墨西哥阿卡普尔科的北太平洋返程航线，由此摆脱了西班牙对菲律宾"不完整的"统治①。

三、西班牙贸易网的典型港口城市

在一系列的扩张与殖民活动后，西班牙帝国建立起马尼拉大帆船贸易。这是一条联系西班牙最重要的殖民地（墨西哥）和最遥远的殖民地（菲律宾）的海上通道。通过它，美洲和亚洲首次可以直接进行贸易并构建起太平洋上的一个贸易循环体系：中国商船将货物运往菲律宾的马尼拉，西班牙人则在马尼拉将这些货物装载至大帆船后运销到墨西哥的港口阿卡普尔科；从阿卡普尔科返回时，西班牙人可以带上美洲的白银，之后用于购买在马尼拉的货物。在这样一条横跨太平洋的航线上涌现出许多因海洋贸易而兴起或繁荣的城市，如西班牙的塞维利亚、加的斯，意大利的那不勒斯，中国的月港，菲律宾的马尼拉，墨西哥的阿卡普尔科以及秘鲁的利马等。

（一）月港

月港位于今福建省漳州市龙海区，地处九龙江入海处，因其港道"一水中堑，环绕如偃月"而得名，与汉唐时期的福州港、宋元时期的泉州港及清代的厦门港并称为福建历史上的"四大商港"。据《海澄县志》记载，月港"唐以前则洪荒未辟之境"，"宋则芦荻中一二聚落"。② 但在明代中后期，月港发展成为一处商船聚集、闻名海外的贸易港，明政府还于嘉靖四十五年（1566

---

① 日本历史学家宫崎正胜曾指出："因为莱加斯皮（即黎牙实比）一直没能发现返回墨西哥的航线，因此西班牙对菲律宾的统治是不完整的。"（参见宫崎正胜：《航海图的世界史：海上道路改变历史》，朱悦玮译，中信出版社 2014 年版，第 179 页）。转引自王志红：《马尼拉大帆船贸易运行体制研究（1565—1642）》，华东师范大学，2018 年，第 24 页。

② （清）王志道：《初修海澄县志序》，《（乾隆）海澄县志》卷首。转引自郑宝恒：《月港的兴衰》，载于《历史地理研究》1992 年第 1 期。

年）在此设立海澄县以治月港①。然而，作为对外贸易港，月港如昙花一现，在明代天启、崇祯以后便日趋衰落。到了清康熙二十三年（1684 年），厦门正式设立海关，成为新兴的对外贸易港，从而完全取代了月港的地位。月港由人烟稀少的小渔村崛起为贸易港，却在不过两百年后就变得无人问津，其背后的原因值得探究。

首先，月港能够演变为举足轻重的贸易港大致得益于以下原因（黄涛，2006；郑宝恒，1992；李金明，2014；涂志伟，2016；张永钦，2019）：

第一，明代海禁政策与隆庆开关的影响。统治者的保守心态及倭寇侵扰的现实使明王朝一反历朝允许乃至鼓励海上贸易的政策，而严厉禁止除政府主导的朝贡贸易之外的私人海上贸易，对"私下诸番互市者，必置之重法"②。同时，洪武七年（1374 年），明政府下令撤销自唐朝以来就存在的、负责海外贸易的福建泉州、浙江明州（今宁波）和广东广州三市舶司，对外贸易遂告断绝。然而，正所谓"市通则寇转为商，市禁则商转为寇"，行政命令往往不足以禁绝人们自发的交易行为。在政策高压以及原有贸易港凋零的背景下，月港应运而生，成为海上走私贸易的汇聚地。此外，从明代宣德、正统年间开始，经成化、弘治直至嘉靖，以月港为中心的民间海上贸易的蓬勃发展也使明政府意识到与其屡禁不绝，不如主动开海。于是，嘉靖四十四年（1565 年），漳州知府唐九德顺应民意，提出于月港新设一县。经福建巡抚汪道昆、巡按御史王宗载奏请朝廷后，该提议于次年终获批准。隆庆元年（1567 年），海澄县治成，设于月港桥头。由此，月港成为官方认可的商船出海贸易的唯一港口，这无疑进一步促进了月港的繁荣与发展。

第二，地理区位与自然条件具有优势。其一，位于九龙江入海口的月港处在海上交通和内河交通之要冲，"海舟登泊最易"③，并且其海域处于"东西二洋"的传统航道上，商船从月港出发，一潮可抵中左所（今厦门），在此地略

---

① （清）王志道：《初修海澄县志序》，《（乾隆）海澄县志》卷首。转引自郑宝恒：《月港的兴衰》，载于《历史地理研究》1992 年第 1 期。

② （明）佚名：《抄本明实录》，线装书局 2005 年版，第 231 卷。转引自全毅、林裳：《漳州月港与大帆船贸易时代的中国海上丝绸之路》，载于《闽台关系研究》2015 年第 6 期，第 107～112 页。

③ （清）顾祖禹：《读史方舆纪要》卷 99。转引自黄涛：《从月港兴衰看明代海外贸易》，载于《福建史志》2006 年第 2 期。

做休整,"候风开驾",至担门分航东西两洋各个国家和地区。其二,月港之所以成为走私贸易的中心,是因为其海岸线曲折、港汊交错且岛屿星罗,便于隐蔽停泊;同时,它是统治阶级力量最薄弱的地区,所谓"官司隔远,威令不到"①,因此成为"海寇纵横""鞭长莫及"之地②。其三,月港地区修造船舶所需的杉松木材可从九龙江上游的南靖、华安、龙岩等地获得。其四,月港经济腹地广阔,不仅包括九龙江流域,还可以延伸至汀州、赣南、湘南,以及闽北、浙江、江淮等地。在这一时期,随着农业和手工业的发展,上述地区的商品经济活跃,特别是福建本省经济发达。明王世懋所著《闽部疏》有云:"凡福之绸丝,漳之纱绢,泉之篮,福、延之铁,福、漳之桔,福、兴之荔枝,泉、漳之糖,顺昌之纸,无日不走分水岭及浦城水关,下吴越如流水,其航大海而去者尤不可计。"这无疑为月港的对外贸易提供了充足的物质基础。其五,月港为一内河港口,其出海口在厦门,一艘商船从月港出航,须沿南港顺流往东,经过海门岛,航至九龙江口的圭屿(今福建厦门市西鸡屿),然后再经厦门出外海。因此,月港的管理官员仅须在厦门设立验船处,就可以对进出口商船实行监督,避免出现隐匿宝货、偷漏饷税等现象。此外,当厦门出现倭患或海寇掠夺的警报时,停泊在月港的商船可来得及转移或采取防范措施。

其次,月港衰落的原因有以下几点(李金明,2014;郑宝恒,1992):

第一,明朝封建专制政权的压制和掠夺。由月港出洋的海外贸易商除了交纳正常规定的引税、水饷、陆饷和加增饷外,还有所谓的果子银、头鬃费等名目繁多的苛捐杂税,种种横征暴敛已经超出了海外贸易商所能承受的范围,他们或者"委货于中流,以求脱免",或者"非冤殒于刑逼,即自经于沟渎"③。海外贸易商的破产,必然使月港逐渐失去生机。

第二,西方殖民者的侵略和骚扰。万历末年,荷兰殖民者开始在我国沿海一带从事海盗活动,掠夺我国的海外贸易船只。在荷兰殖民者骚扰下,由月港

---

① 《(乾隆)海澄县志》卷25。转引自郑宝恒:《月港的兴衰》,载于《历史地理研究》1992年第1期。

② (明)柯参:《周侯新开水门碑记》,《(乾隆)海澄县志》卷22《艺文》。转引自郑宝恒:《月港的兴衰》,载于《历史地理研究》1992年第1期。

③ 《巡抚都御史袁一骥奏疏》,载《东西洋考》卷7。转引自李金明:《试论明代海外贸易港的兴衰》,载于《历史地理研究》1992年第1期。。

出洋的私人贸易船日渐减少，月港也迅速走向衰落。

第三，明末清初的郑芝龙集团与清军在闽南一带的拉锯战造成的破坏。月港衰落后，部分私人的海外贸易船只转由泉州城南 30 里的安平港出洋，郑芝龙在那里筑城开府，征收饷税以养兵，凡"海船不得郑氏令旗，不能往来，每船例入三千金，岁入千万计"①，这无疑取代了官府垄断的海外贸易。

第四，作为贸易港的自身条件欠缺。月港位于厦门港的内侧，海船必须通过厦门港驶进内河，且"此间水浅，商人发舶，必用数小舟曳之，船乃得行"②。月港港口不深，越来越不能适应贸易、海船规模增大的需要。随着近旁天然良港厦门港的崛起，月港的海外贸易必然被厦门所替代，这也是之后月港不再复兴的原因。

（二）马尼拉

马尼拉是菲律宾的首都，位于菲律宾最大岛屿——吕宋岛西部马尼拉湾的东岸，也称"小吕宋"。同时，马尼拉也是菲律宾最大的港口城市，被誉为"亚洲的纽约"。在历史上，马尼拉先后经历了西班牙殖民时期（1571～1898年）和美国殖民时期（1901～1946年），最终在 1946 年菲律宾独立后被确定为首都。马尼拉可以在西班牙殖民时期发展为一个重要港口城市，与其自身的良好条件密不可分（王志红，2018；张敏等，2017；Tomeldan et al.，2014）。第一，具有重要战略位置。马尼拉地处吕宋岛西南角，宏观区位上正处于南海东岸的中间点，战略地位十分重要。第二，具有建港建城的优越地理环境。第三，具有商贸中心的历史基础。公元 16 世纪中期的马尼拉虽然只是一个用木栅栏围合的聚居区，但在马坦达王（Rajah Matanda）及其继位者苏莱曼王（Rajah Sulayman）的统治下已逐渐发展成为兴盛的商业贸易中心。

如今，马尼拉早已从马尼拉湾畔的一个小渔村演变成一座多种族聚居、东西文化荟萃的国际性、现代化大都会。而马尼拉港则现代化设施齐备，是菲律宾进出口的要地和贸易中心。

---

① 计六奇：《明季北略》卷 11《郑芝龙击刘香老》。转引自李金明：《试论明代海外贸易港的兴衰》，载于《中国经济史研究》1997 年第 1 期。

② 《东西洋考》卷 9。转引自郑宝恒：《月港的兴衰》，载于《历史地理研究》1992 年第 1 期。

（三）阿卡普尔科

阿卡普尔科是墨西哥南部、太平洋沿岸的港口，是格雷罗州最大的城市。在古代，阿卡普尔科只是一个小渔村，1599 年开始正式建市。1565～1815 年，阿卡普尔科市是墨西哥与菲律宾进行贸易的主要港口，后因西班牙殖民统治崩溃，贸易衰落。20 世纪 30 年代末，阿卡普尔科重新兴起，成为墨西哥重要的冬春度假胜地和出口港。阿卡普尔科得以成为重要港口城市的原因有：第一，阿卡普尔科港兼具安全与深阔两大优势；第二，腹地辽阔，阿卡普尔科距离墨西哥城十分近，因而资源充足；第三，气候条件优越，阿卡普尔科几乎一年都具有良好的天气（王志红，2018）。

第三节　荷兰的海外扩张及依托港口城市

在宗教改革运动的推动下，挣脱西班牙控制而取得独立的荷兰在 17 世纪成为继西班牙和葡萄牙后又一海洋帝国。这个资源贫乏、人口不到 200 万的小国抓住世界贸易中心转向欧洲的历史机遇，一跃而成为"海上马车夫"。荷兰的兴起很快引起了西班牙的注意。1594 年，西班牙国王费利佩二世（Philip of Spain，1527～1598）决定全面禁止荷兰人进入伊比利亚半岛上的任何港口，并对所有荷兰船只实行禁运。遭到封锁的荷兰人于是开始主动探索。和葡萄牙与西班牙的暴力掠夺不同，缺乏强大王权和人力资源的荷兰另辟蹊径地选择依靠商业贸易手段进行扩张，先后组建了荷兰东印度公司和西印度公司，分别负责亚洲地区以及美洲和非洲的贸易活动。

一、荷兰在大西洋的重要扩张及依托基地

基于前期扩张和西印度公司成立后的系统扩张，荷兰在分别位于大西洋两侧的非洲和巴西建立了自己的贸易活动基地。对于非洲，荷兰商人早在 1598 年便在黄金海岸开展过贸易活动。1607 年和 1608 年荷兰人更是两次进攻受葡萄牙殖民的莫桑比克，但均遭失败。为维持既有利益，荷兰人于 1612 年建立了拿骚要塞，并将其作为非洲西部沿海的贸易中心。此后，荷兰人进一步向非

洲西海岸其他地区渗透。1652 年，荷兰人还在好望角建立了殖民地。荷兰人向巴西地区的扩张主要基于两次战争。1624 年 5 月，西印度公司下辖的军队在雅各布·威勒根斯（Jacob Willekens）的率领下进攻葡属巴西的首府巴伊亚，但最终败于葡萄牙和西班牙联军之手。1629 年，荷兰组织了针对葡属巴西的伯南布哥的远征，并成功占据伯南布哥的首府累西腓及其附近的安东尼奥瓦兹岛，这些被占领的巴西地区被荷兰人称为"新荷兰"。1641 年，荷兰人又占据了马拉尼昂，从而控制了从亚马孙河至圣弗朗西斯科河的广大地区。

二、荷兰在印度洋和太平洋的重要扩张及依托基地

荷兰人于 1594 年起试图发现借由北冰洋前往东方的航线，以绕开葡萄牙和西班牙的势力范围，但尝试无果。此后，他们便以东印度公司为依托，循着葡萄牙人经营已久的传统航线，逐步劫掠从波斯湾到日本的葡萄牙在亚洲的贸易港口，从而建立起与印度洋区域的中亚、南亚和东南亚地区以及太平洋区域的中国和日本的贸易联系。在印度洋，荷兰先后占据摩鹿加群岛、万丹、班达以及爪哇，又于 1619 年夺取了雅加达，并将之易名为巴达维亚。以巴达维亚为中心，荷兰建立了庞大的海外殖民地，控制了马来西亚、锡兰、马拉巴以及印度西海岸广大范围内的香料贸易。在太平洋，荷兰于 1622 年企图攻占澳门失败后便转而侵占澎湖列岛和台湾岛，以此作为与中国开展贸易的平台。此外，从 17 世纪初起，荷兰便致力于建立与日本的贸易关系，但一直受到葡萄牙商人的牵制。直到德川家族出于政治和宗教目的禁止日本与葡萄牙贸易，即日本进入"锁国"时期之后，荷兰才得以以长崎港外的出岛为基地垄断欧洲与日本的贸易。

三、荷兰贸易网的典型港口城市（或地区）

经过早期的扩张以及其后与葡萄牙、西班牙和英国的竞争，荷兰东印度公司在印度洋和太平洋逐步构建起了以巴达维亚为中心，西至波斯（今伊朗）、科罗曼德尔海岸，东至马古鲁群岛、印尼群岛，北达中国和日本等地区的辐射性贸易网（李倩，2009）。与此同时，为打破西班牙人在大西洋海域、西印度群岛以及中美洲的贸易和军事垄断地位而建立的荷兰西印度公司也在百余年的时间里将触角遍及非洲、北美洲与南美洲，逐步编织起荷兰在大西洋洋面上的

贸易势力网。在上述贸易网中涌现出许多因海洋贸易而兴起或繁荣的城市或地区，如荷兰的阿姆斯特丹，比利时的安特卫普，巴哈马的拿骚，非洲库拉索岛及其首府威廉姆斯塔德、圣尤斯特歇斯岛、苏里南，印度的苏拉特，菲律宾的雅加达以及中国的台湾等。

（一）安特卫普

安特卫普位于今比利时西北部斯海尔德河畔，原是尼德兰地区的一个港口城市。中世纪时，安特卫普仅仅是一个商业集市，而当时欧洲的商业中心还在布鲁日。然而，14 世纪末布鲁日附近的河道逐渐淤积，导致水运不畅，安特卫普便在此时悄然崛起。在地理大发现之后，欧洲的经济中心由地中海转移至大西洋，安特卫普逐渐取代布鲁日，成为欧洲重要的贸易中心与金融中心。安特卫普得以成为名噪一时的港口城市是由多方面因素造就的（雷健丽，2008；罗翠芳，2018）。第一，地理位置具有优势。安特卫普地处斯海尔德河—摩泽尔河—莱茵河三角洲平原，地形平坦，河道纵横。安特卫普四周几乎等距离分布着欧洲的著名城市：西南距巴黎、北面距阿姆斯特丹、东面距波恩和卢森堡、西北距伦敦均为 200～300 千米，是西欧几个文化经济城市的交汇点。同时，大西洋贸易的三个方向都可以在安特卫普交汇。第二，自由贸易政策孕育出有利的经济条件。安特卫普的执政者给予外来商人诸多特权或优惠政策，如英国商人享受低税特权，葡萄牙商人享有啤酒、面包等商品的免税权；与此同时，在此进行交易活动的商人可以不受城市和行会的强制性规章的束缚。如此这般的宽松环境不仅对外来商人具有极大的诱惑力，还吸引了不少外地熟练技工前来谋生。这些外国商人或技工带来了新的生产技术、新的原料，在安特卫普兴起了一系列新的工业部门，如西班牙商人引入了科尔多瓦皮革制造业，意大利商人引入了高级绒布业、玻璃业、丝绸业等，极大地促进了经济发展。

不过，安特卫普的繁荣好景不长。继尼德兰革命之后的三十年战争使安特卫普所在的尼德兰南部成为北方与西班牙争夺的战场，战争破坏了城市的社会稳定，给安特卫普的经济造成灾难性的后果。同时，1557～1560 年西班牙、法国、葡萄牙相继宣布破产，使得安特卫普的金融市场遭受重创。于是，安特卫普一蹶不振，其贸易中心的地位最终被阿姆斯特丹所取代。

安特卫普国际商都地位之所以迅速丧失，除了战争因素外，还有其他一些因素：造船业不发达；商业与工业表现出极强的外部依赖性；金融业和商业分离，安特卫普的金融家们将金融和政治联系在一起，使原本应该投资到商业和工业的资金发生了转移；同时，由于信贷的大量使用，安特卫普成为负债最为严重的城市之一（王蓓，1999；雷健丽，2008）。

如今，位于欧洲中心的安特卫普距欧盟总部所在地布鲁塞尔只有 50 千米，由于其相对深处内陆，靠近欧洲最强的购买力中心，又有中欧及东欧新兴市场作为自然腹地，因而是中国及远东其他国家或地区进入欧洲的理想门户。

（二）阿姆斯特丹

阿姆斯特丹原是坐落于阿姆斯特尔河边的小渔村，得名于阿姆斯特尔河上建筑的水坝，其原来的名字是 Amstelredam，意为"阿姆斯特尔水坝"。在 17 世纪，阿姆斯特丹迎来了属于它的黄金时代，被誉为"北方威尼斯"。之所以能够抓住荷兰对外扩张的历史机遇从而成为欧洲历史上一大重要的贸易港口，阿姆斯特丹具有以下优势（陈京京、刘晓明，2015；顾卫民，2020）。第一，地理位置优越且水路交通发达。阿姆斯特丹位于阿姆斯特尔河的入海口，是欧洲内陆水运的交汇点，且拥有完善的运河系统。第二，人力资源丰富。自 1585~1622 年，阿姆斯特丹的人口从 75000 人增加到 105000 人。这些移民大多是富裕的商人或拥有专业技能的航海家。他们的到来使阿姆斯特丹收获了资本和航海技术。第三，商业活动繁荣。从 1585 年以后公布的每周货物价格已经可以看出，阿姆斯特丹已迅速成为国际贸易的中心。第四，造船业发达。荷兰人的造船技术在 16 世纪末取得了一系列进展，其在欧洲的领先地位一直保持至 18 世纪中叶（诺尔特，2021）。

如今，阿姆斯特丹是荷兰的首都，位于其附近的阿姆斯特丹港是仅次于鹿特丹港的荷兰第二大港。阿姆斯特丹港由沿北海运河的艾莫伊登港、拜握维克港、塞斯泰得港和阿姆斯特丹港组成，是一个多功能港口，具有现代化的码头设施和与各类货物相配套的存储设施。

（三）巴达维亚

巴达维亚位于爪哇岛西北部，即今印度尼西亚的首都雅加达，大约在 15 世纪时建立，最早是奇利旺河口的一个小渔村。1527 年，这座城市被万丹国的法塔西拉征服，并命名为雅加达，意为"繁荣昌盛的城市"。当时，它已是爪哇岛上仅次于万丹的重要港口，各国商人聚集于此进行香料贸易。荷兰人于1619 年占领此地后，为宣示主权，同时提醒殖民者们不忘故土，将之改名为巴达维亚（荷兰在欧洲的别称）（陈出云，2015）。荷兰人夺取巴达维亚并将其逐步建设成为荷兰东印度公司在亚洲的行政和经济中心，其原因有四点（李倩，2009；宋经纶，2016）。第一，便于占领。起初，荷兰人首选万丹作为固定的贸易基地，但遭到了万丹国王的反对，也无力武装征服。于是，荷兰人以 2700 荷盾购得巴达维亚的一片土地，成功建立起贸易点。第二，地理位置合适。占据巴达维亚后，荷兰人能够更加有效地扼守巽他海峡，控制由印尼群岛至好望角之间的贸易航线，同时也能够进一步控制爪哇地区。第三，附近有荷兰人所需的贸易商品。巴达维亚临近万丹，周边地区盛产胡椒。荷兰东印度公司可以获取大量的胡椒，以进行贸易。第四，安全有保障。巴达维亚周围都是荒芜的沼泽地带，成为荷兰东印度公司有利的天然屏障，使其免受万丹等王国的袭扰。

以上所述是巴达维亚自身所具备的条件。为将巴达维亚建成东方的一个中心城市，荷兰人也采取了一系列措施（宋经纶，2016；李倩，2009）。第一，利用华侨建设巴达维亚。为解决劳动力贫乏的问题，巴达维亚总督法库恩只能寄希望于华侨，并且他也认为没有比华侨能更好地为其服务的人了，而且华侨相对来说更容易来到此地。第二，在巴达维亚建立完善的运河体系。贯穿巴达维亚的奇利旺河成为最主要的运河。荷兰人还根据自然条件开凿了若干条通往周边地区及城镇内部的小运河，由此形成了复杂的城市河网系统。

如今，雅加达是东南亚第一大城市，世界著名的海港。其城区分为两个部分，北面滨海地区是旧城，为海运和商业中心；南面则是新区，为行政中心。

（四）台湾

台湾位于中国大陆架东南缘的海上，东临太平洋，北依东海，东北邻琉球群岛，南界巴士海峡，与菲律宾群岛相隔，西隔台湾海峡，与福建相望。16世纪起，欧洲殖民者在东亚进行大规模商业扩张，辗转于中国、日本以及东南亚各国之间，从事转口贸易，积极争夺东亚贸易的主导权。葡萄牙窃据澳门，控制马六甲海峡，操纵东南亚与里斯本的远程贸易；西班牙占领马尼拉，建立起中国、东南亚与美洲、欧洲的贸易航线；荷兰则在 17 世纪初期于爪哇岛建立了巴达维亚殖民据点。之后，为了突破东亚传统的贸易圈，并与葡萄牙、西班牙的贸易航路进行竞争，荷兰人力图打开直接对华贸易的大门，建立有效的新贸易航线。1624 年，被明朝水师驱逐出澎湖的荷兰人转而侵占了中国台湾，并以此为据点，逐渐建立起从福建到台湾，再到日本或巴达维亚、欧洲的贸易路线，这条转口贸易航线一度成为 17 世纪上半叶东亚海上贸易最为繁华的商业路线。荷兰人之所以选择台湾，出于以下原因（李倩，2009）：第一，战略地位重要。荷兰人企图把台湾作为占领菲律宾的阶梯，以武力切断漳州与马尼拉之间的贸易，进而截断西班牙人与中国大陆、日本之间的商业联系。台湾恰恰可以作为控制西班牙、葡萄牙贸易网络的战略要地。第二，便于开展贸易。台湾毗邻福建，北达日本，南通东南亚、南亚等地，可以成为对日本和中国大陆贸易的基地。因此，荷兰商人将台湾作为中国大陆、日本及马尼拉之间进行转口贸易的中心环节。第三，当时的明朝政府为求得福建、澎湖地区不被荷兰人占领，默许荷兰东印度公司可以占据台湾。这样，荷兰东印度公司便轻而易举地占据了这片沃野土膏、物产利溥之地。

　　在荷据时代，台湾已有大员—巴达维亚、大员—日本、大员—柬埔寨、大员—东京、大员—广南、大员—巴达尼（今北大年）、大员—马尼拉、大员—吕宋（今菲律宾），以及淡水、鸡笼—马尼拉、东京、柬埔寨等多条贸易航线（吕淑梅，1999）。其中，大员和鸡笼值得一提。大员港，又名北港、安平港、台员港、台南港、台湾港，在今台南市安平区。安平原为台南海岸附近的一个沙洲，隔台江湾（大员湾）与对岸赤嵌相望，称一鲲身，又叫大员屿，是台湾最早港口之一（徐晓望，2006）。鸡笼港，即今台湾基隆市，早在 16～17 世纪的明代史籍中已屡见鸡笼之名。1642 年，荷兰从西班牙手中夺占鸡笼港，并以之为对日贸易据点。1935 年，鸡笼港跃居台湾第一大港，但其地位在 20 世纪 60 年代以后被高雄所替代（王杰，1993）。

第四节　英美的海外扩张及依托港口城市

　　在百年战争和玫瑰战争结束后，英国建立了都铎王朝，君主专制制度逐步成型。那时，英国政局稳定，经济发展较快，资产阶级和新贵族逐渐崛起。在英王亨利七世（Henry Ⅶ，1457～1509）的大力支持下，15世纪末英国加入了航海探险和地理发现的行列，随后的一系列航海活动为英国的海外扩张奠定了基础。作为英帝国曾经的海外殖民地，美国在其建国后的200年间，首先击败当时的海洋霸主大英帝国，然后利用英法德意等欧洲强国在两次世界大战中遭受重创所带来的机遇期，迅速发展自身的海洋经济与军事力量，最终取代世界其他海洋强国，成为世界海洋霸主。

一、英美的重要扩张及依托基地

1. 英国

英国对于海外的扩张大致可分为四个阶段（钱乘旦，2016）。

第一阶段，15世纪末期至17世纪，英国开始大规模殖民爱尔兰，并同时开始海外探险。这一时期，较迟进入地理大发现队列的英国为找到一条通往东方的、不受西班牙与葡萄牙控制的海上航线，其海外探险活动大多集中在大西洋北部，因而先后发现或到达了纽芬兰岛、巴芬岛、哈得逊湾、罗阿诺克岛、格陵兰岛以及拉布拉多半岛等地。

第二阶段，17世纪初期，英国掀起大规模的海外殖民活动，其范围涉及亚洲、非洲和美洲。在亚洲，英国于1600年成立的东印度公司推进了英国向东方的商业扩展和殖民贸易。在非洲，1618年罗伯特·里奇（Robert Rich）等30名商人获得英王的授权，组建伦敦冒险家对非洲港口贸易公司，该公司垄断了从几内亚到贝宁之间的贸易权，并在黄金海岸陆续设立了商站。在美洲，1606年伦敦弗吉尼亚公司和普利茅斯弗吉尼亚公司获得皇家特许状，得以在弗吉尼亚以及美洲的其他地方建立定居点，并进行拓殖活动。

第三阶段，17世纪中后期，英国海外扩张的对象包括西印度群岛、北美洲、亚洲以及非洲。在西印度群岛，奥利弗·克伦威尔（Oliver Cromwell，1599～1658）于1654年发动西印度群岛远征。通过与西班牙的战争，英国获得了战略要地牙买加和敦刻尔克。在北美，英国陆续开拓了一系列殖民地。在亚洲，英国的活动主要集中在印度。到17世纪末，英国已在印度建立了四个据点：东海岸的加尔各答和马德拉斯，以及西海岸的苏拉特和孟买。在非洲，皇家非洲公司在政府支持下击退了非洲西海岸荷兰人的进攻，逐步建立起17

个商业据点，并最终取代荷兰成为奴隶贸易的垄断者。

第四阶段，18 世纪，英国通过与其他欧洲国家在全球的争夺，最终形成了以北美殖民地为核心的第一英帝国。此后，英国的目光逐渐转向太平洋和东南亚地区。从 18 世纪下半叶开始，英国就有计划地发动征服印度各地封建政权的战争。此外，为了确保英国与印度之间的海路畅通，英国还相继攻占了缅甸，锡兰，非洲的开普敦，南美的埃塞奎博、德梅拉拉、伯比斯，西印度群岛中的特立尼达、多巴哥、圣卢西亚，北海的赫尔果兰岛，地中海的马耳他、爱奥尼亚群岛，印度洋的塞舌尔群岛、毛里求斯岛等。此外，英国还在澳大利亚、新西兰、新喀里多尼亚岛、夏威夷、爪哇等太平洋诸岛开拓殖民地。由此，一个以印度为核心的"第二帝国"逐渐成形。

2. 美国

自独立以来，美国就意识到海洋对于濒海国家非比寻常的意义，因而积极利用海洋、保护海洋，从中获取对自身发展进步有益的成分。可以说，海洋一直是美国国家崛起的奠基石。就经济领域而言，美国是海上贸易大国，其海洋经济走过了早期科研准备、大规模资源开发、后期维护与产业升级的历程，已经成为美国经济的重要驱动力。

二、英美贸易网的典型港口城市

在英美的发展史上涌现出许多因海洋贸易而兴起或繁荣的城市或地区，如英国的伦敦、赫尔、布里斯托尔、普利茅斯和利物浦，印度的孟买、加尔各答和马德里斯，中国的香港，以及美国的纽约、洛杉矶和西雅图等。

（一）伦敦

作为英国的首都，伦敦一直是英国的政治、经济等活动的中心，其得以成为重要的港口城市可谓是有着得天独厚的条件，比如地理位置优越，政治地位显著，交通运输便利，产业发达（李涵钰，2019；姜楠，2017）。其中，最为突出的一个条件是商贸活动繁荣。在 16～18 世纪的英国商业体系和市场网络中，伦敦是核心：英国的对外贸易在 16～17 世纪初期几乎被伦敦垄断，在 17世纪中期直到 18 世纪，则由伦敦控制了绝大部分。值得一提的是，16 世纪中期以后，许多海外贸易公司都是以伦敦为基地发展起来的，比如主要负责与地中海地区贸易的黎凡特公司、负责与远东地区特别是印度贸易的东印度公司。

正如道格拉斯·布朗在《伦敦港》一书中所言：世界上没有哪个港口能像伦敦港那样长久地影响世界贸易的格局。如今，在《新华·波罗的海国际航运中心发展指数报告》中，伦敦航运服务业连续 5 年排名第一，在航运经济、航运仲裁两个领域远超其他城市，在航运经营服务方面与新加坡接近并远超其他城市。

（二）布里斯托尔

布里斯托尔位于英国西南部海岸，兴起于与爱尔兰和斯堪的纳维亚国家的贸易，自中世纪以来便是英国西南部的地方性中心。在 15 ~ 16 世纪，布里斯托尔成为全英仅次于伦敦的第二大城市；到 17 世纪末，布里斯托尔与南美洲和西印度的贸易完全建立起来，作为英国通向北美和西印度群岛的大门，迎来了自己的黄金时代，并于 1700 年成为英国的第三大城市和第二大港，被称为"西部大都会"或"西部的伦敦"；然而，18 世纪时，布里斯托尔便走向了衰落，到 1800 年，布里斯托尔居城市第五和港口第九。布里斯托尔作为一座港口城市具有其特色和优势（杨众崴，2017）。第一，水文条件优良。这座城市的历史与河流密切相关，其最早的名字是 Brycg-stow，意为"桥旁边的集会的地方"。阿文河和弗洛姆河的交汇为布里斯托尔提供了一个隐蔽的海港，同时内河航道也在此汇聚。此外，布里斯托尔毗邻阿文河及塞文河的入海口，漏斗形的河口让河流有着十分汹涌的潮汐，最高与最低水位相差 37 英尺之多，利用潮汐的力量，中世纪的船只可从阿文河畔直接驶入大西洋。第二，制造业发达。布里斯托尔当地有可供利用的煤，并可以从弗洛姆河获得水力，从康沃尔获得锡，从萨默塞特获得木灰和海草灰进行肥皂生产。同时，依靠进口的原材料，布里斯托尔还发展了烟草业和制糖业，所有这些产品都可以在西部殖民地和非洲西部海岸找到市场。第三，造船业发达。18 世纪的布里斯托尔是英国西南部的造船中心。1787 ~ 1800 年，布里斯托尔生产了 176 艘共计 22644 吨的船只，其中有 4 艘的吨位达 400 ~ 500 吨。此外，还为皇家海军建造了 14 艘战舰。

对于布里斯托尔衰落原因的探讨有很多，有人认为埃文峡谷风的自然特性、40 英尺极度宽广的潮汐区域和进入阿文河的工业废水量，都阻碍了远洋航行的轮船往返于布里斯托尔中心和阿文河流入布里斯托尔海峡 7 英里下游处的停泊地点。还有人认为，这种衰落主要是因为与英格兰北部贸易的全面终止、利物浦的迅速崛起、港口的自然衰落、西印度贸易的丧失，而且在很大程度上也是因为当地通过征收重税而将贸易赶出了这个城市。基于此，概括说来，导致布里斯托尔衰落的原因大致包括战争的影响、过度依赖腹地，以及未及时改进港口设施（解美玲，2009；杨众崴，2017）。如今，布里斯托尔港是英国南部的一个重要商港。

（三）利物浦

利物浦原是不知名的滨海乡村，18 世纪的奴隶贸易让这里一跃成为最重要的贸易港口。在英国经济重心转移至西北部的过程中，利物浦通过相对灵活的贸易方式、完善的产业布局和与周边地区的产业协作，成为当时英国仅次于伦敦的港口城市。利物浦得以发展成为一座港口城市与其特色因素息息相关（杨众崴，2017）。第一，城市建设取得进展。1632 年莫利纽勋爵（Lord Molyneux）取得了利物浦的城市权力并在城市里大兴土木。1694 年，利物浦的停泊设施进行了一定程度的改进，使得利物浦能够与更处于内陆的柴郡部分地区通过水路进行联系。几条干道在 1670 年时基本建成，主要包括提特巴恩大街、戴尔大街、教堂街、水街和城堡街。第二，积极建设港口。利物浦的第一座码头"旧码头"始建于 1708 年，于差不多十年之后的 1719 年完成，是英国第一个商业用途的码头，比英国其他港口城市都要早。这座码头的建成能够在很大程度上抵消潮汐带来的影响，并有利于吸引更多船只的停靠，也成为利物浦贸易迅猛发展的助推器。1737 年，"旧码头"开始显得有些不够用，于是在 1783 年改进工作便迅速展开，并且新的港口设施"南港"于 1743 年就投入了使用。在十年之后的 1753 年，利物浦的第二座码头投入使用，花费 21000 英镑，成为爱尔兰、法国及地中海地区进出口商品的中转码头和仓库。在这样的"新码头建成—城市迅速发展—提出新的建设计划"的循环中，利物浦庞大的港口体系逐渐建立起来。除此之外，利物浦还使用技术和新设施来提高港口的使用体验，增强其吸引能力。例如，建造灯塔来引导船只进入港口，圣洁湖灯塔、彼得斯敦灯塔等设施很大程度上降低了船只进入港口的危险性。此外，1768 年还通过了在港口建设仓库等辅助性设施的决议。第三，运河系统发达。

18 世纪初，英格兰西北部开始了大规模的河流改造工程，如 18 世纪 20 年代对默西河以及 1733 年对韦弗河的改造，这不仅使河流的运输条件大大改善，还便利了利物浦与其经济腹地兰开夏和柴郡之间的交通。1757 年，利物浦的第一条运河桑基运河开通，同时这也是英国工业时代的第一条运河。1767 ~ 1772 年利物浦掀起了一次运河投资的高峰，让利物浦乃至整个英国步入了运河时代。柴郡、兰开夏郡、默西塞德郡通过运河相互连接在一起，这与利物浦 18 世纪下半叶贸易的迅猛发展在时间上高度一致。

如今，利物浦是英国第二大港口、英格兰西北部经济与文化中心，以及英国重要的造船和船舶修理中心。

（四）香港

1842 ~ 1997 年，香港的维多利亚港逐渐发展成为一个具有世界影响力的港口，这主要得益于以下因素：地理条件优越，交通便利，社会稳定（谭显宗，2002）。此外，为了吸引外商来港经营生意，实施贸易自由政策，使香港成为贸易自由港。在这一政策下，外国轮船可以自由进出港口，全部或绝大多数的商品可以豁免关税。在进出口签证方面，一概从简，所使用的贸易文件都是出于外国进口或履行国际贸易协议的需要而设。在这样的政策下，香港日渐成为世界各地商人看重的新口岸。如今，香港是亚洲重要的海上运输枢纽，而维多利亚港则是世界三大天然良港之一。

（五）纽约

纽约的前身新阿姆斯特丹是荷兰商人在曼哈顿岛、哈德逊河谷附近的贸易站之一。1664 年，新阿姆斯特丹易主到英国手中，并易名为新纽约（即纽约）。1756 年，英法两国之间爆发了七年战争。纽约作为英军的军事基地，其港口设施、桥梁道路等都有所扩大和改善。美国独立战争期间，作为主要战场的纽约遭到了严重破坏。然而，美国独立以后，经历了战争创伤的纽约获得了新生，城市发展走上了正轨，纽约港口建设也开始慢慢恢复。1815 年美英第二次战争后，美国的胜利给了纽约港得以迅速发展的和平环境，使其成为美国重要的商业贸易中心。纽约能够逐步发展成为全球性的港口城市的有利条件在于（孙亮，2012）：自然条件优越，腹地贸易活跃，伊利运河的修建，以及蒸

汽船的采用。1807 年，富尔顿（Robert Fulton，1765～1815）从纽约驾驶
"克莱蒙特号"开启了其通往哈德逊河的划时代之行，此次试航的成功标志
着蒸汽轮船时代取代了帆船时代。然而，美国其他港口并不具备像纽约港一
样的受保护的天然水域，因此只有纽约港能够很方便地采用蒸汽船。正是通
过采用这种新设备，纽约港一直保持着其最具发展实力的地位。如今，纽约
港是北美洲最繁忙的港口，是全球重要航运交通枢纽及欧美交通中心。

（六）洛杉矶

在从殖民据点发展成为地区性中心城市的历程中，洛杉矶港口的建立与改
善对城市的发展起到了重要作用。缺乏天然良港，又毗邻沙漠地带，且在初期
缺乏工业化所需的煤、铁资源的洛杉矶之所以能够借助港口快速发展，有三个
原因（马小宁，2004）。第一，铺设铁路创造出海口。洛杉矶于 1869 年自行组
建了一个铁路公司，铺设了 21 英里长的铁路到濒海口，从而拥有了一个出海
口。第二，人造港口的修建与改善。1900 年，洛杉矶成功修建了圣佩得罗人
造港口。但圣佩得罗港口的水道浅而窄，其吞吐量非常有限，因此改善圣佩得
罗港口就被提上了议事日程。对于这一浩大工程，争取联邦政府的财政与资本
支持是必须的。联邦政府对于当地商人的请求给予了积极的回应，提供了必要
的资金与人员援助。但是洛杉矶距离圣佩得罗和威尔明敦 20 英里，为了解决
都市和港口分离的问题，洛杉矶依据当地法律，以优惠条件劝说圣佩得罗和威
尔明敦同意行政上的兼并。资本与权利的结合使洛杉矶港获得了发展的必要条
件。第三，战争的影响。其一，1898 年美西战争的爆发以及战后美国获得菲
律宾、波多黎各和关岛的现实使政府决策者认识到太平洋沿岸的重要性。基于
此，联邦政府对洛杉矶港口的建设提供经济帮助。其二，两次世界大战的爆
发，尤其是第二次世界大战给位于美国西海岸的洛杉矶带来了千载难逢的机
遇。如果说第一次世界大战推动了制造业的发展，也为其制造业的多样化发展
创造了条件，使洛杉矶的制造业门类中增加了飞机制造业和造船业，那么第二
次世界大战则是洛杉矶的时代，凭借其飞机制造业、港口设施、石油工业、相
对廉价的水资源和其他能源，洛杉矶地区生产的战时产品令人震惊。战争促进
了制造业的发展，主要体现在造船、飞机制造、橡胶产品、铁以外的金属及其
制成品、机械和化工产品方面。1942～1944 年，1000 多个工厂的规模得到扩

大，另有 479 个新工厂建立。

如今，洛杉矶港是美国通过国际贸易货物价值最大的港口，也是美国最大的集装箱港口。

（七）西雅图

西雅图崛起于第二次世界大战期间，伴随着具有重要影响力的波音公司和微软公司的成长而迅速发展，经历了由渔港城镇到军工一体化大都市，再到高科技新城的两次转型，最终发展成为举世瞩目的世界科技中心。在西雅图的早期发展过程中，其港口的作用不容小觑，促使其成为著名港口城市的条件包括自然资源丰富，阿拉斯加淘金热的刺激，以及横贯大陆铁路的铺设（王文君，2007）。横贯大陆的铁路铺设对于美国西海岸各城市而言具有划时代的意义，西雅图也不例外。1893 年，大北铁路在西海岸的终点站设在西雅图。至此，西雅图已位于两条横贯大陆的铁路线上，交通发达、发展迅速。如今，西雅图是美国距离远东最近的一个西部大港，是美国的重要航空枢纽，是世界上最大的海港城市之一。

第五节　港口城市（或地区）的兴衰更替及潜在规律

一、基于比较分析的港口城市兴衰更替基本事实

本章详尽地叙述了葡萄牙贸易网、西班牙贸易网、荷兰贸易网、英国贸易网，以及美国贸易网的共计 20 个港口城市或地区。这些城市或地区中，出现在由国际咨询机构梅农经济（Menon Economics）和挪威船级社（DNV GL）公布的 2019 年"世界领先海事之都"榜单前 50 名的城市（如表 1.3 所示）仅有伦敦（第 5 名）、香港（第 7 名）、纽约（第 11 名）、安特卫普（第 14 名）、孟买（第 16 名）、雅加达（第 27 名）、洛杉矶（第 28 名）、西雅图（第 29 名）和马尼拉（第 47 名），不足本章所述城市的 1/2。可见，历史上许多曾经辉煌一时的港口城市都湮没无闻了。那么，它们的兴衰是否有规律可循呢？基

于上述 20 个城市或地区发展历程，港口城市或地区兴衰的自然原因和人为原因如表 1.4 和表 1.5 所示。

表 1.3　　　　　　　　　2019 年世界领先海事之都

排名	城市	所属国家	排名	城市	所属国家
1	新加坡	新加坡	26	今治	日本
2	鹿特丹	荷兰	27	雅加达	印度尼西亚
3	汉堡	德国	28	洛杉矶	美国
4	东京	日本	29	西雅图	美国
5	伦敦	英国	30	温哥华	加拿大
6	上海	中国	31	巴黎	法国
7	香港	中国	32	青岛	中国
8	釜山	韩国	33	格拉斯哥	英国
9	迪拜	阿联酋	34	热那亚	意大利
10	奥斯陆	挪威	35	北京	中国
11	纽约	美国	36	神户	日本
12	哥本哈根	丹麦	37	马赛	法国
13	休斯顿	美国	38	华盛顿	美国
14	安特卫普	比利时	39	阿伯丁	英国
15	雅典	希腊	40	天津	中国
16	孟买	印度	41	宁波	中国
17	广州	中国	42	巴拿马	巴拿马
18	首尔	韩国	43	悉尼	澳大利亚
19	赫尔辛基	芬兰	44	利马索尔	塞浦路斯
20	吉隆坡	马来西亚	45	胡志明	越南
21	伊斯坦布尔	土耳其	46	斯德哥尔摩	瑞典
22	卑尔根	挪威	47	马尼拉	菲律宾
23	迈阿密	美国	48	圣彼得堡	俄罗斯
24	大连	中国	49	德班	南非
25	新奥尔良	美国	50	瓦莱塔	马耳他

注：按客观指标排序的 50 个提名城市。

资料来源：Menon Economics & DNV GL team，The Leading Maritime Capitals of The World 2019，https：//www. menon. no/wp-content/uploads/Maritime-cities – 2019-Final. pdf。

表1.4　　　　　　　　　　港口城市（或地区）兴衰的自然原因

港口城市（或地区）	自然条件							
	地理位置		气候水文		物产资源		港口环境	
	江河入海口	交通枢纽	气候特征	水文条件	本地资源	腹地资源	安全性	深阔度
里斯本（葡萄牙）	+	+	+					
果阿（印度）	+		+	+				
马六甲（马来西亚）		+	+				+	+
澳门（中国）		+/−						
萨尔瓦多（巴西）						+		+
里约热内卢（巴西）	+		+		+			
月港（中国）	+	+				+	+	−
马尼拉（菲律宾）	+			+				
阿卡普尔科（墨西哥）			+			+	+	+
安特卫普（比利时）	+	+						
阿姆斯特丹（荷兰）	+							
雅加达（印度尼西亚）		+			+			
台湾（中国）		+			+			
伦敦（英国）		+						
布里斯托尔（英国）	+	+			+	+		−
利物浦（英国）	+							
香港（中国）		+						+
纽约（美国）			+			+	+	+
洛杉矶（美国）								
西雅图（美国）					+			

表1.5　　　　　　　　　　港口城市（或地区）兴衰的人为原因

港口城市（或地区）	人为因素										
	政治环境			经济社会发展		基建水平				其他因素	
	政治地位	政策制度	战争动乱	商贸情况	社会稳定性	城市建设	港口建设	交通建设	造船技术	历史积淀	宗教影响
里斯本（葡萄牙）	+			+		+			+		
果阿（印度）	+			+		+			+		

续表

| 港口城市（或地区） | 人为因素 | | | | | | | | | | |
| | 政治环境 | | | 经济社会发展 | | 基建水平 | | | | 其他因素 | |
	政治地位	政策制度	战争动乱	商贸情况	社会稳定性	城市建设	港口建设	交通建设	造船技术	历史积淀	宗教影响
马六甲（马来西亚）		+		+	+						+
澳门（中国）		+／-		+／-				-			
萨尔瓦多（巴西）											
里约热内卢（巴西）											
月港（中国）		+／-	-	+							
马尼拉（菲律宾）				+							
阿卡普尔科（墨西哥）											
安特卫普（比利时）		+	-	+					-		
阿姆斯特丹（荷兰）				+				+	+		
雅加达（印度尼西亚）								+			
台湾（中国）											
伦敦（英国）	+			+				+			
布里斯托尔（英国）			-				-		+		
利物浦（英国）						+	+	+			
香港（中国）		+			+						
纽约（美国）								+			
洛杉矶（美国）			+				+	+			
西雅图（美国）						+		+			

　　第一，影响港口城市或地区兴衰的自然原因可以从地理位置、气候水文、物产资源以及港口环境四个方面着手。其中，地理位置包括考察该港口城市或地区是否处于某条或某些江河的入海口，以及该港口城市或地区是否位于地理要冲，从而交通通达度较高；气候水文包括了解该港口城市或地区的气候类型以及水文地质条件，其中尤其需要注意的是季风和洋流情况；物产资源包括探究该港口城市或地区本身是否拥有发展所需的物质资料，如煤、铁、粮食、经

济作物等，以及该港口城市或地区是否具有广阔的、资源丰富的经济腹地；港口环境则包括评价该港口城市或地区的港口是否安全隐蔽，以及是否水深港阔。

第二，影响港口城市或地区兴衰的人为原因可以从政治环境、经济社会发展、基建水平以及其他因素四个方面考虑。其中，政治环境包括明晰该港口城市或地区在一国的政治地位（主要看其是否是首都），该港口城市或地区发展过程中实行的相关政策，以及其是否遭受战争或动乱的影响；经济社会发展包括查考该港口城市或地区的商业贸易活动是否活跃，以及其外部社会环境是否安稳；基建水平包括关注该港口城市或地区是否在城市、港口以及交通基础建设上有所作为，有无发达的造船业；其他因素则包括该港口城市或地区历史积淀是否深厚，以及有无受到宗教的影响。

第三，表中，"＋"表示该项因素是某港口城市或地区兴起的原因，"－"则表示该项因素是某港口城市或地区衰落的原因。尤其值得注意的是，"＋"与"－"同时出现的情况也是存在的。这种现象的出现有两种可能：其一，该项因素正反两面不同的内涵分别是某港口城市或地区兴起和衰落的原因。比如，对于月港而言，明代将其认定为商船出海贸易的唯一港口促进了它的繁荣与发展，但其后对于港口贸易活动征收的苛捐杂税则无疑导致了它的逐步衰败。其二，随着外部环境的变化，该项因素原有的、对某港口城市或地区发展的促进作用转变为抑制作用。比如，鸦片贸易曾促进香港的发展，但对于这一贸易的高度依赖使得香港的贸易呈现畸形状态，并最终制约了香港在一定时期内的进一步发展。

二、基于自然因素的港口城市（或地区）兴衰更替成因探究

相较于人为原因，自然因素对大航海时代以来的港口城市或地区的发展的影响更为重要，这是由当时社会的生产力发展水平所决定的。较低的技术水平意味着人们往往需要因地制宜，顺应自然条件进行发展。因而具备良好自然环境的城市或地区便能够较早、较快崭露头角，成为有影响力的港口城市。具体来说，自然因素对20个城市或地区的影响可以分为对城市或地区经济发展的影响，以及对船舶航行的影响。

第一，就对城市或地区的经济发展而言，劳动力和自然资源是基本要素。

一方面，半数城市或地区都处于区域交通要冲，与周边地区通过陆上或海上的联系较为方便与紧密，同时这些城市或地区往往自身有丰富的资源或拥有广阔的经济腹地。这使得各地的资源、产品能够汇聚于该城市或地区，从而促进其发展。另一方面，城市或地区的气候情况也不容小觑，因为这通常会对当地居民产生影响，从而影响劳动力的流动。

第二，就对船舶航行的影响来说，位置、气候、水文以及港口环境都会产生一定的作用。首先，接近半数城市或地区位于江河入海口，这无疑有利于港口的自然形成以及贸易船只的来往停泊。而像本身不具备入海口的洛杉矶，则只能依靠铁路建设，人为创造一个入海口。此外，入海口可能存在的潮汐现象也是推动船舶航行的一大动力。比如，布里斯托尔便因塞文河汹涌的潮汐而成为直到 18 世纪时唯一能进行远洋航行的港口。其次，季风的影响也很重要，因为自然风是帆船时代航行的重要动力。比如，马六甲的发展便与得天独厚的季风条件分不开。同样，与航行动力有关的洋流也不容忽视。比如，马尼拉航行到墨西哥便是借由北太平洋的副热带环流。再次，考虑到战争的影响，港口的安全性也是值得考量的。最后，深阔度则会影响港口的发展前景，因为这决定着港口的承载量。比如，月港无法重整旗鼓的原因便是其港口不深，越来越不能适应贸易、海船规模增大的需要。

三、基于人为因素的港口城市兴衰更替成因探究

影响港口城市或地区兴衰的人为原因中，政策制度、商贸情况以及基建水平的作用尤为显著。

首先，政策制度一般而言可分为两种类型。一是商业贸易活动的政策。比如，明朝政府对在澳门从事贸易活动的葡萄牙人在地租和商税方面给予的许多优惠以及安特卫普实施的自由贸易政策都有力地推动了两地的发展。二是与港口管理相关的制度。比如，马六甲有着完善的贸易管理制度——沙班达尔制度，使得往来的各地商人得到了较好的服务与保护。

其次，在商贸情况方面，接近半数的城市或地区都有着繁荣的商贸活动，经济的高度发达是它们作为港口城市得以发展的重要动力。

最后，在基础设施建设水平方面，城市、港口、交通设施的建设以及造船水平的提升既可以为具有其他良好条件的港口城市或地区锦上添花，又可以弥

补在其他方面略有欠缺的城市或地区。比如，阿姆斯特丹、雅加达、利物浦以及纽约都建有完备的城市运河系统，这便利了物资、人员的流动与汇集，促进了港口城市的发展。又如布里斯托尔和利物浦，后者虽然兴起较晚，但由于重视港口建设从而得以后来居上；而前者虽然具备较好的自然条件，但疏于港口设施的革新，从而最终没落。由此可见，基础设施建设对于港口城市或地区的长久发展十分重要。

第二章　全球海洋中心城市形象的内涵价值

在全球海洋经济逐渐向亚洲转移以及国内海洋强国战略不断深入的宏观背景下，规划建设全球海洋中心城市是加快推进海洋经济高质量发展的重要举措。本章从全球海洋中心城市形象的定义、特点、内涵、构成、功能、提升战略及路径等方面，力求实现对全球海洋中心城市形象的系统化理解，并对宁波舟山全球海洋中心城市形象定位的影响因素和支撑因素、形象传播策略和路径提供了一些见解和思考。

第一节　全球海洋中心城市形象及其内涵

一、全球海洋中心城市形象的内涵

（一）全球海洋中心城市形象的定义

全球海洋中心城市形象可以理解为是"全球海洋中心城市"和"城市形象"概念的融合。

美国城市学家凯文·林奇最早提出"城市形象"一词。凯文·林奇（Lynch，1960）在《城市意象》（*The Image of the City*）一书中提出，"城市形象"是一种公众印象或者一系列的公众印象，由人的综合感受而获得，更多着眼于城市物质形态层面的知觉认识。随着越来越多的人研究城市形象，城市形象的概念得到不断延伸并形成较为完整的综合定义体系。

国内对城市形象的研究始于 20 世纪 90 年代中期。彭靖里等（1999）指出，城市形象是指一个城市的内部公众与外部公众对该城市的内在综合实力、外显前进活力和未来发展前景的具体感知、总的看法和综合评价。董晓峰等（2000）认为，城市形象是城市发展的整体综合发展风貌及在公众心目中形成的印象和看法。钱智等（2002）指出，城市形象是指城市内、外部公众对城市内在综合实力、外显发展动力和未来发展前景的认识和评价，是城市发展状态的综合反映。张鸿雁（2002）从多层面多角度认识城市形象概念，认为城市形象是公众对一个城市的整体印象、整体感知和综合评价。郑宏等（2006）认为，广义上的城市形象是物质和精神形态在人脑中的综合印象，而狭义上是诸如城市道路建筑等物质形态元素的体现。王豪（2008）将城市形象定义为城市中事物的表象特征和外部形态特点，包括城市一切复杂多变的表象特征，以及透过这些表象所能感受到的特定精神内涵。顾海兵和王亚红（2009）提出，城市形象是人们对城市的感知或印象。在这十多年的早期发展期间，我们可以清晰地看到，对城市形象的定义趋于明确，可以将其定义为公众对一个城市的内在综合实力、外显表象活力和未来发展前景的具体感知，以及总体看法和综合评价，反映了城市总体的特征和风格（陈映，2009）。

　　"全球海洋中心城市"一词最早出现在由奥斯陆海运等机构联合发布的《世界领先海事之都》中，产生于海洋规模经济发达的欧洲国家群。在我国，2017 年《全国海洋经济发展"十三五"规划》提出要推进深圳、上海等城市建设成为全球海洋中心城市，"全球海洋中心城市"这一概念首次正式出现。2019 年，党中央、国务院正式印发《粤港澳大湾区发展规划纲要》，在国家层面上提出建设全球海洋中心城市。2020 年，党的十九届五中全会明确指出，坚持陆海统筹，发展海洋经济，建设海洋强国。同年，《中共浙江省委关于指定浙江省国民经济和社会发展第十四个五年规划和二〇三五年远景目标的建议》明确要求深化海洋经济发展示范区建设，推进港产城融合发展，支持宁波舟山建设全球海洋中心城市。这意味着将 21 世纪的海上丝绸之路和海洋强国建设摆到了更突出的战略位置。

　　全球海洋中心城市是全球性的城市，是发达海洋城市，是具有独特海洋经济政治、海洋文化地理等要素内涵的城市。全球海洋中心城市形象就是建立在了解城市的基础上，公众对该城市内外在的具体印象感知、总体看法评价和综合发展前景认知。

　　（二）全球海洋中心城市形象的特点

　　第一，自然性和客观性。城市形象的主体是城市。城市的自然人文风貌是岁月沉淀后的客观存在，是现实存在的东西，而不是人们脑中的臆想。全球海洋中心城市的突出特征就是海洋性，而海洋的存在是不以人的意志为转移的。没有了海洋这个得天独厚的自然资源，也就无所谓全球海洋中心城市这个称呼。

第二，独特性和标志性。显而易见，并不是所有城市都是一模一样的，因此海洋城市形象理应是独一无二的。全球海洋中心城市向海而生，与海共兴衰，形成了独特的、具有标志性的城市形象。

第三，多样性和差异性。从城市形象管理者角度来说，他们可以提取城中的一个要素或者一系列要素共同组成城市形象。从当地城市居民角度来说，每个居民都对自身常住的城市有不一样的感受。从城市外来者角度来说，他们见到的城市形象又是另一番风味。因此，城市形象的可塑造性非常强。

第四，长期性和稳定性。城市形象一经形成，在很长一段时间内不会轻易改变。比如，城市功能景观的规范化、标准化体现了城市形象发展的系统性、连贯性；城市形象的打造和传播由于涉及人群众多，更不可能朝夕令改。因此，塑造全球海洋中心城市形象的过程本身就是一项长期的、艰巨的工程。全球海洋中心城市形象势将因海而生，因海而美，与海洋共命运。

(三) 全球海洋中心城市形象的内涵

城市形象的内涵是城市文明的综合展现，不单指精神文明或者物质文明的展现（范英，1999）。在国内外学者对城市形象的研究中，城市形象的内涵大致可分为以下几种：第一种认为城市形象是城市道路、城市设施、城市软硬实力等各种元素的表现形式及集合；第二种认为城市形象是城市各要素优化组合后的呈现结果；第三种认为城市形象的确立是为了在全省、全国乃至全世界占据一席之地（王莉，2012）。全球海洋中心城市形象的内涵包含政治、经济、文化、生态等宏观要素，同时也包含城市景观、城市市民、城市文化等微观要素（陈柳钦，2011）。

从国际角度来说，全球海洋中心城市主要由"全球城市""中心城市""海洋城市"三个主题词构成。首先，能够以全球海洋中心城市为城市建设目标的城市本身就具有一定的经济实力——这是基本条件。除此之外，还应具备较强的航运中心运营能力、科研教育研发的智慧支撑能力等。其次，全球海洋中心城市都是从航运中心发展而来，但却超越了航运中心的地位和影响力。全球海洋中心城市的前提条件和逻辑起点是高集装箱吞吐量的港口城，也就是国际航运中心。

2019 年，最新的《世界领先海事之都》报告提出了成为全球海洋中心城市的几个指标。第一，拥有的国际航运中心必须在全球市场上占据重要位置。第二，配套的海洋服务业必须高度发达。第三，海洋科研能力的智库支撑必须具有领先地位。第四，强大的海洋产业支撑。第五，本身所在城市的营商环境、投资活力、竞争力等都较为优越。

二、全球海洋中心城市形象的构成

2019 年《全球海洋中心城市报告》显示，全球十佳海洋中心城市包括新加坡、德国汉堡、荷兰鹿特丹、中国香港、英国伦敦、中国上海、挪威奥斯陆、日本东京、阿联酋迪拜、韩国釜山。这也从侧面传达出了全球海洋中心城市形象的构成。

（一）全球海洋中心城市形象的外在表现

1. 海洋建筑

海洋建筑是在海洋开发背景下，人民群众实践的产物，与所在地的经济政治、社会文化环境紧密相连，呈现出多元化的特点（韩晨平、袁宇平、王新宇，2020），具体包括海上兴建的建筑物及其相关附属构筑物；陆域兴建的建筑物，如海洋博物馆、海洋发展服务中心等。城市的海洋建筑不仅仅是实物建筑，还是反映地区民族特色、风俗习惯的产物。

2. 海洋资源

从狭义上讲，海洋资源就是与海洋本身有着直接关系的物质和能量，指在海洋中生存和蕴藏的生物和非生物资源。从广义上讲，除了狭义定义的物质以外，港湾、海洋航线、海洋空间等都可被视为海洋资源（刘成武等，2001）。全球海洋中心城市以海洋资源立市，包括但不限于海洋生物资源、海洋矿产资源、海洋化学（海水）资源、滨海旅游资源、沿海港口资源等。

3. 海洋产业

海洋产业是指开发、利用各类海洋资源的产业部门，包括传统的海洋捕捞业、海水养殖业、海上油气开采业、滨海旅游业、海洋高新技术产业、海洋交通运输业、海洋药业，等等。

4. 海洋景观

海洋景观包括自然人文景观和人工景观。其中，自然景观主要指海洋城市特有的自然风景，如海洋沙滩等；人工景观主要包括商贸集市、广场街道等。此外，还有在自然景观和人工景观基础上展开的大中小型节事盛会，如进出口博览会、海洋节庆等。

总的来说，全球海洋中心城市的海岸线绵长、海域面积宽广、地理位置优越，而这些都是与生俱来的。丰富的海洋资源有助于连接全球，促进全球的经济贸易合作往来，加深海岸各地的文化交流，增加市民的荣誉感和自豪感。

（二）全球海洋中心城市形象的内在精神

第一，只争朝夕的创新精神，呼应了以改革创新为核心的时代精神。时代首创精神集中体现在以企业为主体的实体上。企业实力、企业产品、企业信誉、敬业精神等反映在大众头脑中的印象都是城市形象的重要组成部分。全球海洋中心城市追求创新产品、追逐创新人才培养，展示其特别的海洋形象。

第二，和谐文明的团结精神。人与海洋和谐共处是确保全球海洋中心城市稳定持续发展的精神内核。人民群众是物质财富和精神财务的创造者。城市和谐文化离不开每个市民自身素质的塑造。发展全球海洋中心城市形象就是塑造城市内共性与个性、整体与部分的内在和谐精神统一（王莉，2012）。

第三，可持续发展的绿色精神。绿水青山是金山银山，海洋也是金山银山。要实现全球海洋中心城市形象屹立不倒，就必须坚持走可持续发展道路，将习近平生态文明思想厚植于生态绿色的海洋城市发展当中。当地政府应带头做出表率，廉洁奉公，公开公正，推动绿色发展。"蓝色经济"的出现符合时代潮流，走海洋可持续发展道路的社会经济发展模式是深化可持续发展的机制的必由之路，符合科学发展观，有利于实现海上丝绸之路和海洋强国战略。

三、全球海洋中心城市的形象功能

（一）聚合功能

在众多的城市形象定义中，学者们都不约而同地谈到城市形象是人们对于城市的总体感知。囿于个人的知识经验和实践经验，人们对城市形象的认知可能只是局限在某一个方面或某几个方面的集合形象，但这并不妨碍城市形象整合功能的发挥。

从综合内容看，全球海洋中心城市形象既包含海洋城市的物质层面和精神层面，也包含海洋城市的政治层面和生态层面等。几个层面叠加，相互影响、相互作用，共同形成了一个有机整体。具体来说，城市交通、城市设施、城市景观，甚至城市色彩元素，都在一定意义上形成了城市的形象特质，从而构成了城市的整体形象。

从产业业态看，全球海洋中心城市聚合海洋产业、海洋科技、航海运输、海事服务、海洋旅游等多个业态。特定的海洋类资源在特定地区集聚，并以独特的海洋城市精神提升居民的自豪感和归属感。

（二）辨识功能

城市形象的差别性和独特性增强了全球海洋中心城市形象的辨识功能。虽然并不是每一座城市都靠海，但在全球约 30 万千米的海岸线上，沿海城市的数量数不胜数。全球海洋中心城市应以地方城市形象特点为基础，加快提升海洋发展综合能力，使其具有更加独特的全球海洋中心城市形象的辨识功能，提高本地区的知名度。

海洋城市成百上千，城市形象各具特点。从西海岸到东海岸，从北半球到南半球，从欧亚板块到美洲板块，不同文化影响下的城市文化差别显著。海洋城市虽说与其他城市的最大差别就在于海洋元素，但是不同海洋城市的自然条件、区域文化、功能定位、发展策略等也是城市形象辨识功能的体现。全球海洋中心城市形象的辨识功能首先是由城市本身的客观存在要素决定的。除了客观要素条件，由于主观感受评价的差异，城市形象的辨识功能有利于塑造、呈现、传播具有竞争力的城市形象。

（三）传播功能

全球海洋中心城市形象的内涵和特征是传播城市形象的有利条件，有利于加大城市的对外开放，集合更多的海洋资源，增强全球海洋中心城市的辨识度，这是一种闭环的良性循环系统。

由公众反馈的城市形象自然而然地成就了城市形象的传播功能。城市常住居民、流动人口、投资贸易商等在不同城市之间往来，形成对城市的印象，并通过口耳相传和借助媒体手段，产生传播效果。全球海洋中心由于与生俱来的独特禀赋，广袤的海洋将城市传播带到了全球舞台的中心。

（四）营销功能

将城市视为产品品牌，而全球海洋中心城市形象是具有海洋特色的城市形象品牌。近年来，城市形象往往通过传统与非传统媒体（新媒体）融合、线上与线下推广结合等多样化途径来提高城市存在的知名度。这通常是一条由政府领导，企业参加，市民参与的全民性的有形无形相结合的创造性活动。

诚然，全球海洋中心城市形象是以城市的自然条件、经济实力、历史文化等为基础的，但是城市治理者完全可以取其精华，塑造积极正面的城市形象。近年来，随着城市化快速发展，无数城市日新月异，并通过各种手段传播和推广。

（五）展示功能

全球海洋中心城市形象展示城市特征与内涵，城市中各类外在软硬件要素成为展示城市形象的多功能窗口。全球海洋中心城市形象对外是对城市感知的集中表达，对内是市民劳动智慧、文化历史传统的深厚积淀。

全球海洋中心城市形象也是由众多符号串联起来的。例如，珠江是广州对外展示城市形象的生命线，围绕珠江的轴面，整个城市的资源配置都以此为中心。标志性的展示元素凝结了一个城市的自然人文资源，既能产生独特的城市形象内涵特征，又能使人留下深刻的记忆，比如澳大利亚的悉尼大剧院、英国的本初子午线等。其中，城市形象展示的集大成者莫过于各地的博物馆。以博物馆为中心，辐射内外的区域范围，最能体现城市形象的展示功能。城市是人类创造性劳动的结果，展示了一个地区劳动人民的智慧结晶。而博物馆记录和展示了一个城市的历史兴衰和变迁。

（六）实用功能

首先，全球海洋中心城市形象是一种无形资本，渗透到城市的各行各业、各类人群中，可以提升作为全球海洋城市可被挖掘的无限潜力，集中体现了其创新、研发、孵化中心功能，并能完善城市功能，增强城市的实用价值特征。其次，全球海洋中心城市形象事关城市发展大局、民生福祉。形象外在的直观性和可感性决定了其对外传播作用。

　　总之，城市形象带有某种特定的国家或民族的自然人文特征，积聚了区域文明色彩。建筑规划、道路交通、住房、公共设施等都极容易受到城市形象的风格影响，并在城市形象的塑造过程中内嵌这种色彩特征，最后通过城市形象的外显性展现出城市的内在特点。正面的全球海洋中心城市形象可以增加城市发展活力和竞争优势，增加城市对资金人才技术的吸引力，促进城市融合发展。因此，城市形象就像是城市发展的指明灯，城市形象越光鲜亮丽，越有利于城市的可持续和谐发展，反哺市民的东西也越多。

第二节　全球海洋中心城市形象的价值

一、全球海洋中心城市形象的文化价值

　　一个城市的文化是在漫长岁月中积年累月形成的，对方方面面都有着重要影响。文化的影响是潜移默化、深远持久的。全球海洋中心城市文化软实力作为强大的内驱力，吸引着领先的海洋产业、海洋人才、海洋类投资，更加强了全球海洋中心城市的形象。

　　首先，全球海洋中心城市形象的文化内驱力会反作用于城市形象的建立，对于推动海洋科技创新、海洋领域专业人才具有强大的吸引力。

　　其次，文化的影响可以从侧面加速推进全球海洋中心城市的建成，形成一批具有海洋特色的城市文化载体，如海洋产业相关的高等学府、实验室、发展中心以及有海洋特色的博物馆、国家公园、档案馆、文化馆等，进而可以加快相关配套设施的完善，承接高质量的大型海洋博览会、论坛、节庆等，以提高国际传播力和知名度。

　　最后，城市文化符号推动城市形象传播，城市形象加强城市文化符号的集中表达。在对全球海洋中心城市的认识、建立、发展、巩固过程中，海洋文化的精神内核以一种无形的价值追求和精神动力武装着一代又一代的人。每一座

城市都有自身的历史文化底蕴，而城市的历史文化底蕴的集中表现就在于城市文化符号，这是劳动人民在城市发展过程中长期奋斗形成的，是城市内外民众对城市的最直观感受和突出价值特点认同。

二、全球海洋中心城市形象的品牌价值

对于每个全球海洋中心城市来说，宽广的海域面积、绵长的海岸线、星罗棋布的海滩、得天独厚的地理位置为其提供了有力的品牌形象支撑。密集的海陆空交通网络、数量众多的出入境口岸、极其便捷的海内外交通、海洋中心城市枢纽的建立等既是民族的，又是世界的，提高了全球海洋中心城市形象的品牌价值。

第一，以城市特点带动品牌创新，立足海洋城市显著特征优势，整合资源品牌价值典型载体。城市形象是城市品牌个性的外化表现（郭亮、樊纪相，2008）。千城千面，海洋文化的历史渊源和地域特征可以使城市形象独具特点。全球海洋中心城市形象的塑造就是整合正式文化发展的资源，借鉴企业形象识别系统的方法，设计城市理念识别系统、行为识别系统、城市视觉识别系统等，树立一批被市民认同和接受的城市品牌运营客体，使城市的知名度和美誉度得到有效提升，使全球海洋中心城市成为人民精神的情感符号寄托。

第二，以城市定位带动品牌价值升级。全球海洋中心城市定位为全球某区域中心的海洋城市，通过"海洋城市＋"的迭代升级，并随着全球海洋中心融合更多其他要素，以丰富整体内容，打造城市形象多维度层次感。比如，在"蓝色经济"走热的同时，海洋生态可持续发展受到很大的关注，海洋城市的未来发展不可避免地会涉及生态问题。为此，应做到保护与发展并行，绿色发展与经济发展"同框"，顺应时代趋势，促进民众与城市和谐共处。

第三，以城市形象带动品牌思路转变。城市形象作为宣传展示的突破口，在当前短视频等新媒体兴起的背景下，通过新媒体，可以使品牌价值最大化。强烈的五官感受刺激可以凸显品牌爆发力。外在形式与主题内容紧密结合可以弘扬主题色彩。精致表达的视听元素可以最大限度达到良好的传播效果，扩大受众面，提高知名度。

三、全球海洋中心城市形象的艺术价值

随着城镇化进程加速推进，城市的文化价值越来越受到重视。各个城市之

间的较量不仅仅是城市经济发展产值的较量，更要重视挖掘城市本土文化和艺术。在塑造本土城市形象的过程中，不可避免地会用到各类生动形象的艺术途径来加强城市形象的立体感，如视觉设计、影像记录等。视觉设计（如平面广告、地表建筑、手绘墙绘），以及影像记录（如微电影、短视频等）通过主客体互动的独特方式，能够更形象地传达和升华城市独特艺术内涵。

从艺术主题来看，全球海洋中心城市区别于其他城市最显著的特色表现为城市特有的沿海地理位置及其相应的蓝色人文艺术文化等。城市中主要景点、建筑物、饮食、商贸运输等表现对象都可以用艺术手段抽象或直观地呈现，从而引起情感共鸣，起到"润物细无声"的传播效果。

从艺术风格来看，表现全球海洋中心城市的艺术对象设置具备城市特色，能阐释城市精神文化的内核，直接或间接地全方位呈现出城市经济社会、历史文化的风格特征。此外，特色的语言、城市空间等地方元素能突出全球海洋中心城市的艺术风格，形成独特的艺术价值。

因而，全球海洋中心城市形象的艺术内涵能够通过主创者独特的艺术形式打动人心，从而使全球海洋中心城市形象的文化价值和品牌价值更加深入人心。

四、全球海洋中心城市形象的经济价值

自 20 世纪以来，从全球角度来看，世界经济社会发展的重心逐渐从内陆地区向沿海地区转移。城市的快速增加造成土地资源极度紧张，沿海特大城市的扩张会受一条海岸线的限制（Daddario，2017）。根据世界银行的报告，全球 60% 左右的经济总量集中分布在大江大河的入海口。世界经济的重心往往集中在围绕海洋 100 千米的海岸带，而全世界 75% 的大城市、70% 的人口、70% 的工业投资都位于这一区域。此外，地球表面约 70% 被海洋覆盖，除丰富的水资源、生物资源、化石燃料及矿物资源外，海洋空间也是一种充满巨大潜力的资源（黄日富，2003）。习近平总书记曾指出，海洋经济、海洋科技将来是一个重要主攻方向，从陆域到海域都有我们位置的领域，有很大的潜力。全球海洋中心城市作为承载海洋经济、海洋科技发展的重要平台，将释放前所未有的经济活力。

从区域角度来看，适合作为全球海洋中心城市的地方通常本身就具有较强的经济实力，可以说是所在区域的经济中心，甚至是全国性的经济中心。全球

海洋中心城市形象的确立无疑将增强城市的经济实力，为发展海洋经济提供强大的资金支撑。

首先，扩大就业，增加民众收入。从沿海城市到全球海洋中心城市，城市的体量增大必然会使相应的就业岗位增多。在建设全球海洋中心城市形象的过程中，从顶层设计到具体落实，每个环节都需要投入大量的人力、物力、财力。而最终全球海洋中心城市形象的建成更是会促进全球范围内海洋经贸、人才等方面的流动流通，增加就业岗位，提高民众收入。

其次，刺激消费，拉动相关产业。对于跨国企业来说，现代海洋经济资金需求量大、资金回款期限长、风险高，离不开金融业的支持。同时，跨国贸易的高风险和高回报同在，不确定性加剧，又离不开完善的法律体系。除此之外，为了提高作业效率，信息化和科技化的方式方法不断得到企业的认可和应用。全球海洋中心城市形象对于拉动国内外需求具有重要作用，而且不断渗透到金融、生物、科技、装备、文旅等领域，有助于逐步形成完整的海洋类产业体系。

最后，发展经济，优化资源配置。全球海洋中心城市一经规划确立，其发展就与海洋息息相关，有限的资源就会最大限度地被投入发展涉海事业，集中力量发展形成具有地域特色的全球海洋中心城市形象。随后，全球海洋中心城市形象能够反哺城市经济可持续发展，形成良性发展的经济循环。

发达的海洋经济是建设海洋强国的重要支撑。因此，全球海洋中心城市是发展海洋经济的重要基地，而树立良好的全球海洋中心城市形象也是建设良好的海洋强国形象。

第三节　全球海洋中心城市的形象提升

一、全球海洋中心城市形象提升战略

（一）全球海洋中心城市形象提升的机遇挑战

21 世纪是海洋世纪。我国仍然处于发展的重要战略机遇期。全球海洋中心城市拥有得天独厚的海洋生态环境和自然资源。充分依托全球性海洋中心城市的海洋区域资源，突出最具活力的自然物产，可使城市形象拥有明显的涉海特色，给人留下深刻的蔚蓝印象。

"全球性""海洋""中心"作为城市最靓丽的名片构成要素，突出了世界性的、海洋的、中心位置的最具特色的地域自然要素。但是这些要素仍然离不开其他自然要素，否则就与其他同类城市形象高度同质。围绕全球性海洋中心，还要大力挖掘海域动植物、海洋沿岸陆域动植物、矿藏资源、气候气象、水资源的开发等。靠海的城市除了要关注海洋之外，还应对河流、湖泊、水库、湿地等集中进行挖掘。如果把所有涉海相关的主题要素和其他突出地域要素加以整体性推广，就可大大提升全球海洋中心城市形象。此外，全球海洋中心城市文化特色鲜明，拥有丰富的民间文化遗产和历史遗存。从提升城市形象设计的需求来看，主要有风土人情、饮食文化、历史文物古迹等元素。

但是，全球海洋中心城市形象提升同样面临相当严峻的挑战。最主要的挑战来自严峻的海洋生态环境，比如海平面上升、海水酸化、海洋污染等。全球海洋中心城市形象及城市建设的顶层设计与这些同人类生活生产密切相关的活动联系紧密，是个复杂的系统工程。政府应该从宏观层面着手，综合相关要素进行顶层设计。在城市形象设计的内容上，不能一味地注重经济开发，忽略生态文明建设。为了实现均衡发展，自然生态和人文生态需要坚持高度统一的原则。在城市形象设计的空间布局上，应做到以点带线，以线带面。

从生态视角来看，应当做到城市生态环境保护常态化和长期化。虽然海洋湿地具有调节小气候的功能，相比许多内陆城市，相对来说季节性不强，但还是在一定程度上受到四季更替的自然环境变化的影响。如果开发得当，城市四季变化各有风韵，就会大大弥补季节带来的城市发展的不稳定性。

前期对全球海洋中心城市形象的扎实设计规划能够为后期的精准定位奠定坚实基础。当地政府有责任和义务对城市的发展进行宏观层面的规划设计，对城市发展目标进行多视角思考规划，提出基本概念模型。一个形象丰满的全球海洋中心城市的定位一定是从模糊到清晰、从抽象到具体、从部分到整体的动态过程，为城市后续的发展推介工作提供重要铺垫。

（二）全球海洋中心城市形象的提升策略

1. 和谐发展策略：城市景观，和合共生

第一，全球海洋中心城市环境整合了自然与人文环境。从自然环境来看，全球海洋中心城市倚靠海洋，几乎处于世界经济发展中心区域。因而，城市规划主体应该充分依托优越的自然环境，科学合理规划布局，注重对地形地势、气候气象、水文河流等微观位置的利用，对景观精细规划，努力把全球海洋中心城市建成具有区域景观特色的和谐城市。

第二，城市建筑雕塑是城市规划的重要组成部分。随着城市化进程加快，城市建筑和雕塑的生命力得以体现。此外，文化创意必不可少，但也要充分结合区域地形形貌、产业业态等，突出当地区域特色，体现城市公共文化品位。在这方面。既要做到与众不同，又要做到通俗易懂，可适当结合当地著名历史人物和现代英雄人物，展示本土的日常生活主体，展现良好的精神风貌和文化现象。

第三，城市景观风格应有稳定但不呆板的主题，具有较强的可识别性，具有适应性强的主体色调，合理控制高低错落和间隔布局。城中绿地建设和公共休闲场所（如广场）等不可忽略，应积极改造利用过去不合理的设计，充分尊重和谐共生的城市空间布局。同时，每个城市景观不是一个单独的个体，各个城市景观应当具有高度的融合性，使之在单独出现时能代表城市景观特色，联合出现时能呈现城市整体形象。

第四，原有的城市自然景观应尽可能保持原始风貌，尽量以自然构景为主，人工设景为辅；尽量在城市自身特点上进行"小修小补"，而不宜釜底抽薪，一味仿效同类型热门城市。

第五，交通系统设施也尤为关键。公共交通是展示城市公共服务形象的直接窗口。要建设现代化交通网络，合理安排各类型接驳车辆，形成基本覆盖全域的多层次、各类型交通体系。同时，应加强线路指引和标识标牌指引，推进一站式服务和数字化服务。主客交互程度高的信息化服务有利于增进对城市的理解，增加好感度。

2. 低碳产业策略：产业发展，绿色先行

首先，加强海洋生态景观规划设计，应保留原始自然生态，不当的人为开发会破坏自然之美，损害水域生态系统，降低观赏性价值。因此，要因地制

宜，张弛有度，结合当地特点来加强生态修复和日常生态环境同步治理。其次，淘汰限制"三高"产业，摒弃不符合低碳发展的要求。同时，通过技术改造、流程再造等方式，替换原有的、不符合可持续发展的产业。再次，建立健全现代海洋产业体系，提升全球海洋中心城市能级，由近海捕捞产业向远洋捕捞、休闲渔业、海水养殖等多种海洋渔业共同发展，水产品精深加工、海洋生物医药、国际水产品贸易等全产业链体系化集群发展转变，巩固全球重要的海洋水产品基地的重要战略地位和现实基础。最后，全球海洋中心城市之间应加强沟通联系，形成海洋城市命运共同体。比如，为提升全球海洋中心城市发展，深圳、上海作为领头雁，分别提出在"十四五"期间将创新发展海洋金融、筹建国际海洋开发银行和全球领先的国际航运中心。

3. 特色文化策略：区域文化，全民共造

文化是城市形象最深层、最持久、最基本的元素。应深入发掘海洋文化，凸显海洋城市文化特色，塑造陆海融合、生态优美的全球海洋中心城市形象。全球海洋中心城市形象应根植于海洋文化，坚持全球性与区域性，共性与个性的统一，这与城市的文化定位是契合的。要在城市区域文化特色的基础上提炼主题，展示独树一帜的全球海洋中心城市形象。

此外，全球海洋中心城市形象的提升还需要形成政府主导、社区共建、全民参与的模式。城市形象的提升涉及多个环节、多个建设主客体，是个复杂的系统性工程。政府应从宏观层面做好顶层设计，激发市民内在创造力和活力，督察推进、宣传推介城市形象工程。

城市形象工程提升离不开公众个体的参与。公众个体形象也反映了城市形象。市民的日常行为、精神风貌、生活习惯、环保意识等对维护和提升城市形象具有重要作用。在塑造城市形象的过程中，光靠政府的力量远远不够。例如，城市景观的日常维护保养、各类赛事节庆活动的参与、城市基础设施建设的提升等都离不开每一位普通市民。当城市市民的主人翁意识增强的时候，政府等牵头机关和企事业单位在重塑提升城市形象的过程中会不断收到反馈，城市形象的提升变化过程是自然而然发生的。

最后就是扩大文化影响，推进形象传播。可以通过传统和非传统媒体手段（如大型节会活动等）向全球展示当地城市经济文化发展，扩大影响力与知名度，展示全球海洋中心城市形象软硬实力，营造良好的全民共传播的氛围

（王玲，2016）。应立足城市既有的资源禀赋，挖掘潜在的、尚未被开发的资源，通过城市文化创新、产业服务优势创新、城市环境创新等建立科学的工作机制和中长期战略目标，优化人才资源配置和有序流动，为全球海洋中心城市形象的价值提升奠定良好的战略基础。

二、全球海洋中心城市形象价值的提升路径

（一）重视城市宣传工作，营造主题城市氛围

第一，通过主题城市氛围加强宣传工作，借助象征表达系统构筑城市文化空间。象征表达系统是城市形象价值的具象表达，包括但不限于城市标志性景观，是提升全球海洋中心城市价值软实力的重要途径。但是，要注意避免"千城一面"，抓住相似城市间的差异性，有序推进城市形象价值提升，完善城市功能。

第二，正面积极影响全球海洋中心城市形象感知度的宣传工作可以从举办大型活动、加大广告投放、加强与社会力量合作等方面展开。在前期，要注重在调查研究基础上，有选择地开展优势显著的国际节事活动，深入了解受众目标，精准投放广告宣传造势，有效区隔同区域竞争城市，然后再进行市场细分，有条理、有层次地推进城市形象传播活动。最后，在宣传预案的结束阶段，发展出一套科学完善的传播效果的宣传体系，强调从细节处营造主题城市氛围。在加强与社会力量合作方面，应注重多元化。社会力量的宣传与官方渠道的宣传是互补的关系，应激发社会力量的创造活力。

第三，借助优秀的全球海洋中心城市形象塑造的经验，通过分析研究其他城市形象塑造案例，避开同等要素的正面竞争，学习其他城市宣传营销模式。发达国家对于全球海洋中心的研究实践发展起步早、效果好，擅长挖掘核心竞争力。横向比较主要全球海洋中心城市的形象价值提升经验主要包括如下几点：首先，政府非常重视城市形象的提升，主导了多元化渠道开拓城市形象对内外传播；其次，政府和社会力量合作共同进行城市形象价值的动态提升；最后，选择合适的活动有助于城市形象的提升提质增效。因此，通过快速学习国外的全球海洋中心城市发展过程中价值提升的经验有利于在借鉴中实现超越，在扬弃中获得新生。

（二）完善文化精神系统，强化视觉形象

应全方位保护、多角度开发本地区的精神文化遗产，特别是海洋文化遗产，留住"精神记忆"，加强民众对当地区域文化的认同感和为当地区域高质量发展不断奋斗的使命感。要加强文化建设，提升城市形象，用优秀的文化丰富人的精神世界，增强人的精神力量，促进人的全面发展，从而推动全球海洋中心城市形象价值全面发展。

文化精神寓于视觉外表，并通过视觉形象体系直观表达，形成城市视觉体系。凯文·林奇在《城市意象》一书中表示，城市印象由道路、边界、区域、节点、标志物这五种元素组成。这五种元素并不孤立存在，而是相互联系，相互依存。应以城市整体性特征为抓手，突出城市系统性的灵魂存在。倚靠海洋的地理位置决定了城市开放冒险精神的性格特征。城市的整体概念通过积累和沉淀，海洋精神的兼收并蓄理念得以显现。

（三）完善价值驱动系统，完善服务体系

根据欧洲城市联盟的一项涉及 18 国 25 个城市的调查，城市营销经常运用 7 种模式，按照使用频率排序，分别是贸易展会、商务论坛、媒体宣传、文体活动、网络宣传、定向推广和其他。因此，我们在此着重强调事件营销渠道。事件营销，即通过精心策划组织预设的事件，吸引目标对象关注事件，最终树立良好的全球海洋中心城市形象。在"眼球经济"的背景下，吸引注意力是事件营销的直接目的，在受众心中形成城市形象是根本目的（施宇，2012）。同时，要深化服务效果评价机制、危机预测应对机制等以充实城市形象内容，提升城市服务水平。

要聚力支持现代海洋服务业发展，大力发展海洋科技服务新业态，积极培育、扶持和孵化海洋创新型企业，并采用数字化技术提供高价值服务，打造全链路智慧服务系统，积极完善全球海洋中心城市服务体系。此外，应重视资源开发与城市服务。全球海洋中心城市形象的物质载体由各类资源构成，提升城市形象可以从提升城市资源和城市服务的规划开发、品质保证等方面进行。

（四）完善基础设施形象系统，增强品牌深度

围绕全球海洋中心城市形象经典品牌建设，通过企业品牌和区域、国家品牌的互动来提升整个品牌形象系统，并挖掘品牌的内在含义和深刻价值。放眼全国各地在"十四五"期间的发展规划蓝图，青岛携手当地科研院所，提高海洋科技创新竞争能力，创建国际海洋科技创新中心；大连秉持"浪漫"气质，打造创新之都、海湾名城；天津将在海洋工程装备、海水淡化等优势海洋产业上借力发力。

应完善发展基础设施，形成城市品牌体系。用良好的城市基础设施改善全球海洋中心城市价值形象可以从完善基础设施建设、大型广场公园休闲设施建设、交通通信服务建设等方面进行。应重视氛围营造，树立良好的全球海洋中心城市形象氛围。基础设施的完善从硬件出发，在城市发展过程中，需要不断对基础设施等硬件问题进行检查反馈，使城市形象具体可感、优化升级。

（五）完善产业服务系统，聚焦质效提升

首先，规范企业运作必不可少。多元业态的各企业发展是城市形象发展的不竭动力。但是，企业形象规范与否直接影响城市形象的优劣。企业运作规范工作可以从加强监管监督、健全投诉举报机制等方面进行提升。围绕构建上下游产业的海洋业全产业链条的目标，从服务理念、服务项目、服务标准等方面，与发达国家、发达地区的全球海洋中心城市形象生命建设周期对标对表，提升产业服务质量，提升产业长期续航性，推动数字改革为产业发展提质增效、保驾护航。以冯雅颖（2011）对南京城市形象分析与提升策略的研究为例，建议将地理信息系统（GIS）导入城市形象识别系统，以帮助构建更具个性的城市形象识别体系。政府占主导，加强宏观调控，使市场在资源配置中起决定性作用，多元民间主体共同发力。加强与企业（产业）合作，充分利用企业本身的影响力和知名度，提升城市整体的形象力，实现企业发展和城市发展的"双赢"。随着跨国企业在世界舞台上发挥着越来越重要的作用，培育一批、发展一批、支持一批走出国门的企业，不仅有利于城市产业服务的成熟发展，更有利于招商引资和对外投资，能够良性协调促进城市形象的发展。

综上所述，提升全球海洋中心城市形象价值可以从重视城市宣传工作、

营造主题城市氛围，完善文化精神系统、强化视觉形象，完善基础设施形象系统、增强品牌深度，完善产业服务系统、聚焦质效提升四个层面，对全球海洋中心城市形象进行提升、优化和升级。从充分利用大事件进行城市形象策划提升到充分利用网络媒体进行传播提升，在主客互动之间加强对城市形象的及时改造。

第四节　宁波舟山全球海洋中心城市的形象定位

一、宁波舟山全球海洋中心城市形象定位的影响因素

（一）城市形象定位方法

从城市发展大局来看，其形象定位可以采用依附定位、逆向定位、文饰定位、领先定位等一种或多种结合的定位方法，对城市形象进行具体塑造。

一是依附定位。依附定位是依托效应来塑造城市形象的方法，比如依附于名人轶事、名言名句等。因为名人轶事、名言名句等本身已根植民众心中，借此可以达到良好的传播效果。此外，一些具有影响力的评价对城市的正面宣传效果也是巨大的。例如，被誉为"东方夏威夷"的海南三亚等。

二是逆向定位。逆向定位强调反其道而行之，打破公众对城市形象的惯常直观理解逆向定位的目的就是巧妙避开热点，用小众的亮点博取眼球"出圈"。例如，宁夏某地提出的宣传口号"避开繁华，出售荒凉"等。

三是文饰定位。文饰定位即通过挖掘文化资源特色、赋予文化主题，形成文化品牌。其核心是根据自身特点，针对市场上尚未被填补的空白的城市形象，在公众心中形成城市形象认同。例如，北京的京城文化，宁波的海丝文化、商帮文化、阳明文化等。

四是领先定位。领先定位强调同品类中占据第一位置获得首位效应，通过垄断性资源树立城市形象典型，或者通过人为设计城市形象"第一"的光环效应。相较前者，后者的主观能动性更强。例如，拥有世界第一高峰珠穆朗玛峰的西藏等。

五是重新定位。重新定位城市形象的过程是一种扬弃的过程，即基于原有的城市形象，创造新的城市形象，或者与原有的城市形象复合叠加，使城市形象内容更加饱满。这有利于打破生命周期"宿命论"，做到常游常新。

（二）宁波舟山全球海洋中心城市形象的支撑要素

1. 自然环境

宁波位于东经 120°55′~122°16′，北纬 28°51′~30°33′之间，地处中国东南沿海，长江三角洲南翼，陆域多平原丘陵，地表水网密集，河湖众多，属温润的亚热带季风气候，四季分明，雨量充沛，光照充足。其地形地貌素有"五山一水四分田"之说，东有舟山群岛为天然屏障，北临杭州湾，位于中国大运河南端的出海口，是典型的江南水乡兼海港城市。宁波有漫长的海岸线，港湾纵深，岛屿星罗棋布。宁波境内有两港一湾，即杭州湾、北仑港和象山港。除此之外，宁波地区土壤类型丰富、分布复杂，西部有四明山—天明山陆域绿色屏障，东部有一港两湾滨海蓝色屏障，中部有甬江流域、东钱湖、平原河网等重要生态功能区，非常适合动植物的生长和栖息，生物多样性水平高。得益于"海上丝绸之路始发港"的区位优势，宁波的自然环境得天独厚，包括海洋生物资源、海洋油气资源等在内的海洋资源种类丰富。

舟山市位于长江口南侧、杭州湾外缘的东海海域，东濒太平洋，南接象山县海界，西临杭州湾，北与上海市海界相接。舟山群岛由嵊泗列岛、马鞍列岛、崎岖列岛、川湖列岛、中街山列岛、浪岗山列岛、七姊八妹列岛、火山列岛和梅散列岛组成，地理坐标介于东经 121°30′~123°25′，北纬 29°32′~31°04′。呈西南—东北走向排列，地势由西南向东北倾斜，南部岛大、海拔高、排列密集，北部岛小、地势低、分布稀疏。舟山群岛四面环海，属亚热带季风气候，冬暖夏凉，温和湿润，光照充足，适宜各种生物群落繁衍、生长，为渔农业生产提供了相当有利的条件。

舟山背靠上海、杭州、宁波等大中城市和长江三角洲等辽阔腹地，是我国深入太平洋的战略区域，与日本、韩国和我国台湾地区等构成扇形海运网络，同时我国 7 条国际远洋航线中有 6 条经过舟山海域。舟山是东北亚轴辐式海运网络中枢的最佳选址，是长江流域和长江三角洲对外开放的海上门户和通道，与亚太新兴港口城市呈扇形辐射之势（殷文伟、陈佳佳，2021）。

2. 人文历史

在历史发展方面，众多的历史文化街区、保存渔村记忆的滨海古村落等增强了宁波舟山全球海洋中心城市的文化内驱力，有利于打造海洋文化交流中心。宁波和舟山的海洋文化源远流长，创造了灿烂的河姆渡文化。宁波是"海上丝绸之路"东方始发港，是国家历史文化名城。宁波商帮曾是中国十大商帮之一，并且是唯一成功进行近代化转型的地方商业团体。凭借其地理位置优势和厚重的商帮文化，民营经济活跃，外向型企业众多。舟山素有"东海明珠"之美名。舟山渔场是中国最大的渔场。舟山是中国最大的海产品生产、加工、销售基地，中国唯一的海岛历史文化名城。中国四大佛教名山之一的"海天佛国"普陀山位于舟山，全国唯一的国家级海洋风景名胜区也在舟山。

在交通运输方面，根据舟山交通运输局的统计，从公路路网情况看，舟山的公路密度达到131.8千米/百平方千米，等级公路通村率及通村公路硬化率均保持100%；从陆岛交通码头情况看，舟山拥有陆岛交通码头160座、256个泊位，基本实现了100人以上岛屿陆岛交通码头全覆盖、1000人以上岛屿一岛两码头、3000人以上岛屿实现滚装码头全覆盖；从道路运输情况看，舟山的农村客运站布局基本成形，初步形成了由走廊线、组团间线、组团内线和城乡线组成的线网格局；从水上客运情况看，舟山的主要的岛际水上客运航线实现了2小时交通圈。根据宁波市"十三五"综合交通规划，宁波作为功能完备、能力充分的综合交通枢纽城市，始终把完善便捷高效交通网作为头等大事来抓，全市高速公路"一环六射"、县县通高速，轨道交通和城乡公共交通无缝接驳，交通经济超越400亿元。

在人口发展方面，第七次全国人口普查数据显示，与第六次全国人口数据普查结果相比，宁波和舟山常住人口保持持续较快的增长态势。从人口增速看，宁波人口年平均增长率高于全国和全省的人口水平。在未来，宁波很有可能跻身"千万人口俱乐部"。届时，宁波的城市发将进入一个新阶段，在城市竞争中将更具比较优势。人口是生产要素中最基础的要素。人口集聚程度越高，劳动力的供应就越充足，消费市场就越广阔，这意味着城市的经济流动和发展前景也更加广阔。从城镇化角度来看，宁波和舟山的城区常住人口增速明显。常住人口城镇化率不断提高有利于服务业实现跨越式发展，未来服务业将有更大的变革空间。

在经济发展方面，宁波和舟山的 2020 年生产总值总和约 13921 亿元。海洋经济发达的宁舟地区海洋渔业资源丰富，海洋渔业发达，海洋矿藏资源丰富，还有淳朴的海岛文化滨海旅游资源。这些海洋资源促进了地区海洋经济发展。2017 年，宁波海洋经济总产值达到 4818.74 亿元，实现海洋经济增加值 1434.28 亿元，占全市 GDP 总量的 14.44%，其海洋经济总量在浙江省各地市中居领先水平。而舟山对海洋经济的依赖程度更高，早在 2016 年，全市海洋经济增加值占 GDP 比重突破七成，达到 70.2%。[①]

在科技教育方面，由于位于东部沿海发达城市都市圈内，宁波和舟山一直以来都重视科技创新、教育投入、高层次人才引进等，为城市经济发展和人民生活水平提高提供了强有力的智力支撑。此外，浙江在人工智能、互联网应用等领域的优势有利于推动建设智慧海洋数据工程建设，实现智能化海洋技术革命，带动海洋相关产业发展。

3. 港口经济发展

宁波舟山港是我国海洋资源、港口资源最优秀和最丰富的地区，位于中国大陆海岸线中段、"长江经济带"的南翼。港域内近岸水深 10 米以上的深水岸线长 333 千米，陆续建设了亚洲最大原油码头、全球第二大单体集装箱码头、国内等级最高的集装箱码头。宁波和舟山交汇于长江发展区和沿海发展区，是长江经济带的重要城市，是亚太国际主航道的重要出口，集中了浙江省可规划建设万吨级以上泊位的深水港，自然环境优势显著。宁波舟山港货物吞吐量连续 12 年稳居全球第一，集装箱吞吐量跃居全球第三。在新冠肺炎疫情肆虐的 2020 年，宁波舟山港货物吞吐量仍旧保持了 4.7% 的增长率，达到 11.72 吨。2021 年上半年，吞吐量同比增长 9.5%，通达 202 个国家的 600 多个港口。在未来，宁波舟山港有望成为世界一流强港，作为全球重要港航物流枢纽、全球重要大宗商品储运基地、全球重要海事特色航运服务中心，活跃在世界舞台上。[②]

宁波是近代中国最早对外开放的"五口通商"之一。海洋经济是宁波经

---

① 资料来源："宁波：'蓝色引擎'动力足"，载于《中国自然资源报》，2020 年 4 月 28 日，http://m.mnr.gov.cn/dt/hy/202004/t20200428_2510486.html。

② 资料来源："宁波舟山港 2020 年集装箱吞吐量继续列全球第三"，载于《宁波日报》，2021 年 1 月 23 日，http://www.ningbo.gov.cn/art/2021/1/23/art_1229099769_59025069.html。

济增长重要引擎之一，2018 年宁波被列入国家海洋经济发展示范区，海洋经济总产值为 5250.82 亿元，同比增长 11.6%；海洋经济增加值为 1530.82 亿元，比上年增长 7.6%，占地区生产总值的比重达 14.2%。① 2019 年 7 月，浙江省政府正式批复《浙江宁波海洋经济发展示范区建设总体方案》，宁波海洋经济迎来重大发展机遇。浙江舟山群岛新区作为我国唯一以海洋经济为主题的国家级新区，随着宁波舟山港一体化进程加快，2020 年和宁波分别启动了推进全球海洋中心城市规划建设。

《2021 新华·波罗的海国际航运中心发展指数报告》显示，宁波舟山首次跻身 2021 年全球航运中心城市综合实力前十。2021 年 10 月，第六届海丝港口国际合作论坛在宁波开幕。会议期间，新华社中国经济信息社发布了《全球港口美誉度报告（2021）》。报告显示，2020 年宁波舟山港是中国港口中受到国内外关注度最高的港口。2020 年 3 月，习近平总书记在考察宁波舟山港时强调，宁波舟山港在共建"一带一路"、长江经济带发展、长三角一体化发展等国家战略中具有重要地位，是"硬核"力量。此外，宁波舟山港智慧港口建设不断推进。加快宁波海洋产业经济发展，相关部门将从产业培育、科技支撑创新发展、构建高质量产业体系三个方面着手，释放"蓝色"潜力，增强产业综合竞争力，补强产业创新发展力，加快海洋传统产业转型升级步伐。《浙江省海洋经济发展"十四五"规划》提出，"十四五"时期，打造宁波舟山港世界一流强港，浙江将深入推进海洋强省建设，提升海洋经济、海洋创新、海洋港口、海洋开放、海洋生态、滨海旅游等领域建设成效，形成新的经济增长点，为加快推进高质量发展建设共同富裕示范区做出积极贡献。

4. 海丝之路与宁波和舟山

海上丝绸之路古已有之，最早可追溯至秦汉时期，兴盛于宋元朝代，明朝实施海禁政策后发展日益衰微。在全球化的背景下，海上丝绸之路在 21 世纪焕发新生是具有历史基础和现实意义的。海上丝绸之路不仅在经济贸易上具有举足轻重的作用，还在文化交流等层面赋予了新的时代内涵。

海上丝绸之路作为顶层设计、大政方针，具体到国内各个沿线省份城市的

---

① 资料来源："宁波舟山港 2020 年集装箱吞吐量继续列全球第三"，载于《宁波日报》，2021 年 1 月 23 日，http://www.ningbo.gov.cn/art/2021/1/23/art_1229099769_59025069.html。

时候需要结合自身特点，因地制宜地制定相关规划实施方案。海上丝绸之路串联起丝路沿线不同国家的文明、自然禀赋，在大大提高贸易便利化的同时，具有明显的空间万花筒属性。海上丝绸之路与生俱来的开放性、多样性、兼容性文化特质对弘扬培育民族精神、建立健全高势能开放文化具有重要价值和启示意义（陈惠平，2005）。海上丝绸之路极大地反映了新时代海洋强国发展的特点。

海上丝绸之路反映了途经各国的政治、经济、社会、历史、文化内涵，主要核心是主动发展与沿线国家的经济合作伙伴关系，共同打造政治互信、经济融合、文化包容，以及利益共同体、命运共同体和责任共同体。有观点认为，海上丝绸之路的真正内涵是解决政治互信不足的问题，有利于实现"共同、综合、合作、可持续"的海上丝绸之路，与地区安全治理的良性互动，以此推动实现人类命运共同体，维护巩固安全事业发展（陈伟光，2015）。还有学者在剖析其空间内涵的时候，认为海上丝绸之路作为具有强烈历史文化色彩的文化符号（和平、友谊、交往和繁荣），是在向世界传递"和平、合作、发展、共赢"的理念。此外，有学者从公共外交战略研究点出发，系统论述了以丝路精神为内涵的海上丝绸之路公共外交具有传播丝路文化等时代价值和意义（杨荣国，2017）。从古代的海上丝绸之路到 21 世纪海上丝绸之路，不变的是和平友好、互利共赢的价值理念和坚定不移地继续建设海上丝绸之路的信心和勇气，变的是赋予其新的时代内涵和与时俱进的多元合作方式，不仅为泛亚和亚欧地区的可持续发展注入了新的活力，而且在国际社会舞台上获得了积极反响和高度关注。

宁波舟山港作为海上丝绸之路繁盛时期的主港出现，从诞生之日起便获得了高度关注。王凤山和冀春贤（2011）曾以宁波舟山港为例，提出建设与海铁联运相配套的无水港的相关建议。随后，他们在《宁波—舟山港对接"一带一路"的探析》一文中高度凝练了宁波舟山港对接"一带一路"的必要性、优势，以及实施措施，推动加快宁波舟山港从"世界大港"向"国际强港"转变（王凤山、丛海彬、冀春贤，2015）。与宁波舟山港类似的还有广州等地。

众所周知，宁波舟山港曾是古代海上丝绸之路的重要始发古港，如今是"丝绸之路经济带"和"21 世纪海上丝绸之路"的重要交汇枢纽点，在共建

"一带一路"等方面具有重要的战略意义。作为全球货运吞吐量最大的港口，具有 1200 多年对外开放史的宁波舟山港是当今 21 世纪海上丝绸之路的重要区域和港口节点。作为中国大型和特大型深水泊位最多的港口、大型船舶挂靠最多的港口，宁波舟山港的发展和海上丝绸之路的发展密不可分。

（三）宁波舟山的全球海洋中心城市定位

2021 年 10 月，在海洋强省建设推进会上，宁波提出积极对标新加坡、深圳等国内外先进海洋城市，推进港产城文融合发展，努力打造全球海洋中心城市。精准适合的城市形象定位有利于未来城市发展。从城市规划的层面看，舟山的"十四五"规划纲要中提到，与宁波共建全球海洋中心城市，融入长三角一体化发展，推进浙沪海上合作示范区和甬舟一体化。从城市建设的层面看，宁波舟山全球海洋中心城市形象定位瞄准目标规划，加快宁波舟山港向世界一流强港转型。宁波舟山全球海洋中心城市形象定位为：东方大港，丝路起航。

二、宁波舟山全球海洋中心城市形象传播

（一）宁波舟山全球海洋中心城市形象传播路径

"十四五"期间，宁波和舟山两地结合自身优势，制定当地海洋中心城市发展计划，以区域协同为重点，在上海深入建设全球领先的国际航运中心的东风下，乘势而为，加快建设宁波海洋经济示范区，推进浙沪海洋合作示范区和甬舟一体化。

1. 从短期到长期的阶段渐进式传播路径

党的十九大综合统筹分析国内外形势，为实现第二个百年奋斗目标细分了发展阶段，即从 2020 年到 2035 年，在全面建成小康社会的基础上，再奋斗 15 年，基本实现社会主义现代化；从 2035 年到 21 世纪中叶，把我国建设成富强、民主、文明、和谐、美丽的社会主义现代化强国。在此宏观背景之下，宁波舟山全球海洋中心城市形象的传播也应紧跟政策，借助国家对外形象展示的机会，助推当地区域全球化发展，使其传播效果更快捷和显著。

2020~2035 年，宁波舟山全球海洋中心城市形象的推进是建立在深入贯

彻习近平总书记关于宁波舟山港要担当国家战略"硬核"力量、努力打造世界一流强港的重要讲话和指示精神的基础之上，通过建设世界一流强港，塑造、传播和提升自身的城市形象。

从 2035 年到 21 世纪中叶，随着中国在世界舞台上的作用越来越突出，在建设富强、民主、文化、和谐的社会主义现代化强国过程中，自觉展示城市形象，讲好中国强港故事，大众化、专业化、系统化地展示宁波舟山全球海洋中心城市形象。

2. 从政府到人民的全民自觉行动路径

城市形象的规划向来是政府部门的主要职责之一。在社会主义市场经济体制之下，城市形象事业不再局限于政府部门的活动。在政府部门先行先试的坚强领导下，全民自发自觉地为城市形象的树立和发展贡献力量在当今社会变得常见。如果说政府的推介代表的是城市形象的官方信息，那么民众自觉地对居住或者到访过的城市的情感式描述对城市外来者和城市形象来说则更为亲近，体验感也更高。

3. 从传统媒体到新媒体的信息扩散新路径

首先，不得否认的是，传统媒体依旧占据信息扩散的话语主导权。以政府部门为代表的传播主体长期以来通过传统媒体的宣传，已经取得了行之有效的成果。即便是在新媒体盛行的今天，传统媒体在传播界的分量仍旧举足轻重。新媒体使民众能够随时随地自由地分享和交流信息，在这一背景下，传统媒体无疑起着主心骨的作用，使多元化潮流的流行不至于让民众思想混乱。总体来讲，宁波舟山全球海洋中心城市形象传播不可避免地仍将通过传统媒体传播（谭宇菲，2019）。对于使用传统媒体的传播主体来说，传统媒体在宣传传播中更加稳定、可靠和权威。

不同于传统媒体的传播路径，新媒体更加多元、互动性更强、传播也更加便捷。在新媒体时代，第一，充分关注主流社交新媒体的作用。如果在宁波舟山海洋中心城市形象的传播过程中，能加入积极正面的意见的引导，那么传播的效果和辐射面可能会放大。第二，搜索引擎对城市形象传播有推荐引导作用。随着搜索引擎的广泛使用，人们可以轻松地通过互联网关键词定位的方法，在短时间内获取需要的信息。这对于城市形象的广泛即时传播有直接作用。以百度搜索引擎为例，输入"宁波舟山全球海洋中心城市"，靠前的搜索结果显示的是具有海洋特色的宁波舟山地区的图片和最新的关于建设宁波舟山全球海洋中心城市的相关报道和行动计划纲要新闻。这直接促进了宁波舟山全球海洋中心城市形象的传播，增加了传播路径，扩大了传播影响力。第三，传统媒体和新媒体的互补连接。传统媒体和新媒体并非水火不容。它们大多数时候都在各自阵地上互相补充、互相依存。加强传统媒体和新媒体的传播路径链接，有利于全方位、全景式铺陈城市形象，提高城市品位，树立城市形象，形成跨媒体整合传播的强大合力。在全球化背景下，宁波舟山的国际化形象通过传统媒体和新媒体的融合发展，借助传统媒体和新媒体各自的传播模式，可延长城市形象传播路径，扩大传播覆盖面。

（二）宁波舟山全球海洋中心城市形象传播策略

1. 宁波舟山全球海洋中心城市形象传播的基本原则

（1）重视信息积累。21 世纪是信息的世纪。全球海洋中心城市形象的传播是一种信息的传播。传播宁波舟山全球海洋中心城市形象需要对过去、现在、未来的宁波舟山城市形象的信息储量、信息增量等综合信息有基本的掌握。除了宁波舟山作为客体的信息外，城市用户体的兴趣个性倾向、主客体所处的环境特点、传播媒介的信息参数等都是城市形象传播过程中的重要数据。对于宁波舟山全球海洋中心形象的确立、重塑、再确立、提升转型而言，信息数据流是更好掌握传播全过程的重要决策判断依据。

（2）重视受众体验。对于宁波舟山全球海洋中心城市形象传播而言，受众的体验值和反馈结果是重中之重。城市形象传播本身并不是为了宣传城市而宣传，其终极目的是为了人们过上幸福美好的生活。在宁波舟山地区的全球海洋中心城市形象的传播过程中，必须时刻关注受众的体验感和收获感，并据此动态调整相应的工作。

（3）重视沟通交互。重视沟通交互的基本原则是指建立健全一个系统的城市形象传播链的体系。从物的传播到人的传播，从线上传播到线下传播，从传统媒体传播到新媒体传播，从官方传播到民间传播，通过融合各种不同的传播方式，实现城市形象的快速传播。这再次强调了宁波舟山全球海洋中心城市形象的传播是一个整体，一旦中间有断链，就会导致城市形象传播过程中的错位。因此，城市形象的传播需要注重传播路径上每个点位的沟通交互，最大限度地避免城市形象在公众心目中失真。

2. 宁波舟山全球海洋中心城市形象传播的策略选择

（1）正面强化策略。正面强化策略主要指依托现代主流媒体的传播强化，建立一个稳定的、具有影响力的城市形象传播正面强化系统。通过官方媒体正面宣传的短视频、宣传片、新闻报道等扩大了宁波舟山全球海洋中心城市形象塑造全过程的影响力和覆盖面。此外，应积极运用海外资源，努力打造具有国际影响力的海洋中心城市形象，使之成为港城联动的国际海洋中心城市。第一，应积极利用国家以及省市层面对宁波舟山建设全球海洋中心城市的相关报道和规划，比如《浙江省海洋经济发展"十四五"规划》明确提出要联动宁波舟山建设海洋中心城市；《中国海关》杂志发布的《2020年中国城市外贸竞争力报告》显示，宁波连续四年位列全国外贸竞争力百强，在浙江省位居首位。第二，应加强城市对外联系，建立良好协作关系，在区域乃至全球海洋事务中争取话语权。

同时，应发挥集中力量办大事的优势，发挥浙江在全国的比较优势。宁波舟山地区的党员干部要积极发挥先锋模范和基层堡垒作用，带领广大群众积极走全球海洋中心城市建设发展的路子。在新媒体时代背景下，层出不穷的互联网媒体加速了社会化传播，人人都可以是传播中心，输出个人对城市形象的看法和见解。应建立城市标识和价值，提升本地居民的认同感，增加外来人员对当地的好感度和知晓率，从而建立积极有为的城市形象。

（2）广告促销策略。通过广告传播，可与目标受众进行"对话"，建立可沟通的城市（吴予敏，2014）。全球海洋中心城市形象对媒体广告的权威度要求较高，因为全球海洋中心城市形象的塑造不仅仅面向国内，更是面向世界。广告媒体的信用度直接影响城市形象系统建立的权威性和真实性。频繁的符号性互动，形成借由符号认知、认同而确定的广告实物，有利于全球海洋中心城市形象的深入发展。针对扩大知名圈的问题，积极通过广告营销等硬手段来培育特色业态（如走海洋文旅精品线路，抢抓机遇提升名气、人气），使宁波舟山城市品牌更响、活力更强。

从广告促销类型来看，要积极借鉴商业广告制作模式、制作流程、投放技巧等，进行宁波舟山全球海洋中心城市形象的推广。通过借助其丰富的实战经验，不管是4R、4C理论，还是广告如何对消费者产生作用的AIDS理论，商业广告的创意模仿将大大提升视觉意义上的审美观感，注入新的城市形象风貌。

从广告促销内容来看，宁波舟山全球海洋中心城市是区域经济发达的城市，是基础设施完备的宜居城市，是文化旅游事业欣欣向荣的城市。应充分认识自身在海洋经济发展中的亮点，强长项、补短板，集聚海洋经济优势资源，做强比较优势，"融化于"而不是"融入于"海洋城市建设发展。

（3）公共关系策略。城市公关是指最大限度利用城市现有的自然人文资源，对目标受众产生影响并提高城市知名度和美誉度。其最主要的目的是创造有效的舆论环境。宁波舟山全球海洋中心城市形象的传播要让政府在整个传播过程中充分发挥主导作用，同时动员社会力量共同参与城市公关。借助正向的主流或非主流的舆论热点，积极地、潜移默化地影响受众，以引起市场共鸣。然而，必须认识到舆论的传播力量是把双刃剑。在信息化时代，任何互联网上的波澜都可能给城市形象带来危机。所以，积极地建立公共关系危机预防机制也尤为重要。

在公共关系网络中，首当其冲的是政府公信力和居民诚信度（李清华，2009）。首先，政府公信力与政府的公共服务水平直接挂钩。公共事件的发生有时候不可避免，事发前的应急预案和事发后的应急处突是检验一个政府公信力的试金石。应提高政府服务能力，提升数字政府服务能力，创新方式方法，打造服务型高效政府，同时加快转变政府职能，加快建成政府数据共享服务一体化体系，将便民服务延伸至公共建设的每一个角落，为宁波舟山全球海洋中心城市形象的传播注入新活力。其次，诚实守信、敬业乐群、友爱团结的人民团体是构筑国际海洋中心不可或缺的力量。另外，针对生态环境的问题，在发展海洋经济产业的同时，应加强海洋生态修复保护，海域保护开发利用，实现海洋资源有序开发和高效利用，建成共同富裕的"海上两山"实践地，这也是公共关系领域在维护海洋城市形象时特别需要关注的一点。

第三章　全球海洋城市建设的产业
特色及政策体系

全球海洋中心城市产业特色的形成与发展可以将海洋经济的比较优势转化为竞争优势，从而提升全球海洋中心城市的综合竞争力。产业特色的形成需要使海洋产业指导政策从成本导向转为功能导向，需要在中央与地方之间形成明确的分工，需要从制定中长期的发展规划、积极推进海洋产业园区化发展、发挥政府重要引导作用等多个方面共同发力。本章首先分析了全球海洋中心城市的产业发展特色基础，进而系统梳理出国内外全球海洋中心城市产业发展的主要做法与政策措施，最后介绍了推动甬舟新兴产业发展的关键对策。

第一节　全球海洋中心城市建设的产业基础

一、海洋相关产业及分类

依据我国最新编制的《海洋及相关产业分类》（GB/T 20794—2021），涉海相关产业有海洋产业、海洋科研教育、海洋公共管理服务、海洋上游相关产业和海洋下游相关产业5个类别。

（一）海洋产业

海洋产业涉及类别最多，包含15个大类（见表3.1）。其中，海洋传统产业发展历史悠久，产业链建设相对完善，对于宁波和舟山，可根据其优越的地理位置发展海洋渔业。

表 3.1　　　　　　　　　　　　　海洋产业分类及说明

类别	说明
海洋渔业	包括海水养殖、海洋捕捞、海洋渔业专业及辅助性活动
沿海滩涂种植业	指在沿海滩涂种植农作物、林木的活动，以及为农作物、林木生产提供相关的服务活动
海洋水产品加工业	指以海水经济动植物为主要原料加工制成食品或其他产品的生产活动
海洋油气业	指在海洋中勘探、开采、输送、加工石油和天然气的生产和服务活动
海洋矿业	指采选海洋矿产的活动，包含海岸矿产资源采选、海底矿产资源采选
海洋盐业	指利用海水（含沿海浅层地下卤水）生产以氯化钠为主要成分的盐产品的活动
海洋船舶工业	包含海洋船舶制造、海洋船舶改装拆除与修理、海洋船舶配套设备制造、海洋航标器材制造等活动
海洋工程装备制造业	指人类开发、利用和保护海洋活动中使用的工程装备和辅助装备的制造活动，包括海洋矿产资源勘探开发装备、海洋油气资源勘探开发装备、海洋风能与可再生能源开发利用装备、海水淡化与综合利用装备、海洋生物资源利用装备、海洋信息装备、海洋工程通用装备等海洋工程装备的制造及修理活动
海洋化工业	指利用海盐、海洋石油、海藻等海洋原材料生产化工产品的活动
海洋药物和生物制造业	指以海洋生物（包括其代谢产物）和矿物等物质为原料，生产药物、功能性食品以及生物制品的活动
海洋工程建筑业	指用于海洋开发、利用、保护等用途的工程建筑施工及其准备活动
海洋电力业	指利用海洋风能、海洋能等可再生能源进行的电力生产活动
海洋淡化与综合利用业	包括海水淡化、海水直接利用和海水化学资源利用等活动
海洋交通运输业	指以船舶为主要工具从事海洋运输以及海洋运输提供服务的活动
海洋旅游业	指以亲海为目的，开展的观光游览、休闲娱乐、度假住宿和体育运动等活动

资料来源：笔者根据《海洋及相关产业分类》（GB/T 20794—2021）整理。

（二）海洋科研教育与海洋公共服务管理

新加坡、伦敦、纽约等拥有较为完备的海洋服务业，如海洋金融、海事仲裁和海洋保险等，并在不断发展的过程中，衍生出航运交易、航运融资、教育培训、船舶代理等相关产业。其中，海洋科研教育分为海洋科学研究和海洋教育。海洋公共管理服务包含海洋管理，海洋社会团体、基金会与国际组织，海

洋技术服务，海洋信息服务、海洋生态环境保护、修复和地质勘察，如表 3.2
所示。

表 3.2　　　　　　　海洋科研教育与海洋公共服务管理分类及说明

	类别	说明
海洋科研教育	海洋科学研究	指以海洋为对象，从自然科学、工程技术、农业科学、生物医药、社会科学等角度进行的科学研究活动
	海洋教育	指按照国家有关法规开办海洋专业教育机构或海洋职业培训机构的活动
海洋公共服务管理	海洋管理	包括海洋行政管理、涉海行业管理、海洋开发区管理和海洋社会保障服务等活动
	海洋社会团体基金会与国际组织	指与海洋相关的社会团体、基金会和国际组织的活动
	海洋技术服务	指为生产与管理提供海洋专业技术和工程技术的服务活动，以及相应的科技推广与交流的服务活动
	海洋信息服务	指对海洋信息进行采集、传输、处理、储存和应用，向社会提供各种海洋信息服务的活动
	海洋生态环境保护和修复	包括海洋生态保护、海洋生态修复、海洋环境治理等活动
	海洋地质勘察	指对海洋矿产资源、工程地质、科学研究进行的地质勘察、测试、监测、评估等活动

资料来源：笔者根据《海洋及相关产业分类》（GB/T 20794—2021）整理。

（三）海洋上下游相关产业

海洋上游相关产业分为涉海设备制造和涉海材料制造。海洋下游相关产业
包含涉海产品再加工、海洋产品批发与零售，以及涉海经营服务，具体如表 3.3
所示。

表 3.3　　　　　　　　海洋上下游相关产业分类及说明

	类别	说明
海洋上游相关产业	涉海装备制造	指为海洋生产与管理活动提供装备、仪器、设备及配件等的制造活动
	涉海材料制造	指海洋产业生产过程中投入材料的生产活动

续表

类别		说明
海洋下游相关产业	涉海产品再加工	指通过产业链的延伸，对海洋产品的再加工、再生产活动
	海洋产品批发与零售	指海洋产品在流通过程中的批发活动与零售活动
	涉海经营服务	包括渔港经营服务、船舶用资源供应服务、涉海公共运输服务、涉海金融服务、海洋仪器设备代理服务、海洋餐饮服务、涉海商务服务、涉海特色服务等涉海经营服务活动

资料来源：笔者根据《海洋及相关产业分类》（GB/T 20794—2021）整理。

二、国外海洋中心城市的海洋产业发展

在传统产业优势和新兴发展力量共同作用下，海洋经济也已形成了一个全球分工的产业链，新加坡、伦敦、汉堡、东京、纽约等成为海洋经济发展的"世界城市"。

（一）新加坡的海洋产业发展

新加坡是海岛型国家，近 30 年来其海洋产业产值占 GDP 的比重超过 7%。在海洋运输方面，新加坡是世界著名港口航运中心、国际贸易中心和世界第二大集装箱港，港口运输发达，与全球 600 多个港口通航（张舒，2018）。在滨海旅游方面，旅游资源匮乏的新加坡通过提升服务质量和完善基础设施，发展廉洁高效的政府主导型特色旅游，成为唯一一个旅游业竞争力排名前十的亚洲国家，其旅游业常年保持 200 亿美元以上的收入。[①] 在海事服务方面，截至 2019 年，新加坡已拥有 60 多家相关律师事务所，被波罗的海国际航运公会指定为继伦敦、纽约之后第三个国际海事仲裁地。[②] 在船舶工业方面，新加坡拥有吉宝、胜科等掌握先进海洋装备制造能力的企业集团，占有全球近海供应船市场份额的 25%，在海洋工程建造领域处于世界领先水平。截至 2020 年，其海洋

---

① 资料来源：《世界旅游业竞争力排名 新加坡位列亚洲最高》，载于《联合早报》，2013 年 3 月 10 日，http：//sg. xinhuanet. com/2013－03/10/c_124438502. htm。

② 资料来源：《新加坡进入全球第三大海事仲裁地》，中国投资咨询网，2013 年 2 月 9 日，http：//www. ocn. com. cn/free/201302/haiyun231190000. shtml。

和海洋工程行业雇用了 29000 多名当地人。[①]

(二) 伦敦的海洋产业发展

伦敦的海洋经济发展以市场交易为主，重点是高附加值的海洋服务业，即海洋金融、海事仲裁和海上保险。伦敦拥有海事仲裁员协会（LMAA）等全球知名的海事仲裁机构，21% 的国际海事保险费在伦敦签单，约 40% 的租船市场位于伦敦，[②] 形成了一套完善的"从海上到岸上"的海事产业体系，在"海事产业年世界领先海事之都"中排名第一（Colette C. C，Wabnitz and Blasiak，2019）。在海洋运输方面，自 20 世纪 70 年代中期开始，伦敦航运出现衰退；根据英国劳氏日报发布的 2019 年全球百大集装箱港口榜单，伦敦集装箱吞吐量仅位居全球第 70 位，同期中国港口有 6 家位居全球前十。在海洋科学技术方面，1969 年创立的每两年举办一次的伦敦国际海洋技术与工程设备展览会一直牢牢占据全球第一海洋科技展览会的地位。

(三) 汉堡的海洋产业发展

2019 年上半年，汉堡海洋经济产值增加 4%，高于汉堡 GDP 的平均增长率（1.9%）。在海洋运输方面，汉堡依托临近北海、波罗的海的有利地理位置，成为北欧、亚洲和波罗的海国家的贸易运输枢纽，德国最大通用港、欧洲第三大港，并建成了高度自动化的集装箱装卸码头。[③] 截至 2019 年，汉堡港已有近 300 条航线通向世界五大洲，与世界上 1100 多个港口保持着业务往来，集装箱吞吐量较上年增长 7.5%（杨明，2019）。在海洋新能源方面，汉堡有包含 4000 多名员工的 25 家大公司，在全球对可再生资源项目进行设计、开发和融资；世界海上风电论坛于 2018 年底在汉堡设立办公室。在海事服务方面，汉堡是世界三大船舶融资业务中心之一，以私募股权方式筹集船舶资金，在全

---

① 资料来源：新加坡海洋行业协会 2019 年行业统计，http：//www. asmi. com/index. cfm？GPID = 189。

② 资料来源：《英国航运业在全球具有重要地位》，国际船舶网，2015 年 8 月 2 日，http：//www. eworldship. com/html/2015/ship_inside_and_outside_0821/105791. html。

③ 资料来源：《贸易继续强劲！海洋经济后还有氢能源，德国汉堡点赞与上海合作》，第一财经网，2019 年 8 月 28 日，https：//www. yicai. com/news/100311681. html。

球航运金融领域独树一帜；截至 2020 年，汉堡有 2300 多家专业航运服务公司，超过 8000 家与航运业相关的企业和 32 万员工。

（四）东京的海洋产业发展

东京湾区面积占日本国土面积的 3.5%，但创造了日本约 1/3 的经济总量，吸纳了日本 26.3% 的就业人口。在海洋渔业方面，东京湾的渔业产值自 2007 年以来一直维持在 5 亿美元左右，仅占全国渔业总产值的 6% ~7%。渔业已经不是东京湾区域海洋经济的主要产业（高田义等，2016）。在临港产业方面，东京集中了日本的石油化工、汽车船舶制造等主要工业部门，是三菱、丰田等世界五百强企业的总部所在地。最具特色的是，东京港主营内贸，与环东京湾地区的六大港口优势互补，形成了应对外部竞争的有机整体。在海洋运输方面，东京湾沿岸 6 个港口首尾相连，2019 年吞吐量超 5 亿吨，港口航运货物量一直占全日本的 18% 以上。在船舶工业方面，东京造船业一直处于下滑状态。[1]

（五）纽约的海洋产业发展

在纽约的海洋产业结构中，第三产业比重超过 90%。[2] 在海洋渔业方面，纽约推广生态养殖，"十亿牡蛎"项目加速了人工养殖的牡蛎繁殖。新繁殖的牡蛎留在海水里可以持续改善水质和生态环境，创造岛礁。在海事服务方面，纽约湾区是国际金融中心、航运中心，海洋金融业产值占比超过 20%。在不足 1 平方千米的华尔街金融区内，聚集了 3000 多家银行、保险、交易所等金融机构。在美国的 500 强企业中，约有 30% 的研发总部与纽约的金融服务有联系。在滨海旅游方面，纽约位于美国东海岸，受益于帝国大厦、时代广场、自由女神像等热门景点，与 2018 年相比，其旅游业在 2019 年产生了 215.03 亿美元增加值。[3]

---

[1]　资料来源：《全球四大湾区特色鲜明 各放异彩》，中国社会科学网，2021 年 8 月 20 日，http：//gjs. cssn. cn/ztzl/ztzl_views/202109/t20210906_5357707. shtml。

[2]　资料来源：广州日报大洋网，2019 年 9 月 2 日，https：//news. dayoo. com/。

[3]　资料来源：中国海洋发展研究中心，2019 年 6 月，http：//aoc. ouc. edu. cn/cf/72/c9824a249714/page. psp。

三、国内重要沿海城市的海洋产业发展

截至 2021 年 3 月，上海、深圳、广州、天津、宁波、舟山、大连、厦门、青岛 9 座城市出台相关政策，支持建设全球海洋中心城市。

（一）上海的海洋产业发展

2019 年，上海的海洋经济总量从 2016 年的 7463 亿元增长至 10372 亿元，占上海市 GDP 的 27.2%，占全国海洋生产总值的 11.6%。[①] 在海洋运输方面，上海集疏运网络完善。截至 2020 年，已与全球 500 多个港口有集装箱货物贸易往来，年集装箱吞吐量达 4350 万标准箱，占中国沿海港口集装箱总量的 20%，连续 11 年位居世界第一（赵婧，2021）。在船舶工业方面，上海的船舶制造、维修和配套服务产业是长江三角洲船舶产业的核心。上海投资 22.5 亿元建造的东海大桥 10 万千瓦海上风电场并网发电，这是亚洲首座大型海上风电场，可满足上海 20 万户居民生活用电需求。

（二）深圳的海洋产业发展

作为深圳市七大战略性新兴产业之一，截至 2019 年，海洋经济的总产值已突破 2600 亿元，占全市 GDP 的比例约为 10%。[②] 相较于 2018 年增长 13.04 个百分点，深圳海洋经济年均增速超过 30%。在海洋运输方面，2019 年深圳港完成 2577 万标准集装箱的吞吐量，在全球名列第四（张沁、王艳，2021）。在船舶工业方面，海洋高端装备领域发展出 160 多家龙头企业，是深圳海洋产业的关键性主体，并依托孖洲岛形成了海工装备及船舶修造基地。在海事服务方面，深圳搭建了"航付保"平台，借助大数据和超算中心为中小航运公司提供结算类增值服务；前海金融控股有限公司等在 2019 年发起设立首只总规模 500 亿元的深圳市海洋产业基金，推动海洋科研院所等机构在深圳落户。在海洋电子信息产业方面，深圳集中了华为、中兴通讯等知名企业，总产值占全

---

① 资料来源：上海市水务局，2020 年 6 月 8 日，http：//swj. sh. gov. cn/index. html。

② 资料来源：深圳市宝安区投资推广署，2021 年 6 月 19 日，http：//www. baoan. gov. cn/bainvest/gkmlpt/content/8/8874/post_8874417. html#5254。

国的 16.7%。

四、全球海洋中心城市特色产业体系的构建经验

(一) 新加坡的"政府主导+市场驱动"模式

新加坡政府对国际市场洞察敏锐,通过长期的国家战略、及时的产业转型计划以及高效的执行力,合力推动新加坡海洋产业的稳定发展和经济增长。政府的优惠政策为工商业发展提供了良好的市场活力和营商环境,使新加坡成为众多跨国科技与金融企业设立总部与研发中心的绝佳选择。在产业空间布局方面,基于优质港口和纵深狭小的国土,新加坡采取工业园区的集聚式发展模式,在此基础上通过招商引资,高端技术人才引进等方式,"补链""强链",不断完善海洋产业生态,形成了多元化发展格局。

新加坡的产业布局源自其特殊的地理优势和资源劣势。作为城市国家,新加坡国土纵深小,自然资源匮乏,但这一劣势也成为其海陆联动高质量发展的优势来源。作为东西航线的枢纽,新加坡自建国起就确立了以港口为中心的发展战略,产业布局的变革可以分为三个阶段(赵超,2010)。

第一阶段(20 世纪 60 年代~20 世纪 70 年代末),新加坡依托航运产业,构建临港产业集群雏形。在这一时期,新加坡逐渐形成以制造业为核心,以服务业为支柱的产业布局。第二阶段(20 世纪 80 年代~21 世纪初),新加坡加大研发投入,大力发展高附加值产业,推动产业转型升级。随着新加坡海洋工业与航运事业的繁荣,滨海旅游产业的发展也进入快车道。第三阶段(21 世纪以后),新加坡加大转型升级力度,重新聚焦制造业,提升全产业生产效率。在这一轮转型过程中,新加坡将促进制造业转型升级置于核心位置,各部门的劳动生产率逐步提升,也促进了现代服务业功能的进一步完善。在金融服务领域,新加坡政府的优惠政策吸引了华为、谷歌等科技公司和汇丰、渣打等金融机构落户新加坡,设立创新实验室。这有力地支持了新加坡建设国际金融中心,推进新一轮产业升级。

(二) 汉堡的"产业—空间—制度"协同演化模式

汉堡作为最早建立的自由港,由于战争和市场变革等因素,经历过"因

港而兴"和"因港而衰"的阶段。汉堡能够再次复兴,不仅因为其独特的地理空间优势,更因为其根据自身情况,制定切实的制度,改善城市空间功能划分,指导产业多元发展,从而形成互相促进的良性循环。在产业方面,汉堡政府通过制定新兴产业发展战略和产业集群化发展战略,布局多个新兴领域,形成了多元驱动的经济增长模式。在空间规划方面,汉堡利用政府规划+市场投资的模式,先后实施"珍珠链"与"港口新城"计划,将汉堡打造成宜居宜业的滨水生活社区。

汉堡位于德国北部,地处易北河的入海口和两条支流(阿尔斯特河和比勒河)的汇合处,交通区位优势显著,是德国经济实力最强、最具活力的地区之一,也是德国最早实施积极的集群战略以拉动经济增长和就业的联邦州之一。汉堡的海洋产业发展主要分为四个阶段。

第一阶段(19世纪末~20世纪40年代),汉堡成立自由港,打造欧洲贸易的北部枢纽与物资集散地。彼时繁荣的汉堡不仅是世界商贸中心,也是欧洲人前往美洲新大陆的启航点。第二阶段(20世纪40年代~20世纪70年代),汉堡港遭遇战争打击,港口功能凋敝,转型成为货运码头。第三阶段(20世纪80年代~20世纪末),汉堡通过"产业—空间—机制"的总体发展方略,逐步实现城市经济复兴。第四阶段(21世纪以后),八大产业集群成为新增长极,港口新城助力汉堡城市转型,构建居住、工作、文化、休闲多元城市功能。新兴产业培育战略与集群化发展政策的提出,让汉堡更加注重培育高端产业集群,先后培育了媒体、航空、生命科学、物流、医疗保健、创意、海洋和可再生能源八大产业集群,逐步推进从以石化、船舶制造等临港产业主导的传统产业体系向高附加值的多元现代产业体系转变。产业集群政策提出后,围绕八类产业集群的上下游产业链企业集聚于汉堡,并逐步发展形成规模(王列辉、苏晗、张圣,2021)。在城市建设方面,汉堡启动了"港口新城"计划,根据功能和市场需求,采用多元投资主体与小市场切割战略,在解决住房问题的同时,也进一步完善了商贸服务。在港区空间改造方面,汉堡政府注重发展可持续性,保留汉堡港发达的物流系统,拓展港口与世界其他良港的连接性;此外,通过对旧城区的改造,汉堡还建成了融合生产、生活、生态的滨海旅游区。

（三）东京的"核心驱动＋工业集群"联动发展模式

东京作为区域经济的核心，承担着日本全国的政治、经济、文化中心角色，在各个领域都具有引领和驱动的作用。作为日本最早建立起港口工业的城市，东京在产业转型过程中将自身打造成为区域发展的"大脑"，向周边其他沿海地区转移产业，领导湾区产业专业化分工，发挥各区域比较优势，形成环东京湾海洋产业集群，实现整体联动式发展。同时，东京重视发展科技与创新产业，引领沿海地区从生产向研发的角色升级，推进内陆制造业铺开，传递制造业发展势能，实现大都市圈的共同繁荣。

东京是日本政治、经济、文化、交通等众多领域的枢纽中心，也是亚洲第一大城市。东京湾区位优势突出，湾内良港众多，港口经济发达，现代海洋产业发展可追溯至19世纪，其产业变革历程主要分为四个阶段。

第一阶段（19世纪末～20世纪中叶），东京在战争期间完成了初步工业化，但工业布局紊乱，港口同质化严重。第二阶段（20世纪中叶～20世纪70年代），湾区开展产业专业化分工与整体协作，发挥各区域比较优势，东京的发展重心转向服务业。东京集中了商贸服务、金融服务、物流服务、出版印刷、生活服务以及时尚旅游等功能，众多大企业将总部设在东京市中心。东京全面承担起东京湾区制造业"大脑"的功能。第三阶段（20世纪70年代～20世纪末），湾区产业集群化发展，实现规模经济效益。国家主导下的东京湾各港口跨地域的通盘建设，实现了临港工业的集群化发展优势和内部高效自循环，如富士石油等原油公司与京叶乙烯等化工企业通过公用管道，建立了世界上最大的乙烯制造中心。此外，区域内还有五个火力发电站，有力地保障了石化产业群的用电。六个港口绵延整个东京湾临海地区，使得以钢铁、石油、化学产业为主的临海重工业可以通过水运直接实现内部物流支持，而所有工业群需要的原材料和制成品依托水运快速内部输送，极大地提升了效率。比如，东京港背靠市区，全力打造为东京市民提供高效物流的港口；川崎港利用先进的仓库设施，打造进口商品货物输入枢纽。第四阶段（21世纪以后），科技带动湾区经济高级化转型，产业深化转移惠泽周边地区经济发展。以神奈川县和千叶县为代表的东京周边地区，随着产业持续升级，催生出贴近制造业企业的研发机构聚集的趋势。大量研究机构、企业总部的研发部门等向工业区靠近，贴近工业区布置，成为致力于研发创新的科技园区。在神奈川县西部和东京都西部，有大量制造业企业迁入。同时，伴随着生产中心向内陆延伸，各大企业的企业研究所也开始跟随生产中心向内陆进发，内陆偏远城市成为新一轮的受益者。

（四）伦敦—纽约的"金融＋科技＋创新"多元发展模式

（1）伦敦的海洋产业发展早于纽约，两座城市均较早地建立了以金融业为核心的发展理念。伦敦的海洋产业在第二次世界大战前迎来发展的顶峰。基于发达的航运业、造船业以及语言优势，伦敦衍生出以海洋金融产业为核心的海事服务与船舶配套产业格局，成为世界海洋金融中心。在经历"去制造业化"之后，伦敦进一步强化自身金融属性，形成了一套完善的海事服务体系。

伦敦的海洋产业发展历史渊源深厚。英吉利海峡自古以来海上贸易繁荣，在14世纪英国就建立了海事法庭、"五港联盟"等官方和民间机构来保护海上贸易。作为第一次工业革命的发源地，伦敦在19世纪初已拥有发达的海工海事产业，此后的海洋产业发展主要分为三个阶段。

第一阶段（18世纪~19世纪末），伦敦基于发达的造船业与航运业，初步建立了海事产业话语权。第二阶段（19世纪末~20世纪末），英国造船业与航运业衰落，伦敦专注发展海事产业，巩固海事领域的主导地位。第三阶段（21世纪以后），伦敦以完善海事服务产业为推手，力图复兴海洋产业。在转型过程中，伦敦不断衍生出航运交易、航运融资、海事保险、海事仲裁、船舶经纪、船舶注册、船舶代理、航运咨询、信息通信、教育培训、媒体出版等与航运相关的服务产业，形成了国际航运服务中心。经过数百年的积累，英国的海运服务业在航运仲裁、租船、保险、法律、金融服务方面拥有无可匹敌的国际地位。此外，英国先后公布了首个海洋产业增长战略（2011年）和海军造船业独立报告（2016年），复兴造船业，并在船舶系统等方面取得技术领先。

（2）纽约位于美国东部的大西洋沿岸地区，是美国经济发展最重要的神经枢纽，也是全球经济总量最大的都市圈。纽约的繁荣同样起源于优越的区位条件。1664年，纽约以商贸和航运立埠，凭借覆盖纽约州半域的哈德逊河，对内陆形成较大的辐射范围。这为内陆航运提供了运输成本方面的优势，也使纽约迅速形成巨大的商业和地缘影响力，汇聚了大量的工商业从业者。自此，纽约的发展走上快车道，其产业布局的演变主要分为三个阶段。

第一阶段（19 世纪初~20 世纪 50 年代），纽约凭借交通运输枢纽的特殊地位，大力发展制造业，推动金融业发展。繁荣的商贸往来加快了纽约的城市化与工业化进程，越来越多的工厂和企业在纽约集聚，城市规模迅速膨胀。第二阶段（20 世纪 50 年代~20 世纪末），纽约完成去"工业化"，政府和企业开始将资本由制造业转入新型服务业。纽约在完成由工业经济向服务经济和创新经济过渡的同时，也成为全球的金融中心，汇聚了诸多跨国企业的总部，增强了纽约对全球经济发展的控制。第三阶段（21 世纪后），纽约以科技驱动信息通信技术与生物医药为新增长引擎。纽约的繁荣建立在发达的金融业之上，但是 2008 年金融危机之后，纽约政府意识到过度依赖金融业存在极大的风险性。因此，纽约政府通过制定多元化的发展战略，重点发展生物技术、信息通信技术等高科技产业，吸引全球优秀理工院校来纽约共建大学和科技园区。这一举措不仅使纽约成为横跨医疗、教育等众多行业的科创之都，还带动了周边地区的发展。以强生为代表的制药企业总部向卫星城新泽西扩散，使该地成为美国制药业最发达的地区，一个与美国西海岸"硅谷"遥相呼应的"碳谷"在东海岸崛起。

由此可见，海洋产业结构调整路径一般经历四个阶段：传统产业主导阶段，这一阶段以海洋捕捞、海洋运输等传统产业为发展重点，海洋经济发展速度较为缓慢；进口替代阶段，这一阶段主要表现为港口贸易繁荣带动本地制造业崛起，政府给予制造业企业补贴，依靠扭曲要素价格限制进口；出口导向阶段，传统海洋产业在此阶段完成技术升级、规模扩张，工业结构从消费资料产业主导转向资本、技术资料主导，使新兴海洋产业产值快速增长，成为海洋经济发展的主要推动力；海洋产业体系成熟阶段，这一阶段以海洋信息、技术服务等海洋第三产业为主，通过服务业提供优质产品，使第一产业和第二产业能耗和物耗下降，海洋经济良性循环。在海洋产业结构调整过程中，政府通过催生重点海洋产业若干细分生产门类形成，逐步完善各子门类，使海洋产业发展逐步朝"特色化"方向转型。

第二节 全球海洋中心城市产业发展的主要做法

一、制定城市中长期产业发展规划

(一) 确立区域优先发展的海洋产业

新加坡认为,港口和航运未来可能表现平淡,应顺应海洋开发的大趋势,积极发展海洋工程,将船舶工业确立为优先产业。20 世纪 80 年代,东京通过重点发展出口导向型的临港工业,形成了日本最大的重化工业生产基地。在我国,上海在"十四五"规划中指出,要重点发展创新研发、海洋金融等高技术服务业;深圳在"十四五"规划中表明,要大力发展海洋生物医药、海洋电子信息等海洋新兴产业。

(二) 针对优先产业出台政策规划

为促进航运、造船和海洋工程的发展,新加坡海事港务局(MPA)陆续出台船旗转换优惠政策(BFS)、获准国际航运企业计划(AIS)等政策,引导实施海事信托计划、新加坡海事组合基金(MCF)政策,系统推动海洋产业的发展。在我国,深圳于 2018 年成立规模达 500 亿元的海洋产业基金,实施海洋产业规划和未来产业发展政策,引导社会资本投资于优先产业。

(三) 动态调整产业政策

伦敦政府部门与市场参与者保持定期与不定期的互动交流,以掌握市场的真实需求和发展愿景,动态化调整政策并优化环境,进而使企业的市场化运营更为便利和高效,同时保障经济金融整体的稳定。

二、积极推进海洋优势产业的集聚

(一) 协调企业—城市空间布局

第一,依据产业链需求,调整企业的生产活动布局。随着工业企业内部分工细化，多数企业将处于产业链中间环节的大规模生产活动向大都市外围或其他地区转移，把公司总部、研发、设计和销售中心留在市中心。相较于7%的全国平均水平，纽约服装制造业在经营管理、专业设计和营销方面吸纳就业占比约19%；从工资的角度衡量，曼哈顿区的服装行业平均工资高于纽约整体水平，反映了价值链在空间上的分布。

第二，制定"改造优于重建"的城市空间发展战略，辅以制度保障。在空间转型过程中，相较于城市土地开发的一次性高额收益，汉堡政府更注重其产生的良性示范效应和为城市发展提供的可持续空间支撑，对包括港口新城在内的重点建设区域采取继承性开发的策略。承接城市空间结构框架、保留城市标志性构筑物与文化符号，是实现城市资源可持续利用的关键。深圳通过多渠道供应企业发展需要的空间资源，实行房地并举、优先供房策略，盘活原农村集体用地，允许"农地入市"，建立以房招商、养商、稳商新机制，引导企业通过租赁、购买生产和配套用房来解决发展空间问题。

第三，建设海洋中心城市CBD，提升城市核心竞争力。从就业密度及地均产出视角看，全球海洋中心城市的经济集聚程度高，地均雇员数高于内陆地区，海洋经济发展围绕中心商务区自核心层向外扩散。无论是用行政手段干预（新加坡、东京）还是用市场无形的手去调解（纽约），其结果都一样：CBD在中心城市中的经济地位更高，集聚能力更强，表明"都心组团"式的发展不是最适合的发展模式。根据波动理论，"心"越强，其辐射和影响的范围越广，越能在中心城市和都市圈中发挥主导作用。因此，要进一步"强心"，强化核心圈层CBD的中心集聚功能。

（二）集群化、人性化园区开发设计

一是制定集群导向的园区开发策略。由于土地资源稀缺，以最小土地成本发展工业是新加坡政府亟待解决的难题。汉堡政府采取产业集群发展战略，重点发展电子、化工和生物医药等产业集群。同一产业或是同一产业链的企业集聚既节省土地资源，又有利于产生规模效益。20世纪90年代后，新加坡通过填海建造裕廊化工岛。岛上一工厂生产的产品成为另一工厂的原材料，由于工厂间地理位置的临近性，为企业节省25%~30%的资本支出和10%~15%的物流费用。新加坡正极力打造生物医药集群，从医药开发和临床研究，到制造和保健服务，在整个产业链上建立起世界级的发展实力。

二是树立先进的园区设计理念。新加坡具有"花园城市"的美称，在进行工业园区规划时，除建造工业厂房外，还注意塑造优美、轻松的生活环境，使人们在工作之余有一个游憩的空间。此外，新加坡注重同自然生态系统的协调发展，力求把工业发展对环境的影响减少到最小，实现工业可持续发展。1998年，裕廊集团提出要把裕廊岛建设成为一个生态工业园区，通过建造"水廊"；把企业联系起来运输废弃物和原料，组成相互依赖的企业网络，使各企业生产的产品成为一个闭合的回路，减少废弃物排放。2001年，新加坡开工建设纬壹科技城，致力于打造一个集"居住、生活、游憩、学习"为一体的综合园区。

三、发挥政府在产业发展中的作用

（一）精细化社会各部门分工

首先，各政府机构明确分工，对接专门工作。新加坡经济发展局负责制定工业发展的战略规划，市区重建局和裕廊镇管理局负责工业园区的规划、开发和管理，环境及水源部门负责环境的保护和对园区开发的监督工作，其他机构（如人力资源培训机构等）负责配合工业发展。此外，新加坡政府还陆续颁布了《新兴工业（裕廊豁免所得税）》《经济扩展奖励法令》等政策，鼓励造船业、海洋工程和油气产业等产业的发展。汉堡政府设立全国工资理事会，抑制工资的不合理增长和制定增加工资的指导方针，协助维持合理的工业秩序。

其次，发挥行业协会的专业化功能。新加坡海洋工业协会（ASMI）采用先进技术帮助行业成员转型升级，聚拢行业资源以实现共同目标，在海洋和海上工程行业不可或缺。

（二）完善基础设施网络建设

一是建立统一的海洋空间信息平台和物流网络。英国港口竞争力依赖自身市场的协调能力及整体网络体系的搭建，如港口管理局、码头运营商、海事经纪人等；托运人根据整个物流网络的成本和性能进行选择，使港口成为网络中的一个节点，将腹地连接成为航运竞争的关键因素。日本政府及相关科研机构在网站上公开科研信息，包括机构的中长期计划、经费预算等，增加公众了解机构的渠道，也对机构制定规划提出更高要求。

二是加强设施联通，建设综合交通网络。21世纪以来，德国汉堡投入大量资金以深挖易北河河道扩建码头，进行港口现代化改造，使汉堡港铁路货运量增长近80%。汉堡港通过建立港口信息数据通信系统，实现港口、铁路、陆路、航空的无缝隙运输。东京临海经济带进行大规模基础设施建设，成为日本列岛航道、铁路、公路、管道和通信等网络密度最高的地区。在我国，深圳通过建造执法基础设施，创立防灾减灾基础数据库，构建海洋立体观测网。

（三）有重点的产业扶持政策

日本东京对新兴产业科研的持续投入使其在海洋再生能源、生物医药、海水利用等方面的技术达到世界领先水平。新加坡政府规定，外国先进技术公司在此投资设厂，可减免税收盈利的33%，期限为5～10年。为发展石油产业，新加坡于2001年通过"全球贸易商计划"，采用低税制吸引了超过200家油气企业落户。从20世纪80年代起，新加坡持续投入海洋工程装备制造技术研发，在浮式生产储运系统等领域实现技术突破。在我国，深圳为创新型企业提供租金补贴，但限定销售对象、价格和二次转让周期，要求落后产能企业承担100%的额外土地使用成本。

（四）打造海洋特色产业名片

20世纪70年代以来，通过举办航运博览会等方式，德国汉堡实现了从集装箱堆场、仓储服务等下游产业到航运融资、海事保险等上游产业的迈进。在汉堡周边举办的国际风能展成为该领域规模最大的行业风向标，世界超过一半的知名风能开发商（如德国西门子、丹麦风机制造领头羊维斯塔斯等）聚集汉堡。日本通过参与深海大洋钻探计划等国际大型海洋科研项目，在国际合作中发挥作用，取得了一系列科研成果，此外还建立海洋研究基地，培养海洋科学领域的人才，提升了其在国际海洋研究和开发领域的话语权。在我国，2020年1月，深圳在其《政府工作报告》中提到，要建设全球海洋中心城市，组建海洋大学和国家深海科考中心，高质量办好海博会；上海借助自贸区建设，推动船舶和海洋工程设计制造领域开放，争取海洋国际组织、跨国公司和企业总部落户上海，打造"蓝色总部高地"。

第三节　全球海洋中心城市建设的产业政策体系

一、我国海洋中心城市建设相关产业政策

（一）我国省级层面涉海产业政策

海洋蕴藏着丰富的生物、油气和矿产等资源，海洋经济的发展有利于拓展发展空间。因此，我国沿海省（区、市）近年来愈发注重海洋经济的发展，为此制定了一系列产业政策，以促进海洋产业发展。沿海省（区、市）在《中共中央关于制定国民经济和社会发展第十四个五年规划和二〇三五年远景目标的建议》发布后，依据自身地理位置、产业基础等，纷纷制定了各自的"十四五"规划，提出促进海洋产业发展的意见或措施，主要涉及海洋船舶、海洋港口、海洋新兴产业等，同时还提出要注重绿色经济发展。沿海省（区、市）出台的涉及海洋产业政策如表3.4所示。

表3.4　　　　　　　沿海省（区、市）涉海产业政策

省市	时间	政策	主要相关内容
辽宁	2021年3月	《辽宁省国民经济和社会发展第十四个五年规划和二〇三五年远景目标纲要》	大连建设海洋强市；培育现代海洋城市群，做强海洋船舶制造业，发展海工装备业集群，提高海洋资源综合利用水平，构建海洋运输服务体系等；建设海洋强省，发展海洋生物医药、海洋新材料、海洋清洁能源等新兴产业等
	2021年9月	《辽宁沿海经济带高质量发展规划》	到2025年，辽宁沿海经济带传统产业转型升级、新兴产业培育、海洋经济发展取得新成效，初步形成多点支撑、多业并举、多元发展的产业发展新格局
	2022年1月	《辽宁省"十四五"海洋经济发展规划》	推动高技术船舶及海洋工程装备向深远海域、极地海域发展，培育形成具有国际竞争力的船舶与海洋工程装备产业群

省市	时间	政策	主要相关内容
河北	2021 年 5 月	《河北省国民经济和社会发展第十四个五年规划和二〇三五年远景目标纲要》	大力发展海洋经济，科学开发利用海洋资源，做强现代港口商贸物流产业，拓展海洋工程装备制造，推进海水淡化和综合利用，延伸海洋生物医药产业链条，提升海洋生物医药产业水平，打造滨海旅游精品，实施"智慧海洋"工程等
	2022 年 3 月	《河北省海洋经济发展"十四五"规划》	打造"一带、三极、多点"的海洋经济发展新格局，打造竞争有力的现代海洋产业体系，构建富有活力的海洋科技创新体系，维护绿色可持续的海洋生态环境，塑造开放共赢的海洋经济合作局面，建立支撑有力的海洋基础设施和公共服务体系
天津	2021 年 2 月	《天津市国民经济和社会发展第十四个五年规划和二〇三五年远景目标纲要》	大力发展海洋经济，构建现代海洋产业体系，重点打造海洋工程装备制造产业链，推动形成海洋装备四大产业集群（海洋油气装备制造集群、高技术船舶装备制造集群、港口航道工程装备制造集群和海水淡化成套装备制造集群），建成国内海洋装备制造领航区等
	2021 年 6 月	《天津市海洋经济发展"十四五"规划》	到 2025 年，海洋经济高质量发展水平显著提升，海洋产业结构和布局更趋合理，海洋科技创新能力进一步提升，海洋绿色低碳发展取得显著成效，海洋经济开放合作深度拓展，现代海洋城市建设迈上新台阶
	2021 年 7 月	《天津市自然资源保护和利用"十四五"规划》	强化区域产业功能对接，围绕"一基地三区"功能定位，构建新发展格局，优化海洋产业结构和布局，进一步提升海洋科技创新能力，坚持制造业立市
山东	2018 年 5 月	《山东省海洋强省建设行动方案》	重点布局海洋生态渔业、海洋高端装备制造、海洋矿产资源开发、海洋新能源、高端海洋化工等产业，积极探索推广高效生态发展新模式，打造环渤海南翼先进制造业中心、面向东北亚对外开放合作高地和全国重要的海洋生态文明示范区等
	2019 年 1 月	《山东省现代化海洋牧场建设综合试点方案》	提升海洋牧场绿色水平，探索深远海养殖方式，推动信息化智能化发展，促进产业多元化融合，完善现代建管机制
	2021 年 3 月	《关于加快推进世界一流海洋港口建设的实施意见》	提高港口智慧化水平，推动港口绿色发展，提升港口枢纽地位，增强港口贸易功能等

省市	时间	政策	主要相关内容
山东	2021 年 2 月	《山东省国民经济和社会发展第十四个五年规划和 2035 年远景目标纲要》	实施新一轮海洋强省行动方案，发展海工装备、海洋生物医药、现代海洋牧场、海水淡化，打造海洋经济改革示范区；建设世界一流的海洋港口；建设完善的现代海洋产业体系，培育壮大海洋新兴产业，加快发展现代海洋服务业等
	2021 年 10 月	《山东省"十四五"海洋经济发展规划》	海洋经济综合竞争力加快跃升，现代海洋产业体系更趋完善，世界一流港口建设取得突破性进展，海洋生态环境持续改善，海洋经济开放合作深度拓展等
江苏	2017 年 6 月	《省政府关于深化沿江沿海港口一体化改革的意见》	完善港口规划体系，加强岸线及陆域资源的统筹利用，提升港口基础设施供给能力，促进航运物流业集聚发展等
	2021 年 2 月	《江苏省国民经济和社会发展第十四个五年规划和二〇三五年远景目标纲要》	优先发展海洋高端装备、生物医药、新能源、新材料、信息服务等海洋新兴产业，推进化工、钢铁等临港产业绿色化发展，大力发展海洋交通运输、滨海旅游和高技术高附加值船舶制造，推动海洋绿色牧场建设，有序发展远洋渔业等
	2021 年 8 月	《江苏省"十四五"制造业高质量发展规划》	高技术船舶和海洋工程装备集群；高端新材料集群，如发展超高强海工钢板、石油钻井平台用钢等高性能海洋工程用钢等
	2021 年 10 月	《江苏省"十四五"文化和旅游发展规划》	打造世界级滨海生态旅游廊道，建设立体呈现的滨海景区度假区、近海观光线；培育打造陆桥东部世界级丝路旅游带，建设世界知名汉文化旅游目的地等
浙江	2021 年 1 月	《浙江省国民经济和社会发展第十四个五年规划和二〇三五年远景目标纲要》	加快把海洋和山区打造成为新增长极；大力建设海洋强省，深化舟山群岛新区、海洋经济发展示范区建设，支持宁波舟山建设全球海洋中心城市；加快培育海洋新兴产业，构建现代海洋产业体系等
	2021 年 5 月	《浙江省海洋经济发展"十四五"规划》	构建全省全域陆海统筹发展新格局，强化海洋科技创新能力，建设世界级临港产业集群，打造宁波舟山港为世界一流强港等

省市	时间	政策	主要相关内容
上海	2021 年 1 月	《上海市国民经济和社会发展第十四个五年规划和二〇三五年远景目标纲要》	提升全球海洋中心城市能级，发展海洋经济，服务海洋强国战略；优化船舶海工装备产品结构，大力发展大型邮轮、LNG 运输船、超大型集装箱船、海上油气开采加工平台、海洋牧场装备等高技术高附加值产品等
	2021 年 12 月	《上海市海洋"十四五"规划》	重点支持面向未来的新型海洋产业，协同推进深远海资源勘探开发、潜水器、海水利用、海洋风能和海洋能等高端装备研发制造和应用；推动建设全国规模最大、产业链最完善的船舶与海洋工程装备综合产业集群等
广西	2021 年 4 月	《广西壮族自治区国民经济和社会发展第十四个五年规划和 2035 年远景目标纲要》	优先发展现代海洋渔业，加快推进"蓝色粮仓"和"海洋牧场"工程；重点培育海洋可再生能源、海洋药物和生物制品、新型海洋装备、海洋绿色低碳循环产业等海洋新兴产业；大力发展海洋交通运输、海洋文化旅游、海洋信息服务、涉海金融、海洋会展等现代海洋服务业等
	2021 年 7 月	《广西海洋经济发展"十四五"规划》	推动海洋战略性新兴产业培育壮大，发展海洋工程装备制造业、海洋信息产业、海洋药物和生物制品业、海水综合利用业等
	2021 年 12 月	《广西工业和信息化高质量发展"十四五"规划》	培育壮大向海新兴产业，建设向海经济发展示范区，推动建立中国—东盟海洋产业联盟，构建粤桂琼与东盟海洋合作圈等
广东	2021 年 4 月	《广东省国民经济和社会发展第十四个五年规划和 2035 年远景目标纲要》	围绕建设海洋强省目标，着力优化海洋经济布局，提升海洋产业国际竞争力，推进海洋治理体系与治理能力现代化，努力拓展蓝色发展空间，打造海洋高质量发展战略要地等
	2021 年 6 月	《农业农村部广东省人民政府共同推进广东乡村振兴战略实施2021 年度工作要点》	建设沿海渔港和渔港经济区，提升渔业基础设施和装备水平；强化渔业资源管控与养护，开展增殖放流，建设海洋牧场，严格实施海洋伏季休渔制度等
	2021 年 6 月	《促进海上风电有序开发和相关产业可持续发展的实施方案》	聚焦海上风电产业关键环节推动海上风电技术进步，促进相关装备制造及服务业集聚发展，加快建设阳江海上风电全产业链，以及粤东海工、运维及配套组装基地建设等
	2021 年 10 月	《广东省海洋经济发展"十四五"规划》	探索共建海洋工程装备、海洋电子信息、海洋生物医药产业集群，联合实施一批海洋战略新兴产业重大工程等

续表

省市	时间	政策	主要相关内容
海南	2021 年 1 月	《海南省国民经济和社会发展第十四个五年规划和二○三五年远景目标纲要》	加快建设特色现代海洋产业体系；推动滨海旅游、海洋渔业等传统优势产业提质增效；高起点推进现代化海洋牧场建设，鼓励发展深远海养殖、远洋捕捞；培育壮大深海科技、海洋生物医药、海洋信息、海水淡化、海洋可再生能源、海洋智能装备制造等新兴产业等
	2021 年 6 月	《海南省海洋经济发展"十四五"规划（2021 - 2025 年）》	构建现代海洋产业体系，用足用好自由贸易港政策，吸引资本和创新要素向海洋产业集聚，优化升级海洋传统产业，培育壮大海洋新兴产业，促进海洋产业集群化发展，构建结构合理、相互协同、竞争力较强的现代海洋产业体系等
福建	2021 年 3 月	《福建省国民经济和社会发展第十四个五年规划和二○三五年远景目标纲要》	培育壮大海洋高新产业，发展海洋工程装备、海洋生物科技、海洋可再生能源、海水综合利用、海洋环保、海洋信息服务等产业；建设一批海洋药物与生物制品研发生产基地，打造"蓝色药库"；构筑海洋科技创新高地，支持自然资源部第三海洋研究所、海岛研究中心等科研平台建设、加快海洋科技成果产业化等
	2021 年 8 月	《福建省"十四五"文化和旅游改革发展专项规划》	培育壮大海洋文化产业，以妈祖文化、船政文化、海丝文化、南岛语族海洋文化等为依托，建立福建海洋文化素材库，加强海洋文化资源保护和合理利用；大力发展海洋文化体育娱乐业，支持发展海洋文化体验经济，举办海洋文化体验活动等
	2021 年 9 月	《福建省"十四五"金融业发展专项规划》	鼓励开发性和政策性金融机构对海洋基础设施建设、海洋产业发展、海洋科技创新等领域重大项目中长期优惠信贷的支持
	2021 年 11 月	《福建省"十四五"海洋强省建设专项规划》	突出技术创新，重点发展海洋信息、海洋能源、海洋药物与生物制品、海洋工程装备制造、邮轮游艇、海洋环保、海水淡化七大新兴产业等

资料来源：笔者收集整理。

（二）我国海洋中心城市的主要产业政策

1. 上海海洋产业政策

2017 年 5 月，国家发展改革委、国家海洋局联合发布《全国海洋经济发展"十三五"规划》，旨在推进深圳、上海等城市建设全球海洋中心城市。

2017 年 6 月，上海市海洋局、浦东新区人民政府、上海市临港地区开发建设管理委员会共同主办第三届上海临港海洋节和上海海洋论坛，签署《关于共建上海海洋经济开发性金融综合服务平台的合作框架协议》，通过开发性金融促进海洋经济发展试点工作，破解涉海企业融资难问题。2018 年 1 月，上海市政府发布《上海市海洋"十三五"规划》，积极探索建设全球海洋中心城市。2021 年 1 月，上海市政府发布《上海市国民经济和社会发展第十四个五年规划和二〇三五年远景目标纲要》，提出要提升全球海洋中心城市能级，深入建设全球领先的国际航运中心。2021 年 6 月 8 日，2021 上海海洋论坛在上海自贸区临港新片区举行，发布临港新片区蓝色经济发展"十四五"规划；上海市水务局（上海市海洋局）与临港新片区管委会签署《关于推进全球海洋中心城市（核心承载区）蓝色经济发展战略合作框架协议》。

2. 深圳海洋产业政策

自 2018 年起，深圳先后出台了一系列政策文件，对全球海洋中心城市的建设进行部署。2019 年 2 月，中共中央、国务院在《粤港澳大湾区发展规划纲要》中明确提出"支持深圳建设全球海洋中心城市"。自此，深圳全球海洋中心城市建设上升到国家层面。2019 年 8 月，中共中央、国务院发布《关于支持深圳建设中国特色社会主义先行示范区的意见》，进一步明确"支持深圳加快建设全球海洋中心城市"。深圳成为除上海之外，国家推动建设的第二个全球海洋中心城市。2020 年，深圳出台《关于勇当海洋强国尖兵加快建设全球海洋中心城市的实施方案（2020—2025 年)》，推动深圳成为我国海洋经济、海洋文化和海洋生态可持续发展的标杆城市，以及对外彰显"中国蓝色实力"的重要代表。2021 年 6 月发布的《深圳市国民经济和社会发展第十四个五年规划和二〇三五年远景目标纲要》包含"加快建设全球海洋中心城市"专节，旨在提升海洋经济发展能级、增强海洋科技创新能力、建设高品质滨海亲水空间。

上海和深圳的海洋中心城市建设相关政策如表 3.5 所示。

表 3.5　　　　　　上海、深圳的海洋中心城市建设相关政策

城市	时间	政策	发布单位	主要相关内容
上海	2017 年 5 月	《全国海洋经济发展"十三五"规划》	国家发展改革委、国家海洋局	推进深圳、上海等城市建设全球海洋中心城市

城市	时间	政策	发布单位	主要相关内容
上海	2017 年 6 月	《关于共建上海海洋经济开发性金融综合服务平台的合作框架协议》	上海市海洋局、浦东新区人民政府、上海市临港地区开发建设管理委员会	通过开发性金融促进海洋经济发展试点工作，从而破解涉海企业融资难问题
	2018 年 1 月	《上海市海洋"十三五"规划》	上海市政府	积极探索建设全球海洋中心城市
	2021 年 1 月	《上海市国民经济和社会发展第十四个五年规划和二〇三五年远景目标纲要》	上海市政府	提升全球海洋中心城市能级
	2021 年 6 月	《临港新片区蓝色经济发展"十四五"规划》	上海市水务局	推进全球海洋中心城市蓝色经济发展
深圳	2017 年 5 月	《全国海洋经济发展"十三五"规划》	国家发展改革委、国家海洋局	推进深圳、上海等城市建设全球海洋中心城市
	2019 年 2 月	《粤港澳大湾区发展规划纲要》	中共中央、国务院	支持深圳建设全球海洋中心城市
	2019 年 8 月	《关于支持深圳建设中国特色社会主义先行示范区的意见》	中共中央、国务院	支持深圳建设全球海洋中心城市
	2020 年 9 月	《关于勇当海洋强国尖兵加快建设全球海洋中心城市的实施方案（2020—2025 年)》	深圳市规划和自然资源局（市海洋渔业局）	重点发展海洋经济、海洋科技、海洋生态与文化、海洋综合管理、全球海洋治理等领域
	2021 年 6 月	《深圳市国民经济和社会发展第十四个五年规划和二〇三五年远景目标纲要》	深圳市政府	提升海洋经济发展能级，增强海洋科技创新能力，建设高品质滨海亲水空间

资料来源：笔者收集整理。

总之，经过多年发展，我国海洋经济迎来了蓬勃发展时期。从传统海洋企业的稳定发展到结合时代发展特征的产业政策导向都在逐步改变。海洋经济发展重心转移到海洋科技、海洋服务和海洋金融等战略新兴产业。我国现有海洋产业政策以产业扶持政策为主，大力扶持各类新兴企业，鼓励科技创新、金融创新，加大开放力度。在海洋产业政策目标方面，逐步聚焦优化产业环境，减少在拉动经济增长、调整产业结构、培育特定产业等方面的目标要求。相比之下，其他目标则逐步由其他产业政策或方式来替代。其中，拉动经济增长主要由宏观政策完成，调整海洋产业结构主要由市场机制完成，而培育海洋产业主要通过提供良好的产业发展环境来实现（刘东民等，2015）。随着科技创新转化为生产驱动力的效果逐渐显现，科技扶持政策开始频繁出现在政府文件当中。

二、国外海洋中心城市的主要产业政策

（一）伦敦的涉海产业政策

伦敦的海洋产业政策随着产业结构的变化而不断升级。在海运业方面，政府政策由自由竞争发展到政府适度干预。在英国保守党执政时期，一直奉行自由竞争，反对政府政策干预经济，英国航运业逐渐开始衰落。1988年，政府发布船舶注册、商船海员储备补贴，以及船员培训补贴措施和海员免税等政策措施，使得更多船员满足免税条件，远洋海员职业在经济上的吸引力不断增强；此外，还针对船舶加强了入级及检验制度。1998年，工党落实了三大支持海员的政策：服务于进入境内港口船只的吨税改革与公司最低培训责任；设立中小企业研究和技术优异奖（SMART）来鼓励中小企业进行研发；保护海员免受歧视、骚扰和伤害的法案。政府适时出台税收优惠政策，例如为遏制企业和船舶向低成本航运登记制度国家和地区转移的趋势，出台吨税政策以吸引大批船舶和大量船公司入驻伦敦。补贴性的金融政策有利于保证较低的税率水平，积极引导和支持伦敦金融业的海外发展。此外，伦敦海洋经济与金融产业有一个强有力的行业协会支持。

（二）汉堡的涉海产业政策

汉堡和大汉堡区各级政府积极推动落实行业联合体政策，联合组建传统海

洋装备制造业、海运物流业、海事服务业等不同行业的产业集群，由政府牵头，鼓励业内企业与科研技术部门、学术团队和行会紧密合作，根据企业需求，进行研发和技术转让，第一时间把成熟的科研成果进行转换并投入生产。在科教工业与创新方面，启动德国首批集群倡议计划，打造欧洲创新之都；以汉堡—哈堡科技大学为主，培养从事科学发现和技术发明的研究型和研制型人才；在汉堡国立水文学研究所建立海洋保护计算中心。在经济金融与贸易方面，在保留港口产业等传统主导产业的同时，利用自身优势发展新兴产业。在海洋旅游与文化方面，汉堡发展工业旅游和港口观光旅游业，保护代表性工业遗产，如"仓库街"。

第四节　宁波舟山海洋新兴产业发展的关键对策

一、宁波舟山海洋产业发展基础

（一）宁波海洋产业发展基础

"十三五"期间，宁波海洋经济总产值从 2017 年的 4818.74 亿元增长至 2019 年的 6871.48 亿元，增加值占同期地区生产总值的 13.5% 以上，在浙江省处于领先水平，海洋经济成为宁波发展的重要组成部分和强劲增长点（王志文，2020）。在临港产业方面，宁波港拥有中国最多的深水泊位，但港口功能单一，设施和装卸工艺落后，沿海产业发展与水运互动不足，无法支撑海洋产业开发和可持续发展，如宁波集疏运网络体系规模小，与腹地交通不畅，货物到港通关效率低。在绿色石化产业方面，宁波化石能源工业基础扎实，但造成了严重的生态环境污染，中度污染海域比例达到2/3。在新兴产业方面，宁波海洋生物制药等产业发展缓慢，传统海洋产业的"卡特尔"组织兴起。

（二）舟山海洋产业发展基础

"十三五"期间，舟山海洋经济产出从 798.53 亿元增至 1013.04 亿元，占GDP 的比重稳定在 65% 以上，经济增加值占 GDP 增长的比重超过 70%，是全

国海洋经济占比最高的地级市之一。在海洋渔业方面，2018 年以来，舟山渔业
人口缓慢减少，水产养殖基本集中在普陀、岱山和嵊泗，产值降至约 367.75 亿
元，趋于稳定。在船舶工业方面，舟山船舶修造产业基础雄厚，船舶维修产值
占全国修船产值的 40% 左右，是浙江省最大的修造船基地。在绿色石化产业
方面，舟山海洋生物、油气和风能等资源富集。在滨海旅游业方面，舟山是国
家级海洋旅游综合改革试验区。从产业结构来看，2007 年以来，舟山海洋第
一产业在地区生产总值中的占比约 10%，海洋第二产业和第三产业基本持平。
受技术水平限制，舟山仍处于海洋捕捞、海水养殖业并重的阶段，以水产、养
殖和海洋捕捞业作为发展重点，水产品精加工能力低，休闲渔业等发展缓慢，
产业发展停留在较低层次。此外，海洋生物、化工等高新技术产业发展滞后。
到 2019 年，舟山高附加值的海洋生物医药业产值仅为 7 亿元左右。

（三）宁波舟山海洋产业结构特征[①]

2008 年后，宁波、舟山的海洋产业结构进入调整阶段，第二产业和第三
产业交替领先，逐步形成"三二一"产业结构（阳立军，2015）。由于第二产
业明显的资本和技术密集倾向，在海洋经济发展过程中，产业结构可能呈现出
第三产业比重高，第二产业比重较低的"哑铃状"特征。

在宁波、舟山的海洋第三产业中，高技术服务业规模小，以滨海旅游业、
航运物流业为代表的传统海洋服务业占主导地位。宁波的航运物流基本停留在
码头装卸、仓储运输等劳动密集型领域，高附加值的港航金融、保险等服务业
仍处于起步阶段，未发展出现代航运的配套产业体系；舟山的海洋服务业也主
要集中于海洋旅游等低附加值劳动密集型传统产业，海洋数字服务、创新服务
等知识和技术密集型高技术服务业培育不足，未形成规模和集聚效应，部分领
域缺少龙头企业带动，"小马拉大车"的问题突出。

区域间海洋产业结构呈现出"同构化"特点。中国东部沿海区域海洋产
业"同构化"程度普遍高于理想水平。宁波、舟山的海洋产业布局与上海、
深圳等地类似，均以传统海洋产业为基础，依托自身港口条件，发展港口物

---

① 资料来源：杭州网，2020 年 10 月 20 日，https://news.hangzhou.com.cn/zjnews/content/2020 -
10/20/content_7835279.htm。

流、交通运输业，未凸显自身特色、优势，港口基础设施建设重复问题较大。

二、完善海洋产业布局的对策

（一）制定新兴海洋产业发展规划

一方面，应立足于甬舟海洋新兴产业发展现状，科学研究并编制专门的海洋新兴产业发展规划，确立海洋生物医药、海洋工程装备制造、海水综合利用、海水可再生能源等产业的发展目标、重点领域、主攻方向和区域布局。另一方面，应推进海洋新兴产业统计数据库的建立和完善，针对海洋产业可持续发展目标，建立海洋新兴产业统计指标体系，落实规划后续新兴海洋产业数据监测统计工作，建立任务目标落实过程监督机制，确保规划能顺利实施。此外，产业发展规划还需要主动与国家层面的重大建设方略对接，将宁波市舟山的发展与"一带一路""海洋经济强国建设"等紧密联系起来，将宁波舟山全球海洋中心城市建设作为重要的战略支点，形成良性互动发展模式，坚持陆海统筹、河海联动、深化海洋供给侧改革。

（二）坚持共建绿色海洋生态环境

首先，制定宁波舟山海洋生态环境保护规划。确立海洋经济绿色发展的总体要求，促进海洋产业向绿色产业转型发展。在经济发展过程中，同时注重对海洋环境问题进行治理，实行海洋生态保护修复，为加强海洋生态监管提供政策支撑。强化精准治污，源头治污，不断改善近岸海域环境质量。不断提升"亲海"品质，满足公众对美好生态环境的需求，增强滨海旅游产业的吸引力，通过生态旅游拉动海洋经济发展。发展绿色石化产业，严控废气废水的排放标准。增强海岸带防灾减害能力，建设完善预警防控机制，完善全链条闭环管理的海洋灾害防御体制机制。其次，增强甬舟群众生态环境保护意识。培育群众人人共建甬舟大花园的意识，开展环境保护宣传活动，为群众发放海洋环境保护宣传知识手册。开展海洋知识竞赛，并发放参赛奖品，以调动群众参与知识竞赛的积极性。最后，相关部门要自觉履行生态环境保护责任。落实湾长制与河长制，注意职能部门工作衔接，加快建立经济社会发展空间布局与资源环境承载力相适应的体制机制，不断扩大环境容量促进空间均衡发展。落实主体功能区战略，科学谋划产业发展空间，增强海洋中心城市的环境承载能力。

三、推动海洋产业创新发展的对策

(一) 提升海洋实用技术创新能力

要加强创新能力，首先需要引进培育科创型海洋企业。培育和引进龙头企业，如海洋高端装备制造、海洋信息科技、深海油气勘探和加工储备、海洋生物医药及海水淡化和综合利用等海洋战略新兴产业的领军企业，给予创新型企业研发补贴，激发企业创新活力，并面向各类技术创新企业建设技术研发平台和孵化器，鼓励支持有技术共通的企业围绕重点核心领域的技术难关建设实验室、技术研发中心等，着力构建科技型企业为主体的海洋产业创新体系。其次，要充分激发高校和科研院所的创新活力。依托高等院校和科研院所围绕宁波舟山海洋产业链进行科研选题立项，开展重大基础理论研究、关键技术攻关及重大应用推广。支持企业和高校等开展项目合作，联合开展关键核心技术攻关，增强自主研发能力。再次，优化园区创新环境。加快宁波舟山国家级海洋经济发展示范区建设，进一步优化创新环境，集聚创新要素，提升海洋经济技术创新能力，不断优化产业发展模式。提升产业园区对创新人才的集聚能力，促进园区的高技术服务业发展。最后，打造全球海洋科普和知识传播基地。依托宁波海洋博物馆、水族馆及各级学校，打造国际化的海洋科普教育与知识传播基地，提高大众海洋科学素养。

(二) 加快培育引进海洋专门人才

海洋专业人才的培育需要扎实推进实施海洋领域工匠培育工程，鼓励合作定向培养海洋专业人才。充分利用浙江大学海洋学院、宁波大学、浙江海洋大学等涉海高校的优势学科，适当扩大办学规模，加大对各类海洋专业人才的教育培养，制定并实施减免学费、实行专业补贴以及加大国家和行业奖学金比例等政策。培养海洋专业技术应用型人才，完善海洋专业高层次人才培养体系。鼓励海洋青年人才主持重大课题研究、领衔重点项目。另外，利用院校与国外高校的合作办学和联合培养项目，培养具有国际化视野和泛国际化的海洋专业人才。此外，还可以通过引进海外高水平海洋专业人才，以及建立海洋领域高层次人才开发目录的方式,依托清华长三角研究院、之江实验室、浙江大学海洋学院、宁波大学、浙江海洋大学、阿里巴巴达摩院等高校院所和重点企业,探索海洋人才早期培养机制,加快聚集一批海洋科学与工程研究领域的顶尖人才。关注引进人才的落户、住房、医疗社保,以及海洋专业人才子女就学等问题,给予相应的政策支持,实施更加开放便利的签证、工作许可、长期居留和永久居留政策,让海洋专业人才能长期留在甬舟发展。鼓励海外高层次人才以担任高校名誉教授、担任企业顾问、开展学术讲座等多种方式为海洋新兴产业发展服务。最后,为海洋从业人员提供职业培训。帮助一大批从事海洋产业的人员提升其专业能力,提升海洋新兴行业从业人员的综合素质,围绕职业技能认证、技能等级评价和复合能力提升,建设技能型、知识型和创新型的海洋劳动者大军。同时,注重人才的心理健康,定期开展心理安全教育讲座或开展团队辅导活动,从理论和活动中,学习心理知识,缓解压力以及树立积极乐观的从业生活心态,进而帮助其提升工作能力。

四、加强沿海经济带产业集聚的对策

(一) 打造特色海洋新兴产业集群

以宁波舟山港为核心,合理布局临港产业圈,促进宁波舟山形成特色产业。宁波和舟山加快发展现代渔业、水产品深加工、船舶修造等主导产业发展,进一步形成以海洋电子信息、海洋生物医药、新能源新材料等新兴产业为特色的产业集群。打造百亿级海洋数字经济产业集群,加强国家高科技的研发制造,加快形成以海洋大数据等海洋信息为主的标准体系。打造百亿级海洋新材料产业集群,加快培育海洋新材料研发与成果转化载体,谋划建设全产业链。打造百亿级海洋生物医药产业集群,聚焦海洋生物基因工程等核心技术,加快催生海洋高技术服务业的发展。此外,还要完善配套设施服务体系建设,为产业发展提供保障,如完善港口防波堤、航道等公共基础设施建设,推动发展、海铁联运、海上丝路、冰上丝路,打造公铁水各种运输方式齐全、内外衔接高校的港口立体综合集疏运体系。同时,实现港口治理体系现代化,深化"放管服"改革,简化办事流程,构建以信用为基础的新型监管机制,提高港口的治理能力和现代化水平。

（二）加快海洋特色产业园区建设

特色产业园区建设需要立足特色海洋园区，围绕甬舟发展优势，以重大项目为载体，加快突破核心关键技术，做大做强主导产品，加快研发系列新产品。打造现代海洋制造业特色园区，以推进园区自主化、规模化、品牌化、高端化为方向，加强技术创新，大力发展高技术、高附加值产品。做强海洋生物医药产业园区，推进产学研一体化，形成科研机构研发、医药科研单位研制、生物公司进行技术开发与创新、医院企业进行临床试验合作，最后由制药单位进行生产销售的完整的产业链。此外，积极完善园区基础配套设施建设。将园区内各区域功能进行合理划分，将工作区与休闲区有机衔接（在工作区内完善办公设备、提升设备性能和改善实验室环境，在休闲区完善饮食、娱乐、购物、医疗和住宿等功能），同时加强消防、交通、绿化等基础设施的建设。

（三）加强区域融合协调联动发展

第一，促进省内城市联动发展。宁波舟山应发挥港口吞吐量连续 13 年位居全球第一的这一优势，将产品远销海外，促进对外贸易发展。明确与其他城市的分工，做强舟山片区油气全产业链，建设大宗商品资源配置高地；加强宁波片区打造世界一流强港的力量，建设先进制造业集聚区；推动金义片区打造高水平世界小商品之都；推动杭州片区建设数字贸易示范区、国际金融科技中心和数字物流先行区。第二，加强甬舟与青岛、上海、深圳等海洋中心城市之间的联系。通过建设完善海洋中心城市建设信息共享平台，定期开展全球海洋中心城市建设的经验交流会，深入剖析发展现状及发展中存在的问题，借鉴各地的发展经验，为甬舟发展提供经验支持和方法指导。第三，大力推进长三角世界级港口群治理一体化建设。强化宁波舟山港与海港、长江沿线港口和其他内河港口在管理业务、航线航班、信息平台搭建等方面的合作，增强开放合作的能力。联动海港、河港、陆港、空港和信息港协同发展，推动江海、海铁、海河、海空、海公等多式联运统筹提升，加快物流信息互联共享与智慧物流云平台建设，提升多式联运体系水平，加快区域产业联动。

第四章 全球海洋中心城市建设的
硬核强港与服务提升

全球海洋中心城市是对国际航运中心和全球领先海事之都这两个概念的继承和延伸。国际航运中心突出全球性航运物流特征。建设海洋强国是实现中华民族伟大复兴的必经之路，在当前国内外局势复杂的背景下具有重要的现实意义。海洋强国需要发达的海洋经济作为保障，也需要实力雄厚的港口来支撑。建设海洋强国离不开沿海港口，更需要国际强港的支撑。2020 年 3 月 29 日，习近平总书记在宁波舟山港考察时提出，努力打造世界一流强港，宁波舟山港实现跨越式发展，从全球第一大港口驶向世界一流强港，提升中国港口的国际影响力。这是首次提及中国的"强港"战略。港口作为全球海洋中心城市发展过程中重要的交通网络节点，其建设要求不断提高，逐步进入全面优化港口模式，整体提升港口发展水平的阶段。

第一节 全球海洋中心城市建设的港口优势

一、全球海洋中心城市的内涵与港口特征

（一）国际航运中心的港口特征

新华社中国经济信息社联合波罗的海交易所从 2014 年起向全球首推"新华·波罗的海国际航运中心发展指数"。该指数涵盖新加坡港、伦敦港、宁波舟山港等 43 个知名港口，被认为是最具代表性的、反映国际航运中心的港口特征指数。该指数包含港口条件、航运服务和综合环境三个维度，涉及港口设施、区位条件、综合环境以及航运服务等指标（张鹏飞等，2019）。

细化国际航运中心指数的港口设施条件，涵盖基础设施和经营性设施。其

中，基础设施是指为完成港口物流的最基本功能而必须具备的设施，通常包括港口航道、港口码头、港口交通和配套设施。港口航道是从深海或水运干线到港口水域之间的连接航道，其作用是保证船舶顺利进出或靠离码头。码头是海边、江河边专供轮船或渡船停泊、让乘客上下货物装卸的建筑物。港口交通和配套设施包括港区道路、铁路和港区供电设施等。经营性设施是指能为港口码头提供货物装卸、生产和货物仓储等的设施，包括装卸设施、港口库场等。装卸设施主要是指港口为船舶、车辆装卸货物和港区内货物搬运所用的设施。港口库场是港区仓库、货棚、堆场的统称，是为货物在装船卸货前后提供短期存放的港口设施。不同于普通的航运中心，国际航运中心城市在港口设施方面拥有一流的现代化和科技化港口设施，表现为具有在掌握国外先进装卸技术的基础上实现创新，形成具有本国特色的装卸技术，建造适应当地先进航海技术需要的大型化、专业化深水泊位等优质条件。

细化国际航运中心指数的区位条件，包括自然地理条件和经济腹地条件。自然地理条件包括两个方面，一是港阔水深、湾内避风好和航运便利，二是拥有通航全球的便利条件，位于国际主航道较近的位置，是国际运输的必经之路，可以为航运节约运输时间和成本。经济腹地条件表现为港口所处地区及邻近的腹地经济实力雄厚，经济开放、经济交流的国际化程度高，能够辐射的城市数量较多。不同于普通的航运中心，国际航运中心城市在区位条件方面具有更为广阔的经济腹地、海向腹地及陆向腹地等优质条件。

细化国际航运中心指数的综合环境条件，涵盖经济实力和政策支持力度。国际航运中心与所在城市和区域具有较强的经济关联性，依托发达的经济带来大规模的物流集聚，从而进一步推动金融资本的集聚。此外，国际航运中心应当能为国际航运活动各个参与者提供一个开放和完善的政策与法律环境，对港口进出贸易往来实行优惠政策，为船舶进出和资金金融提供便利。不同于普通的航运中心，在综合环境方面，国际航运中心城市能够统筹协调城市与区域的资源，进行资金整合，推动大产业和大项目的实施，带动港口经济可持续发展。

细化国际航运中心指数的航运服务条件，涵盖航运服务市场、航运服务产业等方面。国际航运中心城市的市场主体包括国际运输船舶、运输劳务供给方，拥有国际货物资源、运输服务需求以及拥有供求双方的代理人、经纪人的中介服务方等（李剑、姜宝、部峪佼，2017）。此外，在传统航运运输服务的基础上，国际航运中心发展了一批新兴高端航运服务产业，如航运保险、航运信息、航运教育与培训等，为国际航运中心的运转提供了必要的支持。不同于普通的航运中心，在航运服务方面，国际航运中心城市拥有更发达、成熟的航运市场体系，其市场规则完善，交易机制公开公正，市场交易信息全面、及时、准确。

（二）海洋中心城市的港口特征

全球领先海事之都对应以海洋城市为基点的海事特征。最早，奥斯陆海运等机构在 2012 年发布的《世界领先海事之都报告》（*The Leading Maritime Capitals of the World*）中提出，以客观指标和行业专家投票的方式，评选全球海洋中心城市。主要评分指标包括航运、港口与物流、海事金融与法律、海事技术、吸引力与竞争力五大指标。其中，航运考虑现代航运服务业的规模和前景，以航运总量为测度指标；港口与物流测度以港口运营条件和集装箱吞吐量及发展为指标；海事金融与法律测度以应对海洋经济的相关投融资风险、法律风险能力为指标；海事技术以海洋探测技术和海洋开发技术为指标；吸引力与竞争力以港口腹地经济实力和现代化管理水平为指标。依据这五项指标，遴选出全球 15 个海事城市。不同于国际航运中心的概念，全球领先海事之都评价体系在考察航运领域的国际航运中心的航运能力及集聚效应的标准基础上，还考察航运对城市经济的辐射能力。

在海洋中心城市港口经济带动力方面，主要体现在以港口综合运输能力和海陆腹地优势为支撑，打造港口经济圈，释放港口经济带动力。张春宇（2017）认为，全球海洋中心城市不仅是传统的国际航运中心，还必须具备港口经济的辐射能力。海洋中心城市应依托港口区位优势，延伸港口的物流产业链，发挥其贸易枢纽作用，增强其经济辐射力。周乐萍（2019）指出，全球海洋中心城市既具有全球城市的国际影响力和对外开放度，同时也具有中心城市的区域规模效应和海洋城市的辐射带动力，能依托较强的国际航运中心实力和港口的经济辐射力，建设具有国际竞争力的海洋中心城市。

在海洋中心城市港口经济带动力方面，还体现在城市间港口海运供应链横纵向合作。温文华（2016）指出，港口城市的经贸活动不仅集聚国内外的生产要素，而且还与国内外市场建立广泛的联系。港口作为海洋中心城市特有的资源禀赋，港口城市的经贸活动反映港口的合作化水平，经济活动为港口提供人力、信息、技术等方面的支持，使其逐渐具备工业和商业服务功能。港口是经济活动实现国内外资源整合的窗口，推动港口的一体化发展。

综上可知，全球海洋中心城市不仅具备海洋特征，还能依托海洋经济对全球要素资源实现高效配置。结合国际航运中心和全球领先海事之都的概念范畴，有关全球海洋中心城市港口特征的文献可以归纳为：具备优越的港口区位资源优势、具有超规模化航运中心地位、提供全球领先的航运服务、形成海洋经济资源海内外有效配置能力和影响力，以及享有其他特定的港口要素匹配等突出特点。

二、全球港口区位资源优势及具体影响

港口区位资源优势包括自然条件优势，如优越的地理位置、宽阔的水陆域、优良的气候等条件，也包括社会经济优势资源的集聚与匹配，如发达的经济腹地条件能为港口提供稳定的货源。不同的港口存在一种或某些区别于其他港口的优势或优势集合，这种优势是与港口区位资源相匹配的，港口建设发展也是依据不同的区位优势，进行不同的发展定位。正如全球海洋中心城市有关港口区位资源优势的内涵和测度，中心城市港口区位资源优势尤其突出（王谷成，2009）。

以全球四大港口——新加坡港、伦敦港、宁波舟山港和深圳港为例，可以比较说明国际中心港口的区位资源优势。新加坡港全球排名第一，其定位是海洋航运中心，以超过全球港口平均发展水平实现跨越式发展。伦敦港全球排名第二十，其定位是海洋金融中心，以其先进的金融服务具有港口战略地位。宁波舟山港全球排名第三，其定位是海洋物流中心，是货物总吞吐量世界第一大港。深圳港全球排名第八，其定位是海洋科技中心，以积极推进绿色港口和智慧港口建设，持续扩大深圳港的影响力。这四大港口区位资源各有优势，且都非常突出。

（一）伦敦港——以海湾为天然屏障，以世界金融中心为强大支撑

伦敦港是著名的河口海港，位于英国泰晤士河下游南北岸，地理优势显著。河口港位于入海河流河口段或河流下游潮区界内，由于会偶尔受到风浪、潮汐、沿岸输沙等影响，一般利用海湾、岬角等天然屏障或防泊堤等人工建筑物作为防护。在地理位置方面，伦敦港位于北纬51°，东经0.1°附近，全长80千米，面积160平方千米，属于英国泰晤士河的一部分，位于特丁顿船闸和既定边界之间（自1968年以来，从埃塞克斯的福尔内斯角，经冈弗利特老灯塔到肯特郡的典狱长点），包括区间内所有相关的码头。在港口气候优势方面，位于温带海洋性气候带，冬季受北大西洋暖流影响而不结冰，具有天然的气候优势。在经济腹地方面，伦敦不仅是欧洲最大的经济中心，而且是世界上最重要的经济中心之一，一直稳居欧洲最大的金融中心的位置，和纽约并称为世界上两大金融中心，人口规模达1000万人左右，接近英国城市总人口的1/5（肖金成等，2019）。在经济实力和文化方面，伦敦具有强大的经济实力和文化软实力。此外，伦敦港还拥有众多的金融业从业人员，能为海洋经济领域的机构提供便利、全面、高效的专业金融服务，提升了伦敦港口的国际影响力，大大巩固了伦敦港的海洋金融中心地位。

（二）新加坡港——地处大洋、大陆间航运要道，腹地经济实力强盛

新加坡港是著名的海峡港。海峡港指港口位于海湾，两块陆地之间连接两个海或洋的较狭窄的水道，海岸前有沙洲掩护。在地理位置方面，新加坡港位于北纬01°16′，东经103°50′，面积达583平方米，西临马六甲海峡的东南侧，南临新加坡海峡北侧，地处太平洋及印度洋之间的航运要道。新加坡港主要包括吉宝港口、裕廊港、巴西班让码头，具有优越的地理位置，是欧洲、非洲向东航行到东南亚、东亚各港及大洋洲最短航线的必经之路。在经济腹地方面，新加坡是世界物流中心、全球第四大国际金融中心。新加坡港依靠六甲海峡这条全世界最繁忙的海运线，处理了全世界大约1/5的集装箱运转吞吐量，带动了集装箱国际中转业务发展，经济辐射范围遍布全世界，大大巩固了新加坡港的海洋航运中心地位。

（三）宁波舟山港——具备得天独厚的自然地理条件的深水良港

宁波舟山港是著名的深水良港。在地理位置方面，宁波舟山港位于北纬29°8′、东经121°5′，地理位置适中，海域总面积为9758平方千米，岸线总长为1562千米，其中大陆岸线为788千米，岛屿岸线为774千米，占浙江省海岸线的1/3。在自然地理条件和水文气象方面，宁波舟山港具有海洋性质，且位于水陆交通据点。在自然资源方面，宁波舟山港港湾曲折，岛屿星罗棋布，海洋资源较为丰富。在经济腹地方面，宁波舟山港位于我国经济发达的长三角地区，浙江东部，经济实力强。宁波境内有两湾一港，即三门湾、杭州湾、象山港，内外辐射便捷，可直接覆盖整个华东地区及经济发达的长江流域，是中国沿海向美洲、大洋洲和南美洲等地区港口远洋运输辐射的理想集散地，大大巩固了宁波舟山港的海洋物流中心地位。

（四）深圳港——集成海洋科技，创新为航运开道

深圳港是著名的海湾港。海湾港地濒海港，又据海口，具有同一港口容纳数港的特色。在地理位置方面，深圳港位于北纬22°27′、东经113°52′，地处珠江三角洲南部，珠江入海口，伶仃洋东岸，是珠江三角洲地区出海口之一。在经济腹地方面，深圳港的优势主要体现为经济实力和先进的科技创新力。深圳是全国性经济中心城市和国际化都市，其经济实力居广东榜首。深圳港拥有蛇口、赤湾、妈湾、东角头、盐田、福永机场、沙鱼涌、内河8个港区，其直接腹地为深圳、惠州、东莞和珠江三角洲的部分地区，转运腹地范围包括京广铁路和京九铁路沿线的湖北、湖南、江西，以及粤北、粤东、粤西和广西的西江两岸（邓红卫，2013）。深圳港促进北斗导航系统、物联网、云计算、大数据等信息技术在水运领域的集成应用，推进基于区块链的全球航运服务网络平台研究应用，大大巩固了深圳港的海洋科技中心地位。

对比分析四个港口的综合评价指标可以发现，地理位置在港口区位资源优势中的作用是不可替代的，影响着港口的生存和发展。新加坡港的地理位置优势尤为显著，因此一直保持着世界领先地位。对比伦敦港、宁波舟山港和深圳港的综合评价指标可知，港口物流与城市经济发展之间存在因果关系。若二者之间协同作用明显，经济的发展能推动传统港口服务转型升级，港口转型升级

也为港口经济带来了新的发展机遇。综上可知，港口区位资源优势对港口的发展前景和国际地位提升有着重要影响。

三、航运中心规模优势及影响力

从世界范围来看，凡是经济和航运相对发达的地区，都有一个重要的航运中心作为支撑，同时航运中心对一个国家或地区的经济发展有着很强的推动作用。航运中心是指，在一定的航运活动区域内，以港航业为主要载体来实现与港口和航运贸易活动相关的各种产业集聚的经济区域（田小勇，2013）。航运中心规模优势包括航运中心所具有的航运服务能力、航运贸易范围、航运空间联动性和航运市场体系等。四大港口航运中心的规模优势不同，但都能发挥好规模优势，保证港口全面、多层次的发展。

（一）伦敦港——成熟完善的航运服务能力

伦敦港作为老牌航运中心，航运规模大。伦敦港采取了港区分离的模式，并对传统港口进行外迁，从1967年起在泰晤士河口以北、离伦敦市中心近100千米的费利克斯兴建集装箱港，1990年又在泰晤士河口离市中心56千米外新建泰晤士港，而原市内码头区已用于非海运商业办公、娱乐休闲和房产开发，并依靠波罗的海航运交易所，在市中心城区上游产业，如航运融资、海事保险、海事仲裁等，拥有成熟的连锁航运服务。此外，伦敦港的航运业务主要集中在海洋金融方面，全世界20%的船级管理机构常驻伦敦，全世界50%的邮轮租船业务、40%的散货船业务、18%的船舶融资规模和20%的航运保险总额都在此进行。伦敦港的相关产业已经成为航运服务业方面的世界品牌，伦敦也凭借完善的航运服务能力，保持着全球顶级国际航运中心的地位。

（二）新加坡港——广泛的航运贸易范围及业务联系

新加坡港作为亚洲新兴国际航运中心，是国际航运网络中的重要一环。新加坡港的航运业务广，与世界上123个国家和地区的600多个港口建立了业务联系，每周有430艘班轮发往世界各地，为货主提供多种航线选择，成为国际航运网络中不可或缺的重要一环。除了海运，新加坡还在空运、炼油、船舶修造等方面具备产业优势，同时又是重要的国际金融和贸易中心。利用这些优势条件，围绕集装箱国际中转，衍生出了许多附加功能和业务，以及国际集装箱管理和租赁中心。发达的集装箱国际中转业务吸引了许多船舶公司把新加坡作为集装箱管理和调配基地，形成了一个国际性的集装箱管理与租赁服务市场，丰富和提高了新加坡作为现代意义上国际航运中心的综合服务功能。新加坡港也凭借着自身的航运规模影响力，保持着全球顶级国际航运中心的地位。

（三）宁波舟山港——发达的集疏运网络以及强航运空间联动性

宁波舟山港作为中国重点开发建设的四大国际深水中转港之一，其航运中心规模优势集中在航运空间影响力和航运贸易范围方面。在航运空间影响力方面，宁波舟山港的直接经济腹地为宁波以及浙江，随着杭宣（杭州—宣城）铁路的建设和浙赣铁路运输能力的提高，可扩大至安徽、江西和湖南等省份，间接腹地为长江中下游的湖北、安徽、江苏、上海等省市的部分地区，增强了我国长三角地区航运空间联动性，从而进一步增强了宁波舟山港口的航运影响力。在航运贸易范围方面，2020 年宁波舟山港货物吞吐量达 11.7 亿吨，连续 12 年位居年货物吞吐量世界第一大港；集装箱吞吐量达 2872.2 万 TEU，稳居全球第三位，连续 10 年保持 30% 以上的增长速度。2019 年，宁波舟山港已与全球 100 多个国家和地区的 600 多个港口有贸易往来，形成了覆盖国内与国际的集疏运网络，航运规模大幅度提高，宁波舟山港也凭借着广泛的航运贸易往来，朝着全球顶级国际航运中心迈进。[①]

（四）深圳港——完备的航运市场体系与航运服务业产业集群

深圳港作为全球第三大集装箱港口，是中国建设国际航运中心的核心发展对象。深圳港的航运中心规模优势集中在航运贸易范围和航运市场体系方面。在航运贸易范围方面，深圳已开辟国际集装箱班轮航线 238 条，远近洋国际轮航线覆盖世界十二大航区主要港口。同时，深圳港也接到了全球知名港口抛来的橄榄枝，荷兰鹿特丹港、德国汉堡港、西班牙拉斯帕尔玛斯港等纷纷与深圳港缔结友好港关系。在航运市场体系方面，深圳港逐渐形成服务业产业集群，在发挥传统航运服务方面的诸如货代、船舶代理等强劲优势的同时，注重高端

---

① 资料来源：笔者根据宁波舟山港集团调研数据整理。

科技的融合应用，搭建智慧港口运营管理平台和港航大数据平台，构造新型航运运输与服务运行模式，扩大了深圳港的航运业务范围，使深圳港能稳步朝着全球顶级国际航运中心迈进。

综上可知，为推动航运业高质量发展，各港口都利用自身的航运中心规模优势，大力发展临港产业，创造良好的港航环境，增强港口综合竞争实力，建设具有重要地位和影响力的国际航运中心。

四、海洋资源配置优势及具体影响

21 世纪，人类逐渐认识到海洋经济对国民经济的贡献，大规模开发海洋。海洋资源是在海洋中所有自然资源及衍生社会资源的总称，包括海洋空间资源、海洋经济资源和海洋能源资源。其中，海洋空间资源具体包括海洋所在地理位置，滩涂、港湾和水体；海洋经济资源包括经济腹地能力、港口产业集群、海洋金融服务和海洋科技能力；海洋能源资源包括海洋生物资源和矿物资源。海洋经济的相关产业与海洋资源密切相关，各港口海洋资源的配置优势各有不同，从而影响港口产业布局和海洋经济发展。

（一）伦敦港——经济人才云集，金融技术资源丰富

伦敦港的海洋资源配置以海洋经济资源为主，主要包括经济人才资源和金融技术资源。伦敦作为世界超一线城市、英国的首都，与纽约、中国香港并称世界三大金融中心，聚集了世界上许多精英和财富。伦敦有涉海咨询、中介、代理机构 500 多家，云集了大量海事技术人员、中介机构从业人员、银行和保险业从业人员、仲裁和律师人才，这些专业人才为海洋金融发展贡献了智慧，使得伦敦港在海事法律和仲裁服务方面遥遥领先。伦敦港进一步打造互联网航运交易平台，推动海洋经济相关保险险种的创新推广，覆盖航运、跨境贸易、旅游、环境等领域。根据《新华·波罗的海航运中心发展指数报告》，2012年，伦敦为全球提供了近 40% 的船舶经纪服务，而新加坡的这一比例仅为7%。伦敦的船东保赔协会为全球提供了 62% 的海事保险业务。从金融人才到金融设施，都体现了伦敦港的海洋资源配置优势，从而进一步奠定了伦敦港海洋金融中心的地位。

（二）新加坡港——海洋能源与生物资源丰厚

新加坡港的海洋资源配置以海洋能源资源和海洋生物资源为主。在海洋能源资源方面，作为世界第三大炼油中心，新加坡港拥有70%的世界自升式钻井平台建设的市场份额和全世界2/3的浮式生产储卸油装置。世界著名石油公司都将新加坡作为石油提炼和仓储基地，其产业规模效应使得新加坡船用品成品油价格相对较低，从而成本减少，形成了港口的规模优势，带动了港口发展。在海洋生物资源方面，新加坡四面环海，渔业是其古老的行业，新加坡港的鱼品综合市场还积极引入国外新品种，如新加坡引入养殖的贻贝比在其他地区的养殖期要短一半，只需4~6个月即可生长到上市规格。发达的炼油技术和发达的渔业养殖水平体现出了新加坡港的海洋资源配置优势，极大地提升了新加坡作为国际航运中心的知名度。

（三）宁波舟山港——空间纵横发展，航运物流实力强盛

宁波舟山港的海洋资源配置以海洋空间资源和海洋经济资源为主。在海洋空间资源方面，宁波舟山港顺应世界港口趋势，注重纵向整合与横向拓展，优化海洋资源配置。在诸如运输和装卸等传统基础服务方面，注重利用海洋空间资源，加快建设穿山、大榭、梅山等一批深水码头，改善船道锚地设施，强化深水港优势。在海洋经济资源方面，宁波舟山港充分利用浙江制造业基地和大市场的优势，发展进出口商品交易和大宗货物的交易，发展中高端航运物流，宁波舟山港积极优化海洋物流合作，构建高效率的港航服务信息网络，拓宽港口物流市场。传统港口设施和物流系统的升级优化体现了宁波舟山港的海洋资源配置优势，在广泛和长远意义上为宁波舟山港带来了丰厚的回报。

（四）深圳港——现代化海洋科技产业布局，特色化海洋科技体系

深圳港的海洋资源配置以海洋经济资源为主。深圳是南海周边唯一的超大型城市，紧邻香港，背靠产业链完善的珠三角地区。深圳港充分发挥这一海洋空间资源，提高对外开放程度。借鉴其他国家先进技术，深圳盐田港集团推动"一中心一平台三基地"建设，加快整合海洋资源，建设海洋科技产业园区和建立海洋信息交流服务中心，形成特色化海洋科技体系。现代化海洋科技产业

的发展体现了深圳港的海洋资源配置优势，为实现海洋科技中心打好基础。

总体来看，各港口的海洋资源配置优势不同，海洋资源配置也呈现逐步多元化与复杂化现象，各国各港口应在科学认识和系统论证其海洋资源的基础上，加强海洋资源的分布研究，对所拥有的独特海洋资源进行分析与整合后对其进行开发利用，最大限度地发挥海洋资源配置优势的价值和功能效益。

五、自由港政策优势及具体影响

随着世界经济全球化进程的不断加深，各国间的经济合作关系紧密，贸易往来更为频繁，贸易影响各国经济走势，甚至成为各国提升综合实力的一大工具。紧随贸易自由化浪潮而来的是各种贸易便利化与投资便利化措施，自由港应运而生，同时自由港区的功能也随着经济与社会发展而有所变化。我国现有的自由贸易试验区从最早的上海到现在发展为分布在东部沿海地区的天津、上海、广东、福建四大贸易片区，各自都有着不同的功能定位与政策侧重。

（一）伦敦港——全面自由贸易政策与商业支持并驾齐驱

英国政府公布《自由港咨文：促进英国各地的贸易、就业和投资》，伦敦港顺应英国重新捍卫自由贸易的政策，实行创新型自由港战略，主要涉及两个领域：自由贸易，重建商业支持和技术。在自由贸易方面，伦敦港相关政策允许自由离岸贸易和转口贸易，认为自由贸易不应局限于一般贸易和加工贸易，在自由港区内几乎所有商品（极少数管制商品除外）应当都能实现自由贸易。在重建商业支持和技术方面，伦敦港建设需要满足企业的现实需求。在自由港区，需要建立健全产业的配套体系，鼓励高校和研究机构与新片区企业之间开展科研合作，并提供资金支持和促进区内数据共享，允许跨自贸区合作开展创新活动。伦敦港实行的自由港政策为海洋经济注入了新的活力，也为英国抵御外部风险提供了力量。

（二）新加坡港——自由化监管、高效化通关与低税费

新加坡港是全球最符合国际惯例、发展最为成熟的自由港之一。在进口政策方面，新加坡早在1984年就成为关贸总协定《进口许可程序协议》的缔约国，其在港口贸易经营主体政策规定方面更为自由。新加坡关税局监管的宗旨

是快速通关，确保在一天之内货物凭提单即可清关提走。新加坡海关允许自由贸易港贸易商凭过境提单办理通关，并免予监管停留在自贸港储存区的货物，但需要在船舶抵达之日起的 14 天将货物内转储到依关税法核准登记的其他仓储地点。海关对区内企业监管以充分信任为前提，使港区真正处于"境内关外"。在出口政策方面，新加坡港严格限制出口的商品数目极少。此外，根据新《进出口管理法》的规定，大幅减免航运企业和航运服务业的税费，也没有对进出口货物进行数量限制措施，除危险品、武器、药品和化妆品等特殊货物和针对特定地区的进出口需要申请许可证外，一般货物可以自由进出口（聂平香，2020）。新加坡港实施实行的自由港政策为开展国际贸易提供了良好的基础，也进一步提升了其国际地位。

（三）宁波舟山港——自贸港政策支持以及专业化港区管理

习近平总书记在党的十九大报告中提出"赋予自由贸易试验区更大改革自主权，探索建设自由贸易港"（王军锋、肖琳，2019）。2021 年，宁波市政府印发《宁波市口岸管理和服务实施细则》，对于口岸开放管理、口岸信息化建设，在传统口岸、保税区及现有自贸区基础上，对标自由贸易港先进开放水平。一是贸易自由。明确自由贸易港区域范围，分类设立岛自贸港区、离岛保税与非保税共存港区、本岛自贸港区，并根据需要适时扩大范围。二是创新管理体制。整合保税区、出口加工区、空港保税区和相对应的港区，加快推动海关、国检、海事等口岸监管服务实现一体化，探索实行更加特殊的监管制度，给予自贸港区货物、资金、人员流动最充分的自由。三是加强运输自由。创新国际船舶登记制度、航运金融开放政策以及启运港退税等政策，开展贸易便利与港航管理合作。宁波舟山港的自由港政策为实现现代化国际港口奠定了基础。

（四）深圳港——市场集约管理与贸易优惠、资金进出自由

2018 年出台的《深圳市人民政府关于促进深圳港加快发展的若干意见》提出将深圳港打造成为绿色智慧的全球枢纽港，并用 3 年左右的时间夯实港航基础设施、完善集疏运体系，2020 年底初步建立深圳港这一自由贸易港的目标（龙巍，2018）。该意见提出探索建设深港组合，进行自由港试点，这些需要深圳港在市场准入和税收等方面做出一系列特殊的安排。在市场准入方面，

根据国家授权实行集约管理体制，在有效防控风险的前提下，依托信息化监管手段，取消或最大限度简化港区货物的贸易管制措施；在东、西部港区实施国家规定的"一线放开、二线安全高效管住"贸易监管制度，进一步扩大了港口贸易范围。在税收方面，最大限度简化税收程序，扩大税收优惠覆盖范围，涉及技术服务类企业、环境保护类企业、科技创新类企业和金融服务类企业，并促进跨境贸易，给予国内外港口贸易往来优惠和资金进出自由。深圳港的自由港政策推动了港口发展的新进程，大幅提升了港口的国际竞争力。

根据国家和地区的不同，不同国家的自由港的自由度也是不同的，但自由度主要聚焦在航运开放度方面。作为全球开放水平最高的区域，自由港的政策起着重要作用，自由港的政策优势使企业能更加自由地进行投资和发展，使港口渐渐成为物流、资金、信息、人才的集聚地，进一步奠定港口的国际地位。

第二节　全球海洋中心城市建设的港航服务

一、专业性港航集疏服务及典型做法

（一）专业性港航集疏服务

发达的货物装卸技术和工具、船型的增大和对货物的巨大需求，以及对港口存储的急切需求都把港口推向成为一个货物集散的中心，而不再仅仅像以前那样，只负责货物的装卸和中转。港口在贸易中的地位越来越重要，对港口各个系统的要求也相应提高。在具有传统货物装卸、运输、仓储的基础上，港口还应具有流通加工、配送和信息处理等功能，而实现这些功能则需要货物的聚集和疏散，即是专业的港航集疏服务。

（二）专业性港航集疏服务的典型做法

1. 新加坡港

新加坡港位于新加坡的南部沿海，是全国政治、经济及交通的中心。1960年集装箱开始在全世界逐渐兴起，新加坡抓住这一机遇，开始大力投建集装箱专用泊位，并在此后围绕集装箱国际中转，衍生出了许多附加功能和业务。新加坡港在专业化港航集疏服务具体做法有以下三个方面。

一是加大港口运输的发展，构建资源共享的信息平台。新加坡港的集疏服务与港口的运输和集疏运信息有着紧密的内在关系。新加坡港注重港口功能的提升，重点加设集装箱泊位和完善港区货物装卸设备，提高靠泊能力和装卸效率（唐颖、谭世琴，2009）；建设专业的封顶转运仓库，供多种货物存储，并留存大量的备用仓库来处理随季节变动的货物流量变化，减少口岸堆场仓库容量的压力。新加坡港口充分整合现有物流信息资源，建设物流供求信息的发布、咨询的公共信息平台，引入电子信息技术，形成系统之间的信息传递和交换，便于应对不同货物运输情况，实现物流、信息流、人员流等资源共享，优化港口专业港航服务。

二是加快沿海铁路建设，大力发展第三方物流。基于港口多式联运的特点，新加坡的专业性港航集疏服务旨在把整个国家发展成为集海、陆、空、仓储为一体的全方位综合物流枢纽中心（庄倩玮、王健，2005）。政府以及港口企业采取了多种途径来发展港口物流，并通过多项政策支持以及改革体制，将码头所有权转让给自营公司，积极鼓励有实力的公司在港口投资建设码头等基础设施。新加坡对建设与港口吞吐量相适应的沿海铁路给予了足够的重视，便于港口货物多渠道有效运输。新加坡港港区还设有三巴旺码头、巴西班让和炭巴三个配送园配送中心，鼓励跨国企业在港区建设配送中心、物流中心（新加坡的裕廊物流中心就是其中一个超现代化的物流中心），同时大力发展第三方物流，其顾客包括沃尔沃、索尼、戴尔等国际大型物流商和制造企业。港口建设与吸引外资相结合，使港口与加工业联合发展，将一些临港土地和泊位提供给跨国公司作为专用中转基地，形成一个集疏运体系，促进了新加坡港口经营效益的提高（曹海龙，2007）。

三是加强专业人才培养和任用，提升港航专业服务能力。面临严峻的港口竞争和对港航集疏运服务要求的不断提升，新加坡港口完善人才配备，加强对专业人才的培养，对现存航运从业人员进行物流理论知识教育并建立优秀人员选拔制度。对于工作中表现优异的员工进行选拔，对工作中表现较差的员工进行面对面谈话，通过该种方式鼓励员工注重专业素质能力的提升。加强对专业人才的任用，新加坡港物流及相关企业与高校进行合作，与高校物流专业的相关人才提前签订合同，通过高校培养为新加坡港口发展输送专业化人才。

2. 宁波舟山港

相比新加坡港专业性港航集疏运服务具有特色的做法，宁波舟山港在港航集疏运服务建设层面的做法主要包括优化内陆集疏运体系、提高口岸服务效率、创新港口物流体系。

一是优化内陆集疏运体系。宁波河网众多，拥有建设内河集疏运系统的天然资源。宁波舟山港对外公路通道主要有329国道、杭甬与雨台温高速公路、同三高速公路（即010国道），对外铁路主要通过杭雨铁路与全国铁路网相连。北仑港区是宁波舟山港口的核心，疏港道路由骆霞线的创业路段与江南路、329国道、通途路相连，直接通往宁波市区，或者穿过北仑区，将市政道路与010国道相衔接。宁波舟山港不断优化内陆集疏运体系，已经初步形成了以港口为中心，以高速公路网为框架的公、铁、水、空四路并进的立体型港口集疏运交通网络。

二是提高口岸服务效率。宁波舟山港重视集疏港的交通信息的实时情况，并提供及时的服务信息。宁波舟山港完成了检验检疫、海关等机构的功能健全、人员增配及设施完善工作，提高了口岸检查部门的监管与服务效率，并完善口岸集疏港的服务设施，积极开发与完善航道等设施，在各个锚地的区域内组建VTS雷达站，成立宁波水域指挥枢纽，改善港口水域通信网络，提高口岸服务效率。

三是创新港口物流体系。宁波舟山港根据时代发展需要，推动宁波舟山港与"一带一路"沿线港口、长江经济带和中西部地区合作。宁波舟山港提升多式联运服务，大力发展海铁联运，推动江海直达运输，参与打通中西部陆海新通道，积极开拓沿海捎带业务，优化了航运产业与城市经济的协调发展，提高了码头和车船运输速度。宁波舟山港设立EDI中心、电子口岸、交通信息网等机构，建立具有政府权威性和统一对外服务权利的集疏港交通信息平台，加快打造依托长三角、服务中西部、链接全世界的港口型国家物流枢纽。

二、数字金融港航服务及典型做法

（一）数字金融港航服务

港口数字化服务基于区块链、大数据等技术集成，实现港口内部与外部联动，推动港—航—物—贸一体化以及业务模式创新和生态系统重构，在数字金融港航服务领域的影响显著。数字金融港航服务实现了对货物、商贸单证、资金以及关税信息的溯源、确权，可以为从事相关航运企业、跨境贸易的企业提供融资、保理等服务，结合信息化技术和商业模式创新，促进贸易生态圈中物流、信息流、资金流的高效运转（张明香，2017）。

（二）数字金融港航服务的典型做法

1. 伦敦港

伦敦港处于国际金融中心城市，港口与城市的融合发展使其进一步获得优质的金融支撑，港航金融服务实力处于世界领先水平。伦敦港在数字金融港航服务建设层面也处于国际领先地位，形成了典型的数字金融港航服务特色，其具体做法包括三个方面。

一是贯彻落实航运服务产业集聚政策，打造高端航运服务业集群。伦敦通过积极采取航运服务业集聚政策，吸引大量航运服务要素在伦敦集聚，形成独特的伦敦国际航运中心，成为连接航运、港口、陆地经济和外贸经济的纽带。伦敦港港口区域内港航服务规模不断扩大，以航运服务产业为抓手，依靠波罗的海航运交易所，延长航运服务产业链，逐步向高端航运服务业延伸，并构建专门贸易市场，进一步促进国际航运中心的发展。尤其突出的是其航运金融业，伦敦通过港口经济吸引金融机构在区域中集聚，吸引丰富的金融体系参与主体，打造多层次、多元化的融资、担保、合作平台，完善航运服务业体系及供应链，同时鼓励兼顾风险防范的专业化港口金融服务创新，产生了众多航运产业集群，形成了高功能复合程度的组合。

二是依托区块链和大数据技术手段，整合产品及服务资源，提升港航金融服务。伦敦港积极围绕"伦敦规划（2020）"，注重港口科技赋能发展，持续推进数字化港口实践，全面推进港口信息化建设，加快港口向数字港、智慧港口全面转型。依托伦敦市区丰厚的金融资源，港口积极展开与相关金融公司的合作，提升港航金融服务能力。同时，港口基于全方位价值链服务视角以及港航物流数据的信息化，提供从海运和内陆码头、海运服务、物流以及技术驱动的一体化商贸解决方案，提高港口营运的效率。对于港口内部效能升级建设，伦敦港通过区块链、大数据技术来快捷、安全地执行港航物流相应的业务和金融服务，促进整合产品及服务资源，为港航企业及上下游关联部门提供综合性服务，提高港口运营效能。

三是围绕腹地城市拓展与延伸港口功能，推进港口、港航产业、城市融合发展。伦敦持续探索产业与金融业结合新路径，在港口运营、航运服务、贸易服务等领域创新开展供应链金融与航运金融服务。围绕伦敦港腹地拓展与延伸港口功能，加强与业内先进公司和服务商合作，注重数字化园区打造与港口功能同步，探索建立港航特色的数字金融服务业发展模式。此外，伦敦积极培育专业化金融运营公司，并完善港口金融人才培育体制，实现人才自身培养和对外引进有机结合。伦敦金融专业人才与机构聚集，为港口发展提供了优质人才，以城市优势金融业促进相关产业升级、布局，完善港口金融服务体系，带动港口金融服务发展。

2. 宁波舟山港

相比伦敦港具有数字金融港航服务的特色做法，宁波舟山港在港口金融数字化创新建设层面的做法主要体现在港口数字化水平、金融港航服务、港产城融合发展三个方面。

一是在港口数字化水平方面，宁波舟山港依托长三角经济体，积极布局新一代前沿技术与港航物流业务深度融合，促进实现以智能化赋能的港口服务。宁波舟山港更加注重前沿技术的高质量应用，力求以核心技术提升核心竞争力。宁波舟山港建成海上丝路航运大数据中心，推出与波罗的海指数对标的指数体系产品，推动港口生态圈共享开发。宁波舟山港抓住互联网技术升级发展的契机，健全商品现货电子交易平台，打造了"一城两厅"（网上物流商城、网上营业厅、物流交易厅）为核心的港口物流电商平台，实现数字化与港口生产经营管理模式的全面融合。

二是在金融港航服务方面，宁波舟山港在高端航运服务以及航运服务聚集水平上与伦敦港尚存在一定差距。宁波舟山港依靠其优质的港口条件以及腹地经济体的支持，在传统航运服务上的优势不断得到巩固，高端航运服务发展加速更为明显，航运金融保险服务形成一定规模，现代航运服务集聚区建设迈上新台阶。除此以外，宁波舟山港口区域还逐步建立起专业化的港口金融机构，并尝试设立以跨境结算、融资为主的专门部门，推出新型融资工具和风险管理工具。例如，总部设立在浙江宁波的东海航运保险股份有限公司定位于提供专业的航运保险，为航运和港口风险管理服务，在传统船舶、货运保险的基础上，研发更加丰富的航运、港口、物流及其他高附加值的航运保险产品。

三是在港产城融合发展方面，宁波舟山港发挥长三角地区的物、商、财、人等要素流的强大集聚效应。宁波舟山港强化与利益相关方的业务协作，在整合与优化物流链资源，推进跨行业、跨部门、跨区域的物流链协同方面贡献显著。宁波舟山港在港口人才培养方面，注重产学研结合，以优惠政策吸引高端创新人才，如港口企业或港口金融机构与高校联合培养、定向培养未来从业人员，加强校企合作，建立校外实习基地，增加实践性学时。然而，宁波舟山港与腹地城市以及相关航运产业的信息化资源联动建设虽具备一定基础，但实施困难，尤其是在数据联通与共享方面仍然存在很多问题，影响一体化建设进程。

三、大宗货物交易服务及典型做法

（一）大宗货物交易服务

港口大宗货物市场直接对应商贸供求，发挥着为现货大宗商品提供交易、仓储、物流等的多重功能。大宗货物交易服务作为现货贸易的重要载体，是港口发挥优化资源配置功能的重要途径，对建立健全大宗商品市场体系，更好地服务实体经济发展具有极其重要的意义。

（二）大宗货物交易服务的典型做法

1. 新加坡港

新加坡港的主动差异化发展使其成为国际性大宗商品交易场所，并在交易品种选择、交易时间设计、金融资源配套上充分发挥后发优势，提升港口核心竞争力，形成典型的大宗货物交易服务特色。新加坡大宗货物交易服务的具体做法包含三个方面。

一是实行自由优越的金融政策，突出自身优势，采取有效、有针对性的"港口经济＋消费地＋加工地"模式。新加坡找准港口区位的突出优势，进行科学的制度设计，实行高度开放的经济政策，并利用已积累发展的金融产业和港口经济发展大宗商品交易市场，主动与世界大宗商品贸易紧密相连，形成独特的发展优势。新加坡港拥有高效的物流体系，港口通过与政府当局和相关行业紧密协作，开展高效中转业务，建立了世界性的大宗货物集装箱运营和服务基地。新加坡还是国际重要的海运和航空枢纽，依靠空港联运中心，空港与海港的高效运作，进一步提高了世界各国大宗货物的高效转运（胡方，2019）。

二是强化港口物流供应链协同服务。新加坡港注重发挥港口物流枢纽功能和物流网络节点作用，为港口物流上下游客户提供全方位的价值链服务。其加强与港航物流链上下游各方协同合作，打通物流链的海陆节点，实现物流链资源的整合与集成，提供更优质全面的服务。其通过有机整合商贸、港口、海事等3个"Net"平台（TradeNet、PortNet、MarineNet），为物流企业、政府部门、金融和法律服务机构等提供多方业务协作及运营基础平台，为港口大宗货物物流供应链提供统一的信息服务，保障物流运作安全、高效、便捷、精确。新加坡还充分利用港口身处物流供应链中心的优势，面向客户提供货物物流、信息及供应链解决方案等增值服务，强化港口物流价值链服务，促进贸易便利化，以满足市场的多元化、个性化需求。

三是推进先进信息技术的融合应用，提升港口信息化水平。新加坡港率先建立互联互通的信息平台 PortNet，建立港口社区系统，使得港口物流链上下游环节的数据通畅传递，实现相关利益方的信息交换共享，并通过标准化的数据服务，确保各方信息获取的及时性与准确性，促进港口资源高效、科学、合理调度分配。近年来，新加坡港进一步完善数字化基础设施建设，并依托港口大数据中心，整合港口物流数据资源，为港区及相关商务运作等数字化、网络化提供完备的基础支撑，推动开展基于大数据的基础设施建设、生产运营、客户服务、市场预测、业务创新等应用（罗本成，2019）[①]。

2. 宁波舟山港

相比新加坡港大宗货物交易服务特色，宁波舟山港在港口大宗货物交易服务建设层面主要体现在大宗货物交易平台体系建设、港口物流供应链、港口信息化建设三个方面。

一是在大宗货物交易平台体系建设方面，宁波舟山港建立相关配套服务体系，联合全产业链布局升级，强化贸易集聚。宁波舟山港大宗商品市场体系持续完善，构建以中国（浙江）大宗商品交易中心为核心平台的多元化运作体

---

① 罗本成：《新加坡智慧港口建设实践与经验启示》，载于《港口科技》2019 年第 7 期。

系，拥有 4 个交易场所，上市 43 个交易品种，并且联合国内外知名资源商，建设重点平台，推动升级线上交易。联合升级全产业链布局，突出核心功能，完善配套服务，形成集统一结算、仓单公示、商品指数等十大功能于一体的大宗商品配套服务体系框架，加快引进国内外大宗全产业链供应商、资源商、贸易商、交易商及金融机构参与贸易交易，强化集聚。

二是在港口物流供应链方面，宁波舟山港打造多功能的、高效的内地中转分拨基地，形成干支集散配送网络体系。宁波舟山港建立功能完善、服务高效的内地中转分拨基地，形成干支集散配送网络体系，并结合海铁联运、海河联运等通道建设，完善内陆集装箱提还箱网络布局，提升港口对腹地城市的经济贡献。宁波舟山港还注重以互联网和数字化平台为支撑，设计搭建和管理运营跨国物流供应链体系，打通需求方和船舶公司之间的渠道，为需求方提供高效便捷的供应链物流服务，并加强与工业供应链上下游联动，发展供应链物流。

三是在港口信息化建设方面，宁波舟山港重视港航物流数字化转型，数字化赋能港口治理，推进新型基础设施互联互通。宁波舟山港以智慧港口建设为抓手，构建海上信息感知网络，打造港口数据和资源交易共享平台，在新型基础设施互联互通、信息平台搭建与数据共享、港航物流产业数字化转型提升等方面成果突出，聚焦智能化码头、数字化供应链、综合服务电商。港口立足港口节点开展自主创新，积极推进前沿技术与港航物流业务深度融合研发，实现以智慧化赋能港口服务。但是，宁波舟山港口在数字化转型的系统性、协同性、战略性方面还与世界一流数字港口存在一定差距，主要体现在数字化技术与业务场景融合的深度不足、资源要素的保障未充分、组织文化体系的创新相对滞后，直接影响了港口信息化转型的成效。

四、绿色港务服务及典型做法

（一）绿色港务服务

绿色港口是环境污染小、能源利用率高、综合效益大的可持续发展的港口。绿色港口的发展离不开绿色港务水平的提升，要做到人与环境、港口与社会和谐统一、协调发展，合理利用港口资源，将环境保护和生态平衡有机地结合起来。

（二）绿色港务服务的典型做法

1. 深圳港

深圳港位于珠江三角洲南部，是华南地区集装箱枢纽港，服务涉及国内外各主要城市，对绿色港口建设的要求对应国际水平。深圳港在绿色港务服务具体做法包括以下三个方面。

一是完善航运污染处理系统，形成多部门监督检测。深圳港积极推进节能减排工作，完善污染处理系统。推进港口扬尘及相关污染的治理，加强口岸作业扬尘监管，推进港口深度脱硫除尘改造；对污染物进行分类治理，对于港口海域船舶含油污水，由环保船艇收集后送至油污处理厂，港口生活垃圾被送往垃圾焚烧厂处理，以保持区域生态平衡和环境整洁。在深圳港港口环保工作方面，除政府进行行政管理和监督执法外，社会公众也积极参与其中；此外，政府等对公众进行宣教科普，提供公开透明的污染处理信息，增进社会公众对港口减污的了解，促进多部门共同监督，为深圳实现绿色港口发展贡献力量。

二是大力研发推广节能环保新技术，实现港口用能方式转变。深圳港发挥珠三角的综合优势，对于应用高压岸电、绿色智能照明、大吨位 LNG 装载机、废油废气回收、电能回馈系统等创新技术给予物质支持，积极开发与利用太阳能、地热、天然气等清洁能源和新能源。重点加快船舶与新能源的融合应用，降低码头生产设备对柴油依赖的比例，提升港口绿色科技创新能力和综合竞争力。优化港区用能方式，禁止在深圳管辖水域靠泊或航行的船只使用不符合深圳市规定的燃料，并推广港区节能能源和节能照明技术应用，对使用低硫燃油和应用清洁能源的船舶等给予优惠，基本落实港区堆场照明、道路和库房等区域环保的覆盖。

三是鼓励港口多联式运输，推动绿色港口发展。深圳港充分发挥港口运输优势，深圳西部港区大力发展"水水中转"，东部港区大力发展"海铁联运"。深化海陆联运、海河联运信息系统研发与调试等，提高生产作业效率（吕淑琪，2018）。积极参与节能减排并承担国家港口节能减排的社会责任，自愿加入《深圳港绿色公约》制定高标准的排污制度，承诺船舶停靠期间转用低硫油，推动港口的低碳物流建设，使港口得以可持续发展。

2. 宁波舟山港

相比深圳港绿色港务特色，宁波舟山港在绿色港口服务建设层面主要体现在港口政策、港口生态保护、港口资源整合三个方面。

一是在港口政策方面，宁波舟山港在其发展过程中重视有限资源和生态环境的保护，环境保护意识深入人心。宁波舟山港先后制定一系列的环境保护条例和环境保护使用标准，如《关于加强重污染集装箱、危化品运输车辆环保治理加快推进绿色港口建设的实施意见》，明确了环境保护的重要地位。此外，还特别针对粉尘较大的货种进行规定，要求生产作业时采取粉尘综合防治措施，强化全流程粉尘控制，通过翻车机干雾抑尘、翻车机地坑洒水等一系列抑尘措施来控制扬尘，有效减少环境污染。

二是在港口生态保护方面，宁波舟山港为在生产过程中保护周边环境，进行了科学合理的规划。宁波舟山港首先建设了集装箱、汽车、钢材、大件设备等类货种专用码头来进行专业化的装卸；其次，加大绿化投入力度，充分利用道路两侧、挡土墙上等空地建设防风降尘林带，合理规划码头作业区和堆场，防止交叉污染。宁波舟山港还对工程区及其相邻海域施工影响的海洋渔业资源投入资金进行生物资源增殖放流以加以修复，为鱼类、附着生物及底栖生物等栖息形成良好的生态环境。

三是在港口资源整合方面，宁波舟山港与舟山港紧密联系，属于两港口合作建港，宁波舟山港充分发挥整合这一资源优势。宁波舟山港积极推进港口急速运、货物多联式运，提升水路和铁路运输比例，推广公路甩罐运输、双重运输，努力推进双层集装箱铁路运输，将绿色港口工作与生产运营管理有机结合，加强港口污染治理考核，强化污染排放指标管理，紧盯两港绿色建设步伐。

第三节　中国的"硬核强港"战略及赋能

一、强港价值创造战略及赋能方式

强港是指发展具有较高国际化水平和较强国际竞争力的港口。根据 2019 年 11 月出台的《关于建设世界一流港口的指导意见》，我国港口的发展将以交通强国建设为统领，着力促进降本增效；以枢纽港为重点，建设安全便捷、智慧绿色、经济高效、支撑有力、世界先进的一流港口。到 2025 年，世界一流港口建设取得重要进展，港口绿色、智慧、安全发展实现重大突破，地区性重要港口和一般港口专业化、规模化水平明显提升（贾大山、徐迪，2020）。到 2035 年，全国港口发展水平将整体跃升，主要港口达到世界一流水平，若干个枢纽港口建成世界一流港口，引领全球港口绿色发展、智慧发展。到 2050 年，全面建成世界一流港口，形成若干个世界级港口群，发展水平位居世界前列。在此过程中，把海洋资源优势转换为人才优势、产业优势、经济优势，不被原有港口发展现实所限制，提高海洋经济对国民经济的贡献率是强港价值战略的核心。

（一）优化人才素质，打造人才强港

强港目标的实现离不开人才支撑和保障，人才资源素质提升是港口综合竞争力提升的关键。我国海洋经济年平均增长 13.5%，持续高于同期国民经济增速，海洋产业增加值也由 1995 年占全国 GDP 的 1.9% 上升到 2005 年的 4.0%，2010 年海洋生产总值近 4 万亿元，海洋生产总值占 GDP 和沿海地区生产总值比重分别为 9.9% 和 16.1%，这些都离不开强港战略下各类人才发挥实力。[①] 宁波舟山港应全面提升现有人才的总体实力和整体素质，同时创新现有人才的国际化培养机制，着重加强高级管理人才、高级专业技术人才、高等级技能人才，营造多元开放的工作环境，提高港口创造力和创新力，进行港口人才价值创造，逐步实现强港战略。

（二）集聚壮大海洋优势产业，打造产业强港

2020 年 2 月出台的《关于大力推进海运业高质量发展的指导意见》进一步推进"21 世纪海上丝绸之路"建设，发挥海运的主力军作用，支持我国企业参与沿线港口、物流园区等基础设施投资、建设和运营。大力发展临港工业是当今世界海洋工业发展的潮流和趋势。宁波舟山港在象山、奉化等示范区临海区域集聚发展高端船舶及海洋工程装备，规模以上企业数量达 89 家，2020

---

① 《八省区市入海洋"国家队"海洋扛起拉动经济大旗》，载于《南方日报》，2012 年 10 月 18 日。

年海工装备及船舶工业产值 115 亿元，超过规划目标 30% 以上。[①] 此外，宁波舟山港进一步加强对现有盐田的技术改造，大力发展"三高"盐业，同时加强与化工行业的合作，拓展盐业经济新领域，并进行港口产业价值创造，逐步实现强港战略。

（三）加大政策和项目支持力度，打造经济强港

《浙江省海洋经济发展"十四五"规划》指出，要打造宁波舟山港世界一流强港，完善海洋经济发展，打造海洋经济示范区，创新一批海洋经济重大政策。宁波编制了《宁波海洋经济发展示范区投资合作手册》，吸引优秀涉海项目和企业落地示范区；并出台了一系列政策，为 2228 家航运企业提供航运保险财政补助资金 670 万元；[②] 开展五大类共 122 个项目建设，促进示范区海洋经济高质量发展，增强了海洋经济的内外辐射能力；谋划建设一批海洋经济引领性重大项目，共筑长江经济带江海联运服务网，共推长三角一体化港口发展，进行港口经济价值创造，逐步实现强港战略。

二、强港海洋科技战略及赋能方式

随着经济全球化进程加快和新科技革命的兴起，海洋科技创新作为高新技术产业发展的重要领域，日益成为世界各国经济与科技竞争的焦点。我国是海洋大国，实施海洋科技创新战略。2019 年 9 月，由中共中央、国务院印发的《交通强国建设纲要》指出，港口建设要为科技强国建设当好先行，要做到科技创新、富有活力、智慧引领。2020 年 8 月出台的《关于推动交通运输领域新型基础设施建设的指导意见》要求推动交通基础设施数字化转型和智能升级，推动港口建设养护运行全过程、全周期数字化，加快港站智能调度、设备远程操控，智能安防预警和港区自动驾驶等综合应用，并建设港口智慧物流服务平台，开展智能航运应用（林榕，2020）。我国应抓住科技革命和产业革命的机遇，提高海洋产业的竞争力，加快海洋经济的快速发展，积极实施强港海洋科技战略。

---

①② 《宁波：努力建设海洋绿色协调发展样板区》，载于《中国改革报》，2021 年 5 月 21 日。

（一）制定并加强海洋科技创新发展战略

21 世纪初期，政府通过立法、制定政策、规划和引导，并结合海洋经济发展的需要，制定了新的海洋科技创新发展战略。2020 年，深圳在出台《关于勇当海洋强国尖兵加快建设全球海洋中心城市的实施方案（2020—2025年)》时有了更高的站位、更宏大的愿景，指出要大力提升海洋科技创新能力，逐步拓展深圳参与全球海洋治理的领域，到 2025 年全面夯实全球海洋中心城市建设各项基础，建成一批标志性、代表性、关键性项目，如建设智能海洋工程制造业创新中心、推动设立中国海洋大学深圳研究院等，为海洋科技创新战略的实施提供基础政策支持。

（二）加快结合国内外成熟的海洋科技成果

实施海洋科技创新战略，我国要充分利用对外开放的有利条件，采取有效措施，学习国外的先进技术和管理经验，提高我国的管理水平。深圳应加快建设"海上深圳"，推进海洋经济高质量发展，以提升海洋科技自立自强能力为核心，努力建设成为国内领先、具有较强国际影响力的海洋科学研究和技术创新阵地，同时鼓励海洋科研单位、大专院校参加各种国际海洋博览会、展览会、学术交流与培训，创办海洋科技开发实体和跨国技术联合体，参与国际竞争，努力提高我国海洋科技的总体素质和整体水平，为海洋科技创新战略的实施提供雄厚的科技实力支持。

（三）优化海洋科技创新服务

科技创新要依据我国海洋资源开发和海洋产业发展的实际需要。《深圳市海洋产业发展规划（2013—2020 年)》指出，深圳海洋新兴产业比重需要大幅提高，海洋科技支撑能力需要不断加强，海洋发展方式需要提升优化，因而深圳港确定了联合攻关重点海洋科技创新项目，大力发展海洋高新技术产业，推动海洋产业结构和技术结构的快速升级，加快海洋科技研发和成果转化应用（马仁锋、周小靖，2020），以提高海洋产业的国际竞争力，实现海洋经济增长方式从海洋资源消耗型向海洋资源节约型的转变。同时，加快培育"蓝色动能"，建设涉海重点实验室、工程实验室、工程中心、公共技术服务平台等各类创新载体，促进经济社会全面、协调和可持续发展。

三、城市吸引力与强港竞争战略及赋能方式

港口的发展与城市经济的发展联系紧密，港口的经济发展能促进城市的繁荣和区域经济的进步，而城市发展能带动港口的发展。《浙江省海洋经济发展"十四五"规划》明确了宁波建设海洋中心城市的路径，即充分发挥宁波国际港口城市优势，以世界一流强港建设为引领，以国家级海洋经济发展示范区为重点，坚持海洋港口、产业、城市一体化推进，推动高端港航物流服务业突破发展，提升国际影响力。

（一）破解"一箱难求"和完善现代港口物流运输

2020 年下半年，国外港口出现拥堵、运作效率低下、船舶延误等现象，导致大量集装箱滞留海外。2021 年宁波市政府出台了《关于做好当前跨境物流缺舱缺箱问题应对工作的若干意见》，从增加航线运力、保障空箱供给、稳定运价箱价等方面解决这一问题，发挥了宁波本地集装箱生产的优势。同时，鉴于现代港口高效率运输是提升港口竞争力的一个有效途径，运输链的设施建设则是关键，后勤和分销服务中心的地点在与内陆运输网沟通，与铁路、公路、内河相连接；货物和信息的分销使得传统的服务转变为后勤服务中心成为可能，使服务变得更加快捷、高效、及时，可以吸引大量的港口用户。

（二）鼓励非国有资本参与港口的经营和发展

政府和港口管理部门应打破传统的观念，引导非国有资本进入港口领域。根据《浙江省海洋经济发展"十四五"规划》，宁波舟山港除有序开展常规生产经营外，还持续深化多个资本运作项目，推进子公司宁波远洋分拆上市，以出售国有股份、出售资产、租让港口设施等形式参与市场竞争；吸引外来资本参与港口的经营、建设，扩大向用户提供的服务范围并增加货运，通过争取的外来资本辅助国有资本，采用 BOT 或 TOT 等方式分摊风险。宁波舟山港为港口基础设施建设和设备提供大量资金，提高外来资本有效应用，带动港口经济发展，提升竞争力。

（三）加强区域港口和海洋合作联动发展

随着《长江三角洲区域一体化发展规划纲要》《关于建设世界一流港口的指导意见》等相关配套文件陆续出台，国内港口中长期发展空间得到较大拓展，并在宁波舟山港等重要港口区域形成政策集群优势。面对更高层次对外开放和更高质量区域一体化的发展新格局，宁波舟山港也有意持续推进世界一流强港建设，不断优化立足于长三角及长江经济带的浙北区域、浙南区域、长江区域的资源整合。其中，象山、宁海和台州三门启动了政务服务通办、公共交通一体化、渔业资源联合保护、旅游合作及精品旅游路线推荐、教育发展联盟等一批跨区域合作机制和行动。同时，积极推动甬舟深度一体化，主动融入长三角一体化，多个事项实现长三角通办。此外，加强区域海洋交流，这是提升强港竞争力的有效途径之一。

四、营商环境与强港生态战略及赋能方式

在经济全球化、贸易自由化不可逆转的趋势下，营商环境已渐渐成为衡量一个国家或地区国际竞争力的一项重要指标。2019 年 10 月出台的《优化营商环境条例》重点针对我国营商环境存在的短板和市场主体反映强烈的痛点、难点、堵点问题，对标国际先进水平，加快打造国际化营商环境，并重视港口生态发展。2021 年 6 月，浙江省印发《浙江省海洋经济发展"十四五"规划》，进一步明确了宁波建设海洋中心城市的路径。面对这一重要的机遇，宁波舟山港将继续充分发挥自身在服务"一带一路"、长江经济带建设和长三角一体化等国家战略中的"硬核"作用，加快建设"四个一流"港口，统筹推进"三型五化"发展，打造一流强港全球标杆。

（一）提升港口作业效率，优化港口营商环境

宁波舟山港实现口岸部分场站相关业务自助预约，精准预控过闸效率提升了 50% 以上，提箱还箱时间缩短了 20% 以上。海关持续推进"先期机检 + 智能审图"等智慧监管改革，推行进口铁矿石等低风险矿产品"先验放后检测"监管模式，宁波、深圳等地海关在部分港区对部分商品实施"无陪同查验"，节约了通关时间，提升了港口作业效率。宁波舟山港还加大码头自动化

关键技术推广应用，加快港口设备更新换代。同时，宁波舟山港为载有疫情防控物资的船舶、车辆等开辟绿色通道，实行优先靠离泊、优先作业、优先集疏运，确保疫情防控物资的快速提运，在优化港口营商环境方面取得了积极成效，企业和群众的获得感明显提升（杨晓光，2021）。

（二）加强海洋生态保护，推动港口可持续发展

宁波舟山港率先建立严格的产业准入门槛，明确示范区节能环保产业发展的总体目标、重点任务和发展路径，严控"两高一资"产业在沿海布局，并重点开发海洋生态与环境监测技术和设备，有序推进陆源污染物治理，实现重要海洋功能区和生态敏感海域水质状况的连续、自动监测与动态评价，同时开展海岸带整治修复和海岛保护，建成 3 处国家级海洋保护区和 1 处国家级水产种质资源保护区。此外，象山港、梅山湾蓝色海湾整治行动综合治理工程和横山岛、檀头山岛、东门岛等保护修复项目顺利完工，推动了港口的绿色健康发展。

（三）加大海洋资源开发利用，提升港口发展潜力

宁波舟山港引进培育海洋新兴产业。其中，海洋生物医药产业初具规模，重点研究转基因新技术，培育高经济效益的海洋藻类、抗病高产优质海洋鱼、虾、蟹、贝类品种，培育和分离特定用途海洋微生物新品种。宁波舟山港还向海洋新能源及新材料建设快步迈进，建成国内最大风电铸件生产基地，新材料领域规模以上工业企业达 39 家，形成了以中化国际为代表的海洋防污防腐材料、特种膜制造等技术研发与产业化应用基地，2020 年海洋新材料产业产值达 26.9 亿元，比 2017 年增长 53%。与此同时，利用自身的区位优势，发展海洋文化旅游业，海岛民宿酒店、沙滩运动竞技、影视文化产业等蓬勃发展。宁波舟山港通过整合港口优势，推动强港生态发展[①]。

---

① 资料来源：宁波舟山港集团调研数据。

第四节　构建有全球影响的宁波舟山港指数

在全球海洋中心城市建设过程中，港口作为重要的交通网络节点，其建设要求不断提高，逐步进入全面优化港口模式，整体提升港口发展水平的阶段。伴随着航运新理念和新业态发展，港口指数研究在保持稳定性的同时，将持续更新迭代。全球海洋中心城市发展战略对港口评价体系和评价标准提出了新的要求，如何构建合理有效的港口指数对积极引导港口高质量发展、引领新时代发展需求具有重大的理论和现实意义。

一、全球海洋中心城市港口指数的国际比较

随着世界范围内对海洋领域的开发不断加深，作为拥有海陆双向空间与资源的区域，海洋中心城市的重要性日渐凸显。对于海洋中心城市的研究，不少学者认为海洋中心城市应包含中心城市和海洋城市的特征，所以海洋中心城市的研究也主要以海洋城市和中心城市的相关理论和方法作为研究基础。

港口指数则是建立在对国际海洋中心城市的综合评价之上，通过对航运紧要相关因素的综合分析，建立系统、全面的评价体系，全面衡量并真实反映一定时期内国际航运中心港口城市综合实力，为国际航运中心发展提供指导和参考，促进世界海运贸易可持续发展和资源优化配置。本节将选取具有高参考价值的新华·波罗的海国际航运中心发展指数等，开展指数体系和测度方法的比较分析，为构建具有科学性、有全球影响的宁波舟山港指数提出借鉴要点。

（一）全球海洋中心城市指标体系

关于一座城市是否为海洋中心城市，首先要考虑这座海洋城市本身发展的优良性，再考虑这座城市的海洋属性是否可以作为支撑其成为中心城市的条件。因此，在海洋中心城市的研究中，海洋城市是研究前提和关键，中心城市是研究支撑和完善。

参考海洋中心城市的相关研究，借鉴一些学者对城市研究的分类方法，主

要包括自然地理、经济、科技、文化、集聚和辐射性五大要素。（1）自然地理要素是海洋中心城市发展的关键性影响因素。海洋往往以独特的海洋区位因素、丰富海洋资源等方式影响沿海城市的发展。（2）经济要素是海洋中心城市发展最重要的领域之一，对资源在全国甚至全球范围的配置有重要影响，其发展实力集中反映在城市海洋产业发展规模与水平、海洋生产总值、海洋制度体系完善度以及海事公司及机构建设度方面。（3）科技要素集中反映城市的海洋科学技术的发展程度，主要涵盖研发、教育、创新等。科学技术作为第一生产力，创新性的科学研究将为后期海洋相关领域发展提供优质的技术支持，并进一步吸引高端人才集聚。（4）文化要素具体包括以所在城市涉海事业建设水平，以及居民对海洋的认知感、认同感的海洋文化氛围，同时形成具有国际交流的文化软实力。（5）集聚和辐射性要素主要体现在城市海洋产业要素集聚水平以及城市依托港口发挥的枢纽作用等方面。

（二）新华·波罗的海国际航运中心发展指数

中国经济信息社联合波罗的海交易所推出新华·波罗的海国际航运中心发展指数，针对全球范围内符合一定条件的国际航运中心进行综合评价，从而建立系统、全面的评价体系。新华·波罗的海国际航运中心发展指数报告指出，国际航运中心是以优质的港口设施、发达的物流体系、关键的地缘区位为基础条件，以高度完善的航运服务为核心驱动，在全球范围内配置航运资源的重要港口城市，集商品、资本、技术、信息集散于一身。随着国际经济贸易中心与地缘格局变化，主流国际航运中心总体表现出漂移态势。在此背景下，客观评价国际航运中心发展状况，总结国际航运中心发展经验，揭示国际航运中心发展规律，有利于提升世界商品要素流通效率、资源合理配置，推进国际航运中心科学发展。

该指数通过对航运密切相关因素的综合分析，建立系统、全面的评价体系，并应用相应的指数化评价方式进行量化测评。该指数评价体系不仅注重评价对象的港口条件、货物吞吐与综合环境等基础性因素，还注重航运服务作为资源配置核心手段的综合能力和现实水平，旨在全面衡量一定时期内国际航运中心港口城市的综合实力。该指数体系的一级指标主要从港口条件、航运服务和综合环境三个维度表征国际航运中心城市发展的内在规律；二级指标是基于功能属性，对一级指标进行具体细化。

其中，港口条件主要指港口城市基础设施状况及货物吞吐量现实规模，是港口城市能否成为国际航运中心的重要基础性因素；航运服务是港口城市航运服务水平状况，主要体现航运中心通过服务手段在全球配置航运资源的能力，决定着航运资源要素的全球聚焦和配置；综合环境是港口城市航运发展的商业经济环境与政策配套等措施，是国际航运中心发展的重要条件。

新华·波罗的海国际航运中心发展指数侧重衡量港口硬件建设、硬件效率以及航运中心服务水平，其测量角度局限于港口定性硬件条件，容易导致在评价港口时对吞吐量、建设投资和码头效率的过度追求，忽视合规时间和合规成本的效率，同时缺乏对港口创新力、绿色安全性等发展指标的考量。此外，港口的发展与腹地城市的发展关系紧密，该指数能直观反映港口自身条件，但是缺乏与港口城市协调发展水平的测度。

二、宁波舟山港指数框架及其可能影响

（一）宁波舟山港指数框架

"十四五"时期，国家交通运输由"基本适应"向"提质增效"转变，进入基础设施网络完善、运输服务水平提高和转型发展的关键阶段。国内国际新形势对加快建设交通强国提出了新的更高要求，更加突出创新的核心地位，注重交通运输创新驱动和智慧发展；更加突出统筹协调发展，注重各种运输方式融合发展和城乡区域交通运输协调发展；更加突出绿色发展，注重国土空间开发和生态环境保护；更加突出高水平对外开放，注重对外互联互通和国际供应链开放、安全、稳定；更加突出共享发展，注重建设人民满意的交通，以满足人民日益增长的美好生活需要。习近平总书记指出，宁波舟山港要担当国家战略"硬核"力量，努力打造世界一流强港。根据这指示精神，宁波舟山港将建设全球重要大宗商品储运基地、全球重要港航物流枢纽、全球重要海事特色航运服务中心作为港口的"三大目标定位"。

由此，宁波舟山港对发展建设提出新的要求，港口发展围绕"一大硬核、四个一流"。其中，"四个一流"指将舟山港建设成为基于一流设施的现代港航物流枢纽标杆，基于一流技术的智慧、绿色、安全港口标杆，基于一流管理

的治理体系和治理能力标杆，基于一流服务的航运服务和港产城融合发展标杆，建设具有浙江"重要窗口"标志性成果特征的世界一流强港。在此发展背景下，如何衡量港口新发展水平、为港口发展提供更完善的评价标准和参照成为重要命题。

在以往研究成果的基础上，以"创新、协调、绿色、开放、共享"高质量发展理念为依据，遵循层次合理性、系统性、可对比性、资料可获得性等原则，并结合宁波舟山港"一大硬核、四个一流"发展战略，构建宁波舟山港指数指标体系（见表4.1），从港口设施、港口技术、港航服务和港城联动四个维度构建舟山港指数指标体系。该指标体系不仅注重港口综合实力的评价，还注重其核心功能的综合评价，突出表现在以下两个方面：一是聚焦国际航运中心特质，综合评价港口自身条件以及对外经济金融层面影响力；二是围绕高质量发展理念，从港口设施、技术角度入手，评价港口信息化水平、对外开放程度以及高效专业化程度，突出体现港口创新力、绿色化水平以及开放水平，并从港航服务和港城联动的角度入手，评价港航相关服务业发展及要素集聚水平，突出体现协调发展、港城产发展一体化水准。

表4.1　　　　　　　　　**宁波舟山港指数指标体系**

一级指标	二级指标
港口设施	港口吞吐量
	港口国际航线覆盖率
	水陆联运能力
港口技术	泊位专业化水平
	港口作业水平
	港口信息化水平
	港口新技术应用水平
港航服务	港口服务功能完善度
	港航金融业发展水平
	港口污染防治效率
港城联动	腹地覆盖力
	城市经济带动力
	港口就业规模增长率

具体来说，就港口设施而言，主要从港口吞吐量、港口国际航线覆盖率、水陆联运能力三个方面选取指标加以衡量，集中反映港口条件；港口技术主要从泊位专业化水平、港口作业水平、港口信息化水平、港口新技术应用水平等方面进行测度，突出反映港口创新、智慧化、高效发展水平；港航服务主要从港口服务功能完善度、港航金融业发展水平、港口污染防治效率方面进行测度，突出反映港口服务水平以及港口绿色发展水平；港口联动集中体现在港口对腹地经济的贡献以及港产城协调发展能力等方面。

从港口设施要素来看，港口设施是支撑港口发挥物流枢纽作用的基础，也是港口城市成为国际航运中心的重要前提条件和基础性因素。从港口技术要素来看，港口技术是港口实现高效发展的重要保障，对于提升港口作业效率、服务管理品质至关重要，尤其是移动互联网、人工智能、物联网、大数据等现代科技在港口的广泛应用能大大提升港口效能。从港航服务要素来看，港航服务反映航运服务状况，是航运中心通过服务手段在全球配置航运资源的能力的核心表现。在全球产业转移、服务需求升级的大背景下，航运服务已呈现出新的发展趋势，同时伴随着新技术不断发展、成熟和广泛运用，航运服务产业及相应的业务模式将发生颠覆性的变化。

(二) 构建宁波舟山港指数的影响力及意义

港口需要实现硬实力和软实力交互发展，逐步提高其竞争优势，其中软实力已经成为港口核心竞争力的关键。港口指数作为港口软实力发展的重要方面，为国际航运中心发展提供重要指导和参考。

在海洋中心城市的港口评估影响力方面，宁波舟山港指数结合对港口设施、技术、服务以及管理层面要素的测度，涵盖了港口条件、枢纽职能、服务能力以及经济贡献等方面的特征，同时结合对海洋中心城市的相关分析以及我国实际国情，总结完善海洋中心城市港口的相关指标体系，对于海洋中心城市的港口评估具有一定的参考价值。

在港口影响力的评估影响力方面，港口指数对港口城市的发展而言起着十分关键的作用，港口指数的接受度和认可度是评价港口城市影响力的重要准则。宁波舟山港指数的构建对于城市培养港航国际影响力、迈向国际航运中心领域方面有重要意义，有利于促进开启港口经济研究的新航向，为港口影响力评估提供有意义的参考。同时，作为科学准确反映港口影响力的指标体系，宁波舟山港指数可以为企业和政府决策及规划提供可靠依据，并且更好地服务港航企业。

在完善现有评估指数的影响力方面，宁波舟山港指数不仅关注港口自身条件以及服务能力，还创新性地聚焦港口智慧创新、港产城协调发展、绿色安全发展，具体表现出以下特征：一是突出体现智慧化创新的核心地位，注重港口技术创新驱动以及智慧发展，避免对传统港口建设（包括吞吐量、建设投资和码头效率）的过度衡量；二是突出反映港口与产业、城市的统筹协调发展，凸显港口与区域融合发展、港产城一体化发展；三是突出绿色安全发展，注重港口生态环境友好型发展和港口风险管控及预防能力。因此，舟山港指数对积极引导港口高质量发展、引领新时代发展需求具有重大理论和现实意义。

准确地测度全球海运中心城市港口发展水平长期以来一直是个难题。当国际经济贸易中心与地缘格局环境发生变化时，多种指标常常反映不同的信息特征，从而难以根据简单的指标构建来判断港口发展的趋势。尽管将港口基础指标合成港口发展指数的方法有很多，但这些方法均存在一定局限性。受限于数据的可获得性与准确性，本章仅对指标及指数的重要性进行分析，待客观数据随着宁波、舟山全球海洋中心城市的建设而逐步完善时再进一步进行计算与论证。

第五章　全球海洋中心城市建设的科技创新与人才集聚

　　科技创新是全球海洋中心城市建设的核心推动力。各类海洋科技资源在推动城市海洋产业转型升级、助推海洋经济高质量发展中表现出不同的作用功能，同时科技资源交互影响，其协调、匹配程度直接影响全球海洋中心城市的总体创新效率。本章在系统梳理、识别海洋科技资源作用和配置原则的基础上，从生态链联动模式、多主体协同模式和跨区域合作模式三个层面探究全球海洋中心城市建设的科技创新模式，并着重探讨了中心城市人才集聚的机制，最后针对宁波舟山提出切实可行的海洋科技创新与人才集聚路径。

第一节　全球海洋中心城市建设的科技资源与配置优化

一、全球海洋中心城市建设的科技资源需求分析

　　科技是全球海洋中心城市建设的核心动力。立足全球海洋中心城市建设的目标要求，从科技人力、科技财力、科技物力、科技政策等层面，识别全球海洋中心城市建设的科技资源需求，为构建创新型海洋中心城市奠定要素基础。

（一）海洋科技人力资源需求

　　海洋科技人才是海洋科技创新的主体，区域海洋科技的竞争力归根结底取决于人才队伍的建设水平。在深圳、青岛、厦门、宁波等主要滨海城市制定的有关全球海洋中心城市建设的政策文件中，无一不把科技创新作为海洋中心城市建设的重点（杨钒，2020）。海洋科技创新既体现在基础技术研发、科研论著发表、科技专利申请数等具体指标层面，也反映在城市海洋新兴产业的培育和发展成效方面。因此，以全球海洋中心城市建设的目标要求为导向，海洋科

技人才资源的需求理应包含基础创新人才和应用创新人才两大类。其中，基础创新人才应主要围绕海洋深远海探测、海洋药物研发、海洋装备制造等海洋科技领域的关键共性技术，以科研院所为主要平台，着力打造结构合理的基础科研人才队伍，力争突破"卡脖子"的科技创新难题；应用创新人才则应服务于海洋电子信息、海洋工程装备、海洋生物医药等海洋新兴产业发展，以产学研为依托，打造特色鲜明的应用型人才队伍。

党的十八大以来，我国海洋科技人才队伍迅速壮大。根据《中国海洋统计年鉴2016》的统计数据，2015年底我国海洋科研机构达192个，海洋科技从业人员共计42331人，海洋专业博士点140个，硕士点322个，本科专业268个，合计在校生约8万余人，年科技论著发表量达17257篇，与2009年相比均取得大幅增长（见图5.1）。总体来看，随着海洋科技人才队伍的不断扩大，我国海洋领域研究水平与国际先进水平的差距呈现出逐步缩小的趋势，海洋高新技术自主创新能力得到提升。

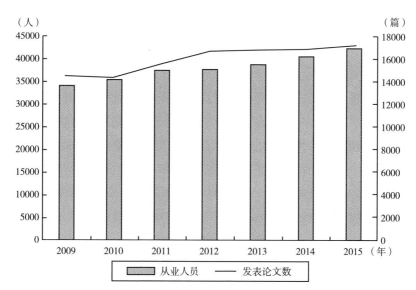

图5.1 我国海洋科技从业人员总数和海洋科技论著发表总数变动趋势

资料来源：国家海洋局：《中国海洋统计年鉴2016》，海洋出版社2017年版。

（二）海洋科技财力资源需求

海洋科技具有研发投入大、研发周期长等特点，诸如海洋工程装备制造、海洋生物医药、海水利用等新兴技术的研发都需要前期高资本的投入，因而财力资源的投入是必不可少的关键要素。自党的十八大以来，围绕海洋强国建设战略目标，我国不断加大海洋科技研发投入，其中中央财政对海洋科技的经费投入连续 3 个 "五年" 实现大幅增长，"十三五" 时期投入超过 150 亿元。在所有研发投入中，国家科技计划投入占比在 "十二五" 和 "十三五" 时期约为 50%，用于海洋基础研究的投入不到 20%，而用于海洋科技应用研发的投入达 80% 以上（李晓敏等，2020）。然而，尽管我国海洋科研发投入逐年增加，但在部分 "卡脖子" 的关键技术领域仍有待突破，自主研发能力仍有较大提升空间。在科技层面，打造海洋科技创新中心、抢占全球海洋科技竞争制高点是全球海洋中心城市建设的本质要求。为此，要立足海洋中心城市自身的资源禀赋优势和产业基础，找到中心城市海洋科技发展的着力点和突破点，将中央及地方财力资源优先匹配到这些关键领域，打造全球海洋科技研发高地。此外，由于海洋科技研发具有投入大、周期长等特点，政府财政支持仍将是研发经费的主要来源，同时中心城市也需要加强对社会资本的吸收和引导，着力做好海洋科技财力资源供给。

（三）海洋科技物力资源需求

与一般技术研发相比，海洋资源勘探开发技术、海洋环境工程技术、海洋交通运输工程技术等涉海前沿技术的研发创新往往需要更大规模的滩涂海域、厂房、大型设施设备等物力要素的投入，物力资源已经成为重大海洋科技攻关的重要基础性因素。因此，打造和积累一批有影响力、竞争力的海洋科技物资资本，理应成为科技创新引领下的全球海洋中心城市建设的重要标志。根据海洋中心城市的定位差异，对海洋科技物力资源需求的类型也存在不同。例如，对于宁波舟山、上海等以港口产业集群为特色的海洋中心城市，海洋科技物力资源的需求主要集中在港口航道、码头、泊位等现代化的港口物流基础性设施以及装卸设备、港口库场等生产运营设施方面。而在信息化发展的大背景下，全自动化装卸设施、卫星定位设施、综合信息管理平台等科技物力资源成为打造现代智慧化港口不可或缺的要素（顾湘，2017）。

（四）海洋科技政策与管理资源需求

海洋科技人力资源、财力资源和物力资源属于推动海洋科技发展的 "硬要素"，而海洋科技政策与管理资源则属于"软要素"。人力资源、财力资源和物力资源在海洋中心城市的集聚除了受市场作用的调节外，通常还离不开制度政策的积极引导。有效、合理的制度环境是吸引海洋科技人才、资本的重要前提。首先，科技创新是全球海洋中心城市建设的核心目标任务，从战略层面做好海洋科技发展的长远布局关乎全球海洋中心城市建设的成败。进入 21 世纪以来，全球海洋科技的前沿主要集中在深远海探测、海洋新能源开发利用、海洋工程装备制造等领域。全球海洋中心城市应立足本地区优势，因地制宜制定海洋科技长远发展的顶层设计，明确海洋科技突破的方向，着力在若干关键共性技术领域形成具有全球竞争力、影响力的优势。其次，在顶层设计基础方面，还需要依据海洋中心城市建设目标，围绕科技人才引进、科技平台建设、产学研结合、专项财政补贴等制定具体的激励、引导政策，形成全方位的海洋科技支撑政策体系。最后，良好的科技管理制度是推动各类要素协调有序匹配的重要基础，地方政府应作为服务者参与海洋科技创新全过程，为涉海企业、科研院所等创新主体提供良好的制度环境。

二、全球海洋中心城市建设的科技资源作用诊断

不同类型的海洋科技资源在科技创新中表现出不同的作用功能，同时科技资源相互间也交互影响，其协调、匹配程度直接影响全球海洋中心城市的总体创新效率。

（一）各类科技资源的作用识别

纵观世界主要的海洋中心城市可以发现，各类科技资源在其发展过程中扮演着举足轻重的作用。首先，人才资源统筹被视为引领科技发展的"第一要素"，人才资源要素质量的高低在很大程度上决定了海洋中心城市科研创新能力的大小。奥斯陆被誉为全球的海洋科技创新中心，其中大量海洋科技人才的集聚起到了关键作用。奥斯陆设立了挪威海洋技术中心，借助政策补贴、资金扶持等多项政策，不断吸收、引进海内外科技人才。世界领先的海事研发公司 DNV GL 总部设于奥斯陆，该公司拥有大量高水平研发人员。其次，海洋财力资源和物力资源是支撑全球海洋中心城市不断取得海洋科技新突破、提升海洋科技全球竞争力的基础性要素。以典型的全球海洋航运中心城市新加坡为例，

借助于各类科技投入支持政策，新加坡在海洋科技领域尤其是海工装备制造技术领域取得显著成就，海洋张力腿式平台、独柱式平台、浮式生产储运系统和超大型浮式海洋结构物等大型海洋科技物质资源不断积累，让新加坡成为全球极具竞争力的海运中心城市。最后，海洋科技政策与管理资源能够通过作用于海洋科技人才、财力和物力等其他资源要素而间接地影响海洋创新效果。良好的制度环境不仅有利于各类要素的集聚，还有助于激发要素的创新效率（杨明，2013）。例如，建立完善、有效的科研人员激励制度，营造良好的公平竞争环境，能够激发科研工作者的工作积极性，从而提高科技研发效率。

（二）不同科技资源间的交互作用机制

在全球海洋中心城市，不同海洋科技资源组合到一起所发挥的科技创新效应不是几种资源要素作用的简单加总，而是取决于各类科技资源要素间的交互作用机制。首先，海洋科技资源的"硬要素"与"软要素"之间的协调、匹配程度决定了全球海洋中心城市海洋科技创新的总体效率。海洋科技政策、制度等"软要素"直接作用于海洋科技人力资源、财力资源、物力资源等"硬要素"，对"硬要素"的数量规模及其配置起到重要的干预和调节作用。具体表现为，良好的人才激励和流动机制有利于吸引人才不断向海洋中心城市转移，增强积极性，提高海洋科技创新效率；完善的科技金融制度环境能够提高海洋科技财力资金的分配效率，节约交易成本；建立有效的引进海洋科技物资资源要素的制度有利于推动现有技术对引进的物资资源要素的高效对接；搭建一体化的海洋科技创新与转化平台有助于快速整合人才、资金、物资等各类要素，进而形成创新合力。其次，海洋科技人力资源、财力资源和物力资源等"硬要素"之间存在交互作用机制，影响着各要素作用的发挥。具体来看，海洋科技人力资源的作用发挥受到海洋科技财力、物力资源的数量和质量的约束和影响。海工装备制造、海洋新能源利用、海洋生物制药等海洋科技前沿领域的创新均具有高投入的特点，且对高精尖的研发设备依赖度较大，因而海洋科技人才的创新能力发挥在客观上会受到研发资金和大型物资设备的影响（于谨凯、李宝星，2007）。与此同时，海洋科技物力资源要素本身也需要与人力资源要素的技能水平、吸收能力等自身素质相适应，确保各要素间的供需匹配。

三、全球海洋中心城市建设的科技资源配置原则

优化海洋科技资源配置是全球海洋中心城市建设中的关键一环。结合海洋科技资源及其作用过程的具体特征，海洋科技资源的配置应遵循聚焦重点、效率优先、强化引领及压实责任四个基本原则。

（一）聚焦重点原则

海洋科技涉及学科范围众多，包括渔业水产、海水利用、资源勘探、生物研发、装备制造等多个领域。作为城市级别的区域，受空间、资源的约束，全球海洋中心城市在进行海洋科技创新的谋划布局时不可能穷尽所有海洋科技领域，只能选择部分优势领域作为重点，着力形成科技制高点。全球海洋科中心城市理应面向世界海洋科技发展前沿阵地，聚焦在深水、绿色、健康、安全等海洋关键高新技术领域，制定重大攻坚目标任务，推进重点平台和重大政策落地，不断聚焦聚力，引导科技资源在重点领域集聚。在选择重点领域时，政府应立足海洋中心城市现有的科研基础、产业基础和资源环境特色，识别筛选出既与本地要素禀赋相适应，又属于国际前沿关键领域的科学技术，力争在中长期达到全球领先水平。

（二）效率优先原则

海洋科技资源的配置要始终以效率提升为根本目标，既要将有限的资源科学、合理地配置到关键、必要的行业，也要关注资源本身从投入到产出整个过程的效率。从资源分配角度看，全球海洋中心城市的科技资源配置主要涉及行业维度。海洋科技的发展往往与海洋中心城市的海洋产业的演变密切相关，但受科技创新的路径依赖以及风险规避等因素影响，在缺乏外部激励的环境下，科技资源通常自发聚焦在城市的传统优势海洋产业领域，造成行业间的科技资源错配。为此，要依据海洋中心城市科技发展中远期目标，制定配套政策，着力突破海洋产业技术的路径依赖，优化科技资源要素配置，逐步引导科技资源向高新技术领域转移。从科技资源的投入产出过程角度看，要充分利用市场调节和政府干预两种手段，引导海洋科技资源的超前布局，立足海洋科技创新链，部署海洋科技人才、资金、资本等要素，促进海洋科技资源在市场上的流

动，提高科技资源配置效率。要着力完善海洋科技成果的交易机制，发挥市场作用激发科技创新热情，提高海洋科技资源的产出效率，加快海洋科技成果转化落地。

（三）强化引领原则

注重引导激励各方积极性，充分发挥创新资源的杠杆作用，更好地激发各级政府和各类创新主体加大科技投入，逐步培育社会创新动能。作为全球海洋中心城市建设的主导者，地方政府应发挥好海洋科技创新工作的战略指引和组织协调作用，从税收、财政等多个角度探索建立完善的科技创新扶持政策，遵循中长期海洋科技创新战略目标和规划，围绕重点领域集聚科技资源，引导企业、科研院所、社会公众等主体参与海洋科技创新。借助于制度创新，推动企业、科研院所开展产学研联合创新，夯实企业创新主体地位，大力支持涉海龙头企业牵头重大海洋科技项目，并以海洋中心城市为枢纽，拓展国际合作空间，将城市打造成为全球海洋科技突破和成果转化的中心地。

（四）压实责任原则

海洋科技创新是一项涉及多个主体、多级政府、多个部门的系统性工程，只有逐级压实各方责任，才能确保顶层设计和行动规划真正落地。为此，要遵循权力与责任对等的基本原则，一方面充分赋予企业、科研院所等创新主体自主权，另一方面也要逐级压实海洋科技创新项目单位法人、区县政府及相关归口部门的监管责任，营造规范有序的创新生态。海洋科技创新不仅需要应用研究创新，更需要基础研究的积累，因此要尊重海洋科技创新规律，尊重科研人员，切实赋予科研机构和人员更大的自主权，完善科技创新激励政策。围绕重大海洋科技创新项目，作为服务者的政府应在项目管理、技术路线决策、预算管理、成果转化收益分配等方面做好责任梳理工作，明确主体责任，确保政策落实。

四、全球海洋中心城市建设的科技资源配置策略

遵循聚焦重点、效率优先、强化引领及压实责任四个基本原则，全球海洋中心城市的科技资源配置应从以下几个方面推进。

（一）优化海洋科技创新顶层设计，突出科技资源配置重点

海洋科技涉及领域广泛，涵盖资源勘探、资源利用、环境治理、装备制造等多个方面。海洋中心城市所拥有的人力、物力等科技资源相对有限，不可能在所有领域形成创新突破。因此，海洋中心城市在海洋科技创新发展中首先要做好顶层设计工作，找到方向，突出重点，而不能"脚踩西瓜皮，走到哪算哪"。具体而言，要立足《国家创新驱动发展战略纲要》《"十四五"海洋评价发展规划》等，结合城市区域海洋科技资源禀赋，以国家海洋战略为导向，统筹城市海洋科技资源配置。随着全球海洋开发不断向深蓝领域拓展，未来海洋中心城市应着力在国际前沿领域形成创新优势，将海洋科技资源重点布局在深海资源勘探、海工装备制造、海洋能源开发利用、海洋绿色技术等关键共性技术领域（王淼等，2006）。

（二）创新海洋科技资源配置方式，探索激励引导新举措

充分利用好政府机制和市场机制两种手段，以提升海洋科技配置效率为重点，优化科技资金、科技人才等资源的配置方式，激励和引导企事业单位开展自主研发创新。一是以提高财政科技资金使用绩效为目的，转变财政科研项目经费投入与管理模式，将直接投入转变为间接扶持，将前期资助转变为后期补助，提升企业自主创新能力。政府应减少直接管理科研项目，把更多的管理权赋予开展研发活动的法人单位，激发企事业单位自主研发创新的主动性（刘阳、王淼，2020）。二是改革创新科技投入方式，变单一项目申请立项补助方式为事前支持，项目完成后以补助、股权贴息、购买技术和服务等多种支持方式，将科技资金和创新资源集中优先用于海洋中心城市内的海洋高新技术产业，提高科技投入的引导、整合、使用和产出效益。

（三）构建科研信用和绩效评价体系，提高资源配置效率

首先，创新优化科研项目竞争性评审流程，协调专家咨询和行政决策两种手段，提高项目评审的科学性和有效性，打造公平、高效的评审体系。对于涉及海洋科技"卡脖子"技术问题、制约海洋产业转型升级的重大关键技术问题等重点关注前沿和紧急科研任务，可开通"绿色通道"，采用择优委托的方

式确定项目承担者。鼓励科研院所、企事业单位交叉合作申报关键共性技术领域的科研项目，简化委托项目的审批流程。其次，要将科研信用制纳入科研平台载体建设之中，转变以往一次性认定补助的传统方式。对符合创建条件的依托单位可申请挂牌，创建期满后对通过验收的予以确认，并根据绩效情况给予补助或优先支持依托企业承担海洋科技计划项目，对不符合条件的予以摘牌，对存在不端行为的入科研信用不良清单。对信用评价等级高的单位和个人，在项目立项、经费包干制等方面予以优先支持。最后，探索完善海洋科技研发投入和创新绩效评价体系，对做出突出贡献的相关企事业单位、个人给予奖励和补助，统筹调配各类专项资金支持方向和力度。

（四）完善科技管理服务体制机制，确保创新主体职责统一

逐步完善海洋科技组织管理机制，提升政府管理服务效能。一是推进简政放权，将部分具备下放条件的职能赋予县（市、区）科技管理部门和中介服务机构，确保基层单位在科研项目、平台载体、创新人才等方面拥有更大的自主权。二是建立以需求为导向的海洋科研项目形成机制，完善海洋科技重大项目受理评审机制，对于关键核心技术研发项目，要做到常年受理并定期评审，提高服务效能。三是完善海洋科技研发监督约束机制，确保承担海洋科技创新重大项目的主体落实科研诚信责任，推动科技计划项目顺利实施（王淼等，2006）。

第二节　全球海洋中心城市建设的科技创新模式分析

一、海洋科技创新的生态链联动模式

海洋科技创新是一个涵盖从基础理论研究、应用技术研究到成果产业化的动态过程，既要保证每个环节的运行效率，也要确保各个环节之间的有效协同。立足全球海洋中心城市建设需求，未来应着力打造"基础研究＋技术攻关＋成果产业化＋科技金融＋人才支撑"全过程创新生态链，实现创新效应的高效传导。

（一）海洋科技创新的主要传递链

立足新一轮科技革命背景，大力推进海洋科技发展将是海洋中心城市一个主攻方向。未来既要从当代科学发展的大趋势出发，努力在海洋科学基础研究领域的重大科学问题上取得突破，同时也要注重海洋科学技术的应用研究，重点探究深远海勘探、开发技术，关注海洋新能源发展问题，以期在海洋全球化竞争格局中占得先机。基础研究是科技创新的根基，决定了一个国家原始创新活力，要充分发挥基础研究对科技创新的源头供给和引领作用。从全球国际海洋现代化城市建设经验来看，要想在海洋科技发展中占得先机，必须首先依托本地科研院所、科技平台等资源，加强基础科学的研究工作。例如，伦敦依托格林尼治大学海事研究所、米德尔塞克斯大学海商法研究中心等科研机构，在海洋船舶运输领域积累了丰富的研究成果，为城市海洋航运创新发展奠定了基础；纽约州立大学海洋科学研究中心设有生物、化学、地质、物理海洋学和海岸带管理及渔业管理等研究机构，在美国各沿岸州的州立大学海洋研究机构中居于领先地位，使纽约成为全球重要的海洋科学研究中心。借鉴国际海洋都市建设经验，未来应紧跟世界海洋科学研究的新动向、新发展，以国家重大科研项目为依托，进一步夯实海洋科学基础研究。

依托基础研究优势，发挥本地学科专长，全球海洋中心城市应围绕全球海洋科技创新的前沿重地，着力在深远海等关键共性技术领域实现应用技术突破。以关键共性技术为主线，以自主创新为抓手，统筹城市海洋科技资源，着力推进深远海资源勘探、海洋环境监测、海洋资源利用等重点领域的技术突破。同时，要高度重视海洋科技创新成果的产业化，发挥技术创新在海洋产业转型升级中的作用，让科技创新真正成为推动中心城市海洋经济高质量发展的原动力。为此，要充分把握新形势下海洋科技创新带动产业变革加速的新特点，依托互联网、大数据等平台，在科技创新中推动融通发展，促进海洋科技与海洋经济深度融合，在社会层面构建良好创新生态。全球海洋中心城市政府应积极引导鼓励企业、社会参与海洋科技创新工作，打破单位、部门、地域界线，实现多创新主体的协作融通，在全领域促进经济社会效益与科技创新发展的良性激励循环，形成科技创新的倍增效应。

（二）海洋科技创新的辅助支撑链

上述"基础科学研究 + 应用技术攻关 + 成果产业转化"的联动过程可以视为海洋科技创新效用的主传递链，而要确保整个传导过程的高效运行，还需要科技金融链、科技人才链的有机融通和衔接（见图5.2）。

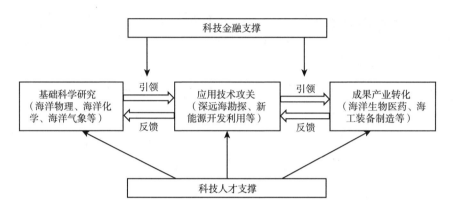

图5.2　海洋科技创新生态链联动模式

首先，要发挥市场和政府两种协调手段，推动完善金融支持机制，确保金融资源在整个海洋科技创新链中的合理配置。受市场利益驱动，金融资源通常更多地集聚在应用技术研发、成果转化等环节，而基础研究则面临资金支持不足的困境。统计数据显示，我国基础研究经费占研发经费的比例常年徘徊在5%左右（发达国家的这一比例普遍为15%～20%），表现出基础研究资金投入不足的问题（朱迎春，2018）。为此，要引导社会各方更加关心基础研究，鼓励金融机构、社会各界以适当方式多渠道投入海洋科学基础研究。例如，通过建立基础研究基金，探索科研活动协同合作、众包众筹等新方式，不断拓展资金来源，为海洋科学基础研究提供有力的金融支持。在应用技术攻关和成果产业化转化环节，要加强金融机构与涉海科技企业之间的有效对接，通过建立企业科技孵化项目、开展信贷优惠等多种措施，为涉海科技企业开展技术攻关、推动成果转化提供必要资金支持。其次，人才是海洋科技创新的核心资源。围绕全球海洋中心城市建设需求，聚焦关键共性海洋科技领域，制定海洋科技基础人才和应用人才引进和培养工程，引领海洋产业技术创新发展方向，培育高水平的创新创业团队。在基础研究方面，要加大涉海学科方向的创新领军人才、博士、博士后培养引进力度，鼓励研究人员依托科研项目、重点学科和科研基地开展创新性研究，建立高端海洋基础学科领域专家库。在应用技术研发和成果转化方面，要加强实验技术人才、专职工程技术人才和服务人才培养力度，优化科研队伍结构，做好人才与涉海科技企业之间的对接工作，激发企业创新活力。

二、海洋科技创新的多主体协同模式

海洋科技创新过程涉及政府、高校和科研院所、企业、社会等多个主体，只有促进多主体间的协同合作，才能有效提升海洋科技创新效率。立足城市层面，要着力打造形成以企业为主体，高校、科研院所为依托，市场导向、政府推动、社会参与的广泛的区域海洋科技创新合作机制（见图5.3）。

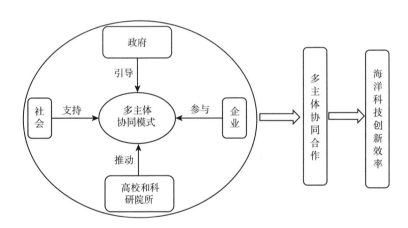

图5.3 海洋科技创新的多主体协同模式

（一）政府：多主体协同模式中的方向引导者

政府是推动海洋科技创新的重要引导者，既要立足海洋中心城市的禀赋优势，把握城市海洋科技创新的突破方向，也要通过重大项目、重要平台建设，将企业、科研院所、社会主体等创新主体有机黏合在一起（谢子远、孙华平，2013）。首先，借助全球海洋中心城市建设的重要契机，合理定位海洋中心城市科技创新体系的功能与布局，明确海洋科技研发的重点任务，制定中长期计划并明确具体责任人。其次，要重点发挥城市科技创新中心体系（包括实验室、企业技术中心、工程研究中心、工程技术研究中心、外资研发机构等机构）的作用，整合企业、科研院所及社会主体的海洋科技资源，推动形成创新合力。着力构建科技资源服务系统、科技创新服务系统、科技管理服务系统三大系统，提供包括建立国家级和省部级重点实验室、国家级和省部级工程技术研究中心、企业重点实验室、工程化服务平台四大类重大创新平台在内的服务，构建海洋科技基础条件平台、行业创新平台和区域创新平台三大研发科技服务平台体系，以科技平台建设为依托，搭建多元主体合作桥梁。

（二）企业：多主体协同模式中的主体参与者

企业是海洋科技创新的主体，要进一步巩固涉海科技企业的主体地位，增强企业技术创新能力。不断创造条件、优化环境、深化改革，切实增强企业海洋技术创新的动力和活力，使企业真正成为技术创新的主体，在技术创新中发挥主体作用。一是要发挥经济、科技政策的导向作用，加快完善统一、开放、竞争、有序的市场经济环境，通过财税、金融等政策，引导企业增加研发投入，推动企业特别是大企业建立海洋科技研发机构，使企业成为研发投入的主体。营造公平、开放、共赢的创新氛围，积极引导技术、人才、资金、服务等要素向企业集聚，大力支持涉海企业开展技术创新、管理创新、商业模式创新。二是要着力完善知识产权保护制度、企业产权制度及现代企业管理制度等，消除企业研发投入所面临的体制机制障碍，激发企业技术创新的内在动力。三是要改革海洋科技计划支持方式，支持企业跨地区联合承担国家研发任务，海洋中心城市内的海洋科技合作计划要更多地反映企业重大科技需求，吸纳企业跨省市参与。进一步完善海洋技术转移机制，促进企业的技术集成与应用。四是要加强对龙头企业的培育工作，支持企业、科研院所、高校共同建立海洋研发机构，打造企业为主体、社会组织参与的海洋科技创新战略联盟，推动跨领域跨行业的协同创新。

（三）高校和科研院所：多主体协同模式中的关键推动者

高校和科研院所是海洋知识和人才集聚的中心，是协同推动海洋科技创新的关键要素。要发挥高校和科研院所创新源与知识库的作用，积极发挥高校和科研院所和社会公益研究的科研机构在基础研究、前沿技术研究领域的重要作用。一是要发挥高校、科研院所基础研究主力军作用，持续提升基础研究水平，着力在海洋科技关键共性领域取得一批重大原创性成果。高校和科研院所是实现技术突破的重要实践者，为此，必须深度参与海洋关键核心技术攻坚战，真正在解决主要矛盾上下功夫，保障海洋产业链安全、创新链安全。同时，进一步深化海洋科技体制改革，积极参与科技成果转化综合试点，力争科研院所改革实现突破，激发院所创新活力。二是鼓励高校、科研院所积极承接企业科技研发项目，与企业、社会组织共建海洋科技园、技术转移机构、科技成果产业化基地等多元平台，实现基础研究与应用研究的有效衔接，加快海洋科技成果产业化。

（四）社会：多主体协同模式中的必要支持者

海洋科技研发具有投入大、风险高、回报周期长等特点，需要社会资本的广泛支持。我国海洋科技研发，尤其是基础研究投入主要依赖于政府财政，社会参与程度与国外相比有较为明显的差距。一是要进一步完善市场准入制度，为社会资金参与海洋科技创新扫清障碍。建立正面清单和负面清单制度，规范社会资金参与海洋科技创新，吸引更多的优质社会资本，确保社会资本持有者的平等权利。二是探索成立海洋科技发展基金，完善不同层次、多种形式的股票市场、债券市场，拓宽民间融资渠道，为社会资本进入海洋科技型企业和科技创新项目提供可行途径。三是重视海洋科技服务机构培育，引导科技中介服务机构架起技术成果与市场之间的桥梁，形成沟通社会资金与科技创新项目与活动的有效联系渠道，优化市场的信息环境，消除信息不对称，降低社会资金投入创新的风险与成本（卢秀容，2012；孟庆武，2013）。

三、海洋科技创新的跨区域合作模式

科技创新是开放环境下的创新，绝不能"关起门来搞"。海洋科技创新，尤其是一些重大的海洋科技攻关项目，往往不是依靠一个城市的科技资源就可以完成的，需要区域之间的广泛合作。全球海洋中心城市的海洋科技创新跨区域合作主要涉及全球海洋中心城市与周边城市的区域合作、全球海洋中心城市与其他海洋中心城市的区域合作两个方面。

（一）全球海洋中心城市与周边城市的区域合作

全球海洋中心城市与周边城市在产业链、生态环境保护、民生健康等方面具有高度关联性，具备广泛的合作空间。首先，全球海洋中心城市往往也是区域核心城市，与周边卫星城市之间存在产业转移、技术溢出等联系。因此，海洋中心城市可以与周边城市围绕海洋工程装备制造、海洋生物医药制造等高精尖技术领域，遵循产业上下游、产业配套与服务等路径，发挥各自的禀赋优势，建立密切的海洋科技创新合作关系。其次，围绕区域共同关注的环境保护、民生健康等问题，海洋中心城市与周边城市可以就海洋生态环境治理、海洋生命健康安全等领域开展科技联合攻关。通过共建区域生态文明，推进绿色发展、循环发展，依靠节约环保带动，使资源节约型、环境友好型社会建设取得重大进展，重点可在加强区域海洋—流域环境联防、联控、联治和共同构建海陆生态安全屏障上谋求科技合作空间。最后，依托于产业转型升级、环境保护等合作领域，全球海洋中心城市与周边城市的科技合作最终应聚焦于推动科技要素配置流动，依据各地方的禀赋优势，优化产业分工体系，提高科技资源创新效率，加快非专利技术的扩散速度，带动海洋科技人才集聚发展，在更大的区域层面实现地区间的创新"多赢"。以深圳为例，深圳依托大湾区建设的契机，聚焦于海洋基础科学、海洋工业技术、海洋治理三个共同的战略优先领域，以海洋大科学装置为基础，以涉海共性技术研发圈为主体，发挥深圳在湾区科技创新中孵化优势、香港和澳门国际科技窗口功能，以及广州、珠海、湛江等地海洋基础科研优势，携手共建海洋科技创新共同体，实现区域科技创新共赢。

（二）全球海洋中心城市与其他海洋中心城市的区域合作

同样以海洋为特色的中心城市之间固然存在竞争关系，但在海洋科技创新领域，合作将为各城市带来更多的效益。海洋气候变化、蓝色粮仓建设、海洋能源开发等海洋问题是人类共同面临的挑战，只有"聚四海之气、借八方之力"，才能站在更高的起点上推进海洋创新，建立合作共赢的城市伙伴关系，解决重大共性科学技术难题。一是在海洋监测、资源勘探、海水利用、装备制造、可再生能源开发等高新技术领域，积极与其他海洋中心城市共同开展城市间合作，通过共建海洋科技研发平台或合作发起海洋领域大规模国际合作计划，推动双边、多边互认人员资格、产品标准和认证认可结果等，建立国际或区域性标准。二是海洋中心城市之间可以探索建立信息共享机制，建立海洋科技知识产权保护的协调机制，共建科技信息共享发布平台，推动非专利技术的共享共用（杨黎静、李宁、王方方，2021）。三是探索建立风险共担和利益互惠机制，通过共同成立海洋科技创新产业投资基金，对重大海洋科技公共项目、重大海洋科技产业化项目进行联合投资，实现风险共担、利益共享。四是加强海洋中心城市之间科技人才的互通交流，定期或不定期举办海洋科技国际性、全球性论坛，探索建立科研院所之间、企业之间的人才访问制度，推动科技人才的良性互动与流通（卢秀容、陈伟，2014）。

第三节 全球海洋中心城市建设的海洋科技人才集聚

一、海洋科技人才集聚的动力因素分析

全球海洋科技人才呈现集聚发展的态势，不断向滨海大都市集中，这与城市的自然环境、制度环境及社会环境密不可分。结合海洋科技创新的特征，影响海洋科技人才集聚的动力因素主要可以分为自然禀赋、制度环境、教育科研和文化生活四个方面。

（一）自然禀赋因素

海洋生物制药、海水利用、海洋新能源开发、现代化海水养殖等海洋科技的发展离不开必要的自然禀赋因素的支撑，因而相关海洋科技人才的集聚也受到客观自然环境因素的影响。以海洋水产科技人才为例，水产科技研发高度依赖于水域环境及资源禀赋条件，因而海洋水产科技人才往往集聚在渔业资源禀赋优势明显、环境适宜水产养殖的沿海地区。从我国水产科技研发资源的分布来看，2020 年上海、青岛和宁波水产技术推广机构数量分别达 99 个、63 个和 34 个，推广经费分别为 17007 万元、2840 万元和 4568 万元，位居全国前列。[①]

[①] 资料来源：农业农村部渔业渔政管理局、全国水产技术推广总站、中国水产学会《2020 中国渔业统计年鉴》，中国农业出版社 2020 年版。

同时，这些沿海主要城市集聚了中国水产科学研究院东海水产研究所、中国海洋大学、上海海洋大学、宁波大学、浙江海洋大学等一批水产学科特色明显的科研院所和高校，成为全国海洋水产科技人才的重要集聚点。

（二）制度环境因素

在诸多驱动因素中，制度环境是引导海洋科技人才集聚的核心因素。良好的制度环境能够最大限度激发科技人才的创新效率，而不合理的制度环境将成为制约人才发展的障碍（王琪、李凤至，2011）。一方面，制度环境要与市场经济规律相适宜。过多的行政干预、烦琐的审批流程往往成为限制人才活力、制约人才流动的主要障碍因素。而充分发挥市场调节作用，做好简政放权，健全多种分配激励制度，则能增强人才的获得感，激发人才创新创造活力。另一方面，制度环境要与人才成长规律相契合。只有构建完善的人才培养、人才使用和人才激励机制，培植人才成长沃土，才能让人才茁壮成长，并为科研队伍源源不断注入新活力。在地方人才竞争日趋激烈的背景下，一个能够尊重人才成长规律，发挥市场调节作用，并提供开放包容、生态良好的制度环境的地区，将在推动人才集聚中占据主动。

（三）教育科研因素

影响人才集聚的教育科研因素既包括硬要素，也包括软要素。其中，硬要素主要是以科研设备、实验室条件等为主；软要素则主要涉及科研团队的结构是否合理，是否具有凝聚力等。首先，资本投入大是海洋科学研究相对于其他领域的重要特点，尤其是海工装备研发、海洋新能源开发、深远海探测等领域离不开大型研发平台、大型探测平台等科研设备的支撑。因此，地区的海洋科研条件优势也是影响海洋科技人才集聚的一个重要因素，雄厚的科研创新平台是科技人才充分发挥其才智、激发创新活力的重要保障。其次，从软要素来看，一个能够不断吸引人才加入的科研团队应当是学科、知识、年龄、职称结构合理的团队，既要有领军人才的引领，也要青年基础人才的支撑，体现团队的包容和活力。

（四）生活服务因素

习近平总书记指出，要支持科研事业单位探索试行更灵活的薪酬制度，稳定并强化从事基础性、前沿性、公益性研究的科研人员队伍，为其安心科研提供保障。海洋科技人才是否选择在某个城市安居受该城市生活服务质量等因素的影响，具体包括居住、培训、疗养和医疗体检、子女入学、配偶就业等多个方面。只有提升人才生活服务保障水平，才能真正解决人才创新创业的后顾之忧。其中，住房问题往往是青年科技人才最为关注的一个焦点问题，地方政府如果能够用好保障性住房，积极配建和筹集房源，为高层次人才提供住房保障，将极大提升城市的吸引力。因此，海洋中心城市必须着力加强教育医疗、社会管理、文化创意和公共服务建设，不断提升对高层次人才的综合服务保障水平。

二、海洋科技人才集聚的驱动机制探究

全球海洋中心城市中海洋科技人才的集聚既要靠地方的人才自主培养，也要广泛引进国内和国际人才。此外，确保人才愿意"留下来"也是实现长效创新的关键一环。基于此，海洋科技人才集聚的驱动机制可以分为自主培养机制、引进激励机制和考核评价机制三个方面（见图5.4）。

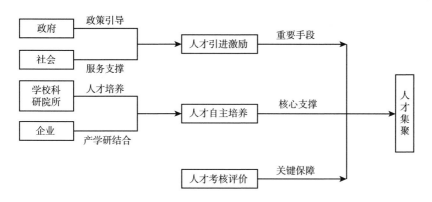

图5.4　海洋科技人才集聚的驱动机制

（一）高质量海洋科技人才自主培养机制

自主培养人才是海洋科技强国战略的重要一环。首先，海洋中心城市的各类涉海高校、科研院所等机构是培养海洋科研人才的重要阵地。要紧紧围绕以海洋科技发展前沿，以海洋经济社会发展需求为导向，建立符合全球海洋中心

城市建设要求的涉海高校学科专业、类型、层次和区域布局动态调整机制。统筹海洋产业发展和海洋科技人才培养开发规划，加强新兴海洋产业人才需求预测，加快涉海领域内培育重点行业、重要领域、战略性新兴产业人才。对于涉海高校和科研院所而言，培养基础型海洋科技人才是其人才培养工作中的重中之重，为此要建立基础研究人才培养长期稳定支持机制。加大对新兴海洋产业以及重点领域、企业急需的紧缺人才的支持力度，支持新型研发机构建设，鼓励人才自主选择科研方向、组建科研团队、开展原创性基础研究和面向需求的应用研发（潘爱珍、苗振清，2009）。

其次，企业是海洋科技应用型人才的"用武之地"。应注重海洋科技人才创新意识和创新能力培养，探索建立以创新创业为导向的人才培养机制，完善产学研用结合的协同育人模式。借助产教融合、校企合作等多种方式，加快海洋技术技能人才培养速度，为海洋经济发展源源不断地输送所需的专业技术人才。大力培养支撑海洋产业升级、海洋经济绿色转型的技术技能人才队伍，加快构建现代职业教育体系，深化技术技能人才培养体制改革，加强统筹协调，形成工作合力。创新海洋技术技能人才教育培训模式，促进涉海企业和职业院校成为技术技能人才培养的重要基地。

（二）高层次海洋科技人才引进激励机制

人才引进是增强海洋科技研发实力、推动海洋科技创新的重要手段。推动海洋科技创新仅仅依靠城市本地自主培养是不够的，需要建立科学有效的人才引进激励机制，从海内外广泛引进符合海洋城市海洋科技发展目标和计划的优秀人才。首先，海洋中心城市的地方政府是开展海洋科技人才引进工作的主体，要围绕城市海洋科技发展定位和目标，制定人才引进计划，以更开放、更包容的政策吸引海内外人才的加入。对于地方急需、紧缺的特殊人才，应探索开辟绿色通道，更高效精准地引进人才。同时，各个涉海科研院所、涉海企业等单位也应承担海洋科技人才引进的责任，进一步鼓励社会资本参与海洋科技人才的引进，以加快科技研发进程和产业转型替代。

其次，完善的工作和服务平台是激励和吸引人才的关键要素。要对引进人才充分信任、放手使用，支持其深度参与重大海洋科技研发计划项目。通过完善人才引进相关配套政策，解决引进人才的任职、社会保障、户籍、子女教育等问题，为海洋科技人才真正解决后顾之忧。对外国海洋科技人才来华签证、居留，可放宽条件，简化程序，落实相关待遇。

（三）海洋科技人才考核评价机制

科学、公平的人才考评机制是确保海洋科技人才能够"留下来"的关键，也是最大限度激发人才创新活力的重要保障。首先，根据全球海洋中心城市建设需求，建立动态的人才认定机制，制定人才分类目录，明确不同类型人才的认定标准和配套待遇，并定期发布和动态调整。建立目录认定与会议评定相结合的人才认定机制，对海洋中心城市发展急需、贡献较大但目录未覆盖的人才，经评定可适用相应的人才政策。其次，根据海洋科技基础研究和应用研究类型，制定多元评价体系，发挥政府、市场、专业组织、用人单位等多主体的作用，改进优化评价考核方式。对于海洋基础研究，要赋予科技人才充分且宽裕的研究周期，注重引入国际同行评价，制定合理的评价标准。针对海洋应用技术的研究，则要克服唯学历、唯职称、唯论文等倾向，建立科学化、社会化、市场化的人才评价制度，重视科研成果转化导向评价。突出用人主体在职称评审中的主导作用，合理界定和下放职称评审权限，推动涉海高校、科研院所和国有企业自主评审。

三、海洋科技人才集聚的保障体系构建

（一）优化科技制度环境建设

一是加强对海洋科技人才创新创业的财税扶持力度，针对领军人才、团队负责人及急需的紧缺人才，制定个人所得税的财政奖补政策。落实科研人员股权奖励个人所得税递延纳税政策，对高校、科研院所转化职务科技成果可给予科研人员股权奖励，或高新技术企业和科技型中小企业对本企业员工的股权奖励，允许股权激励时暂不纳税，递延至分红或转让股权时缴纳。二是加大科研成果转化收益自主分配权，适度提高重要贡献人员和团队的收益比例。将符合条件的科研成果使用权、处置权下放至所在单位，由单位与科研人员或团队自主决定转让和协商定价，多渠道提升科研人才的研发激励。三是鼓励和支持海洋科技人才深度参与创新创业，优化人才创新创业审批和指导程序，逐步为人

才创业提供市场准入便利。鼓励科研人才到涉海企业兼职，在推动科研技术成果产业化的同时，提高人才报酬收入。设立专门的创业导师和指导专员，为海洋科技人才创业提供方向指导，为相关团队提供项目报批、市场拓展、信贷融资等服务。

（二）加快人才平台载体建设

海洋科技创新创业平台是人才发挥其作用的重要载体。一是要加快海洋创新平台建设，发挥人才集聚创新效用。依托本地海洋特色高校和科研院所资源，在城市内着力打造海洋特色学科科教基地，发挥高校及科研院所服务地方海洋中心城市建设的支撑作用，形成一批涵盖海洋信息、生物、能源等领域的科技创新实验区。支持企业、高校及科研院所联合建设创新平台，主动申报国家级、省级涉海实验室及工程技术中心，并对申报平台给予经费支持。二是加快海洋创业平台建设，推动海洋科技创新资源、创业要素的相互融通。探索建立有利于人才交流互通、创业就业、居留生活的政策机制，健全创业扶持政策。制定城市人才创业园区评价激励方案，建立海洋特色人才创业园区，对符合标准的优秀园区给予一定的财政补贴，同时引导社会资本参与投资创业项目。

（三）健全住房生活保障建设

一是优化海洋人才住房保障，让人才引得进、留得住。按照人才分类，为符合条件的相关人才提供限价房、公租房或购房租房补贴等，逐步扩大人才公租房保障范围，同时按照工作年限，动态调整保障标准及保障对象。选取高铁站点周边交通便利、配套相对完善的片区，探索建立海洋特色人才小镇，完善特色小镇生活服务设施建设。二是优化人才户籍服务，对于符合条件的人才，可根据需要，落户到人才公共服务机构或用人单位集体户口所在地，同时解决高层次人才的配偶、父母及未成年子女的迁户、落户问题。三是优化人才社会保障服务，引导企业为高层次人才提供补充养老金；为海洋科技人才提供高标准的医疗卫生服务，完善各类疗休养制度，提升人才医疗待遇；按照人才层次划分，为符合条件的人才的配偶提供就业服务，为其子女提供教育保障服务，切实解决人才家庭关注的教育、就业、医疗等各类问题。

第四节　全球海洋中心城市科技创新的宁波舟山路径

一、打造创新引领、科技赋能的海洋产业集群

立足宁波舟山的禀赋优势，优化科技创新环境，搭建科技创新平台，聚焦"卡脖子"的海洋关键核心技术攻关，推动海洋产业智能化、数字化、高端化、集约化、国际化发展，形成特色鲜明、优势凸显，国内一流、国际领先的海洋新兴产业集群，打造全球新兴产业策源地。

（一）集聚壮大高端海洋装备制造业

宁波和舟山是全国海洋装备制造业的主要集聚地。在宁波的象山、奉化等海洋经济示范区集聚了大量的高端船舶及海洋工程装备企业，其中规模以上企业数量达 89 家，2020 年海工装备及船舶工业产值达 115 亿元。① 依托港口优势，宁波不断加快提升港航物流服务能力，其中梅山国际物流产业集聚区陆续引入马士基梅山国际物流中心、亚马逊全球物流前置仓、宁德时代供应链运营中心等项目。舟山具有全国得天独厚的港口资源优势，其临港工业发展规模位居全国前列，正着力打造国际一流水平的船舶修造基地。未来，在进一步夯实海洋船舶制造等优势装备制造业的同时，要围绕智能船舶、深海工程、高技术船舶、海上风电等配套设备集成化、智能化、模块化设计制造核心技术，积极引进龙头项目，建设海洋高端设备研发制造基地；推动无人水面艇、水下机器人等智能船舶的设计、研发和测试；实现深海油气资源开发、天然气水合物勘探开采、深海矿产勘探以及深潜器等关键技术与设备的自主研发与国产化；加强高端石化运输船舶和海上油气工程船等高技术船舶与重点配套设备的设计，加快海上风电关键设备研发与平台设计。

---

① 资料来源：《聚焦全国海洋经济发展示范区积极发展现代海洋产业 努力打造海洋绿色协调发展样板——宁波海洋经济发展示范区经验做法》，国家发改委官网，2021 年 5 月 22 日，https：//www.ndrc.gov.cn/fggz/fgzy/xmtjd/202105/t20210525_1280747_ext.html。

（二）培育发展海洋电子信息与大数据产业

浙江省是全国信息化产业发展的前沿阵地，电子信息和大数据技术为宁波舟山发展海洋信息化技术产业提供了重要基础。未来，宁波舟山应依托浙江大学、宁波大学、浙江海洋大学等高校平台，利用当地涉海科技企业资源，尽快抢占海洋大数据应用科技创新高地。一是聚焦海洋传感与感知、海洋通信和海洋大数据，突破关键技术和实现核心配套设备国产化，强化海洋传感器、海洋观测与探测设备、海洋环境监测设备的自主研发与国产化。围绕海洋关键共性技术领域，推进军民两用技术双向转化应用，促进军民融合产业发展。二是突破水声通信系统、水下无线通信系统、海洋空间高速卫星通信系统等海洋通信关键核心技术，培育海洋物联网、船联网、智慧海洋等海洋大数据应用场景，打造高端海洋通信产业集群。三是探索组建海洋大数据交易中心，借助互联网信息技术手段，实现海洋科技成果转化、海洋政务数据融合、海洋产业大数据融合、海洋大数据交易、海洋大数据衍生服务等信息的实时共享，为科研单位、涉海企业等提供便利服务。四是设立智慧海洋产业基金，推动海洋信息技术与制造业、服务业深度融合。

（三）融合发展海洋科技服务业

一是着力构建海洋创新孵化体系。围绕海洋科技研发孵化、海洋科技交流推广、海洋技术供给和并购、海洋检验检测、海洋观测预报、海洋生态环保、涉海知识产权、海洋教育科普等，构建海洋科技服务体系。构建涵盖技术中试、技术转移、成果转化与双创孵化的海洋产业孵化育成体系，建立涉海高新技术企业培育库，优化涉海科技企业培育体系。整合优势资源，搭建海洋公共服务和技术平台，为涉海创业创新团队和企业提供技术转移服务、知识产权运营、科技金融服务、研发中介服务、科技咨询服务等专业化的服务与支持。

二是推动海洋中小企业创新集群。激励和引导海洋龙头企业发挥带头作用，协同金融机构和科研院所等主体，借助市场化机制、专业化服务和资本化途径，构建低成本、便利化、全要素、开放式、生态型的海洋创新空间。通过开展常态化项目招引、产业与创投论坛、项目路演、创投赋能培训、创投赋能服务、科技产业培育服务、科技金融系统服务等活动，为涉海企业推动科技创新提供保障。加强配套海洋专项资金、海洋创投基金等政策扶持力度，推进海洋科技成果转化与产业化，服务海洋创新型中小企业集群快速发展。

（四）前瞻谋划海洋新兴产业

海洋新兴产业是海洋科技创新应用的主要阵地。近年来，宁波的海洋新兴产业取得较快发展，其中海洋生物医药产业初具规模，成立了海洋药物联合研发中心，焦油捕获剂、微乳化浓缩鱼油饮品等正式投产上市。海洋新能源及新材料建设快步迈进，建成了国内最大风电铸件生产基地，新材料领域规模以上工业企业达 39 家，形成了以中化国际为代表的海洋防污防腐材料、特种膜制造等技术研发与产业化应用基地，2020 年海洋新材料产业产值达 26.9 亿元，比 2017 年增长 53%。舟山则在海洋风电产业、海产品深加工产业、海洋生物医药、海洋环保新材料等领域取得显著成绩。2021 年以来，舟山引进水下直升机产业化、浙江海洋卫星通导产业园等重点项目，海欣海洋肽、华锋海洋生物多肽等项目相继开工建设。立足现有基础，未来宁波和舟山应继续以建设全球海洋中心城市为目标，积极跟踪国际海洋技术和产业的发展方向，结合城市的基础和优势，超前谋划一批发展潜力巨大、有带动力和影响力的项目和技术，为海洋产业可持续发展提供长期动力。一是进一步探索储备海水制氢和海上制氢平台等相关前沿技术，探索打造氢能源海上供应链，力争成为国内氢能海洋领域应用示范。二是引领海洋材料向环保、节能、高性能和功能化方向发展。三是围绕海洋生命健康，推进深海生物资源产业化，建立国家级深海生物资源库及基因信息资源管理平台。四是围绕多金属锰结核、富钴结壳、热液硫化物等深海矿产资源，开展深海勘探、深海开采、深海运载技术体系攻关。

二、搭建功能复合、智能感知的海洋科技平台

海洋科技平台是整合海洋科技资源、提升科技创新效率的关键。设立招投联动平台，搭建国内外各类投资机构等与涉海企业的嫁接桥梁，创新股权投资等方式，带动社会资本投向重大海洋产业项目和初创型海洋企业，积极引进一批涉海高新技术成果转化及产业化投资项目，加快打造一批功能复合、智能感

知的海洋科技平台。

（一）打造海洋科技研发孵化协同创新平台

围绕海洋战略性新兴产业源头培育和传统海洋产业转型升级，宁波舟山海洋科技孵化器实现了从注重载体建设向注重主体培育的转变、从注重企业集聚向注重产业培育的转变，成为海洋经济社会发展不可或缺的动力源。在未来，一方面，要加快海洋新兴产业创新载体共建共享，围绕深潜器关键装备、深海传感器、水下无线通信系统等前沿产业领域，引入国家级和省部级等海洋科研项目、科研院所，构建高水平有特色的海洋产业协同创新平台。此外，进一步盘活城市内可用孵化空间，积极承接国内外优秀涉海科技企业，推进大孵化科技平台建设，完善创新链和服务链，打造现代海洋产业集群。另一方面，要加强与涉海企业和专业机构合作，引进境外先进孵化模式，为涉海中小企业和创新团队提供商务、研发和轻型加工的物理空间，建立"创业苗圃＋孵化器＋加速器＋产业园"的接力式孵化与培育体系，积极引导有条件的孵化载体提档升级，延伸孵化链条。

（二）打造海洋新兴产业公共服务技术平台

积极打造以开放共享为核心和精髓的科技与产业资源共享平台，重点建设一批包含基础研发、应用研发、技术孵化、分析测试等配套完善的公共技术服务平台，如海洋公共实验室、虚拟数字模拟实验室、第三方检测中心等。积极引进第三方智能设备检测认证机构，通过集中的专业设备配置，建立海洋智能设备检验检测认证平台。立足深远海开发的强大信息服务需求，探索海洋数字化加工和运用，建设规范安全、标准统一的深远海大数据平台。针对关键技术领域的"卡脖子"难题，建设国家海洋综合试验场和海洋立体观测网，形成感知海洋的能力。以对接国际规则为目标，面向"一带一路"建设需求，先行先试成果转化、人才激励、科技金融等改革举措。鼓励国内外海洋高层次人才以技术入股、技术转让等方式，开展科研项目研究和科研成果转化。积极探索新的海洋科技投融资渠道，借助债券、基金等多种形式，推动海洋中心城市国际科技成果合作转化。实行海洋新兴产业准入制度改革，建设新兴产业标准规则创新先行区，对海洋新兴产业的研发创新项目在孵化运营之前免于审批，切实加强对创新成果知识产权的国际化保护。

（三）打造海洋科技金融服务平台

一是完善涉海金融服务业态。聚焦海洋金融投资、保险与再保险、融资租赁、外汇期货、大宗商品交易、航运金融服务等领域，培育和引入涉海银行、保险证券跨境金融业务机构、金融科技公司以及大型涉海企业集团金融控股公司、资金管理中心等。探索设立海洋新兴产业基金，鼓励涉海私募股权投资基金、风险投资基金和产业基金投资落地，打造海洋项目投融资服务平台。拓宽产业融资渠道，支持集群中符合条件的重点企业在境内外上市、挂牌，大力发展海洋龙头企业带动上下游中小企业的供应链金融。二是构建涉海投融资体系。探索政府股权投资、共有知识产权、创投引导基金等财政资金使用新模式。发挥金融资本和产业资金的助推器作用，综合运用直接补贴、贷款贴息、股权投资、融资担保、风险补偿等多元化扶持方式，支持落户海洋中心城市的企业和项目。鼓励中小涉海企业发行中小企业集合票据、集合债券，对运作成熟、现金流稳定的海洋项目，探索发行资产支持证券。设立市场化运作的海洋产业发展基金，通过资金入股、物业入股、服务入股等投资方式，对海洋新兴产业中具有良好发展前景的企业进行投资，培育良性循环的产业生态（殷文伟、陈佳佳，2021）。

三、培育智慧互联、产城融合的海洋科技应用生态

围绕服务产业、服务企业、服务人才，充分挖掘未来信息技术的服务潜力和应用场景，从综合交通基础设施、市政基础设施、信息化基础设施以及公共服务设施等方面，构建集约高效、经济适用、智能绿色、安全可靠的现代化基础设施体系，打造数字海洋城市。

（一）打造功能复合的智慧海洋新城

第一，加快海洋科技园区建设。以建设低碳环保、生态化、智能化园区为目标，通过信息技术和各类资源的整合，建立统一的海洋科技园区大数据运营平台，打通传统智慧园区的各类信息和数据孤岛，实现园区资源的汇聚共享和

跨部门协调联动。构建新型海洋智慧园区统一运行中心，实现园区招商、物业管理、项目管理、企业孵化、园区服务、产业分析、多样化运营等业务的智慧管理。借助智慧技术对园区基础设施进行智慧化管理，打造智慧能源、智慧交通、智慧管廊等，实现对海洋产业园区整体的统一化、一体化管控，降低片区的建设成本和周期，提高海洋科技创新的运营能力与效率（张玉强、孙鹤峰，2015）。

第二，探索海洋智慧城市运行模式。一是加快海洋智慧基础设施建设。推进数字化、智能化海洋城市规划和建设，依托互联网、大数据技术，建设集能源、交通、物流于一体的综合系统。建设全程在线、高效便捷、精准监测、主动发现、智能处置的智能政务和数字城管，构建城市智能治理体系。结合全球海洋中心城市建设需求，建设干线、支线和缆线管廊等多级网络衔接的智慧综合管廊系统，创新市政设施节（集）约化建设模式。二是提升海洋环境智能监测能力。依托海洋监测点数字化载体建设，明确沿海滩涂、湿地等海洋生态环境监测传感器，完善对海域内生物、环境等多指标的实时监控，提升环境监管和执法工作科学性。建立海洋生态环境监测发布平台，完善对生态环境信息数据的实时发布、预警，提升民众生态环境质量感知度。三是构建海洋智慧应急体系。加强海洋气象灾害等风险管理，提高应急状态下一体化指挥调度与应急救援处置的能力。基于"时空一张图"推进"多规合一"。探索建设以"规、建、管、运"一体联动的海洋中心城市信息管理系统，构建基于统一网格的海洋中心城市运行管理平台，加强城市管理"一网统管"。

（二）构建海陆联通的科技交通体系

第一，打造海陆一体化的立体交通网络。以甬舟一体化发展战略为指引，进一步增强宁波与舟山城市间的交通设施连通性，依托跨海大桥、轨道交通、高快速路网等基础设施，全面融入城市交通圈，打造"外联内通"的陆海一体交通路网体系。以宁波舟山港深度一体化为突破口，统筹推进一批重大交通基础设施建设，打造宁波舟山"一小时"通勤交通圈。协同推进水利、电力、油气管路联网等，实现基础设施双向对接，促进资源要素双向流动。保障海洋创新人才的快速通达与集聚，构建与就业、滨海休闲娱乐高度结合的公共交通体系，形成以交通线为导向的海洋城市功能立体发展空间。谋划特色水上交通体系，坚持水陆联动，采取智能化手段有机衔接水陆交通设施，打造宜居宜业宜游的交通体系。

第二，建立大数据驱动的陆海交通枢纽。依托 AI、5G 通信等新一代信息技术，构建基于数据驱动的集"感、传、知、控、服"于一体的新一代陆海智慧交通体系。制定分区分级的陆海智慧交通体系，为未来信息化智能网联构建基础。搭建智慧管控平台和区级分控中心，辅助城市治理和政策评估。打造智慧交通"智慧交通综合调控平台＋智慧信号系统＋智慧诱导系统＋智慧停车系统＋智慧公交系统＋智慧道路系统"，强化绿波控制和公交优先控制，以物联感应、移动互联、人工智能等技术为支撑，构建实时感知、瞬时响应、智能决策的新型智能交通体系。

（三）夯实智能感知的城市科技信息系统

第一，加快城市信息科技基础设施建设。推进以 5G、云计算、物联网、车联网等为代表的新一代信息基础设施建设，实现 5G 网络、超高速光纤网、新型城域物联专网等全覆盖，构建安全便利、信息畅通的全球数据枢纽平台、互联网数据专用通道等国际通信设施。超前谋划适应未来发展的"海、陆、空、天"一体化信息基础设施建设，提前布局多功能智能杆，建设地上地下全通达、多网协同的泛在无线网络，完善片区骨干网和统一的智能城市专网，形成一流的网络接入能力、服务质量和国际化应用水平。

第二，搭建高效协同的城市科技管理运营平台。以数据驱动，形成智能决策、统一指挥的智能城市信息管理中枢。打造全覆盖的数字化标识体系，搭建虚实映射、实时感知的城市数字镜像平台。依托地理信息系统、建筑信息模型、城市信息模型等数字化手段，加强国土空间等数据治理，构建可视化城市空间数字平台。聚合各专业应用系统和数据，强化数据推演，为海洋中心城市治理赋能，通过数据分析支撑重大决策，打造智能中枢。以数据驱动业务流程优化，建立智能监测、统一指挥、实时调度、上下联动的城市运行体系。

第三，加强海洋中心城市信息数据安全保障。加强海洋中心城市信息网络安全能力建设，与智慧城市基础设施建设同步，加强智能终端、通信基础设施、信息网络基础架构和关键领域的安全保障。利用先进技术手段，保障数据资源全生命周期安全；加强新技术应用风险防控，确保各类智能应用的安全；

构建区域网络安全态势感知系统，全天候、全方位感知网络安全态势，增强网络安全防御能力。强化应急响应措施，提升网络安全重大事件的事前预警、事中处置和事后分析与改进的能力；依法合理部署信息采集设备，加强技术防护，切实保障城市、机构和个人信息安全；集聚网络安全人才，创新网络安全技术，加强信息网络安全技术集成应用，发展信息网络安全产业。

四、建立开放包容、共享共赢的海洋科技国际合作高地

积极对接国际海洋组织和国际海洋规则标准，承接国际海洋合作事务，打造蓝色经济国际联盟，加强国际海洋人才引进力度，将宁波舟山打造成为支撑全球海洋中心城市建设的国际蓝色科技合作高地。

（一）搭建互联共享的国际海洋科技合作联盟

一是积极参与国际海洋技术规则标准制定。加强海洋对外合作，逐步推进涉海管理与国际规则接轨，争取更大的国际话语权。参与制订国际、国内海洋领域相关标准，支持企业申请国际知识产权。以海上丝绸之路建设为契机，进一步深化推动与其他国家的海洋合作协议，积极参与和改善国际海洋管理。积极向全球提供各类海洋公共产品和综合服务，包括海洋资源开发、海洋环境保护、海上公共安全等方面的基础设施，以及信息资讯、知识产品及技术方案、产品维护等综合服务。

二是创新国际海洋科技合作机制。探索常态化、制度化的政府层面合作交流机制，定期对海洋中心城市国际合作重大问题进行协调，并在政策层面提供支持。创新与国际海洋机构、协会、海洋企业的合作模式，如共同管理园区运营公司、共同建立孵化器等，与园区专业运营商和国际战略合作伙伴共同构建国际化运营管理主体，实现共建共享和国际化发展，形成示范效应。搭建国际投资促进服务平台，加强全球海洋新兴产业和创新技术对接合作。

三是搭建海洋城市伙伴关系。在"一带一路"倡议下，推动与海洋大国涉海企业、科研机构、金融机构、产业协会、管理部门等形成合作伙伴关系，携手打造蓝色经济国际合作联盟。聚焦海上丝绸之路、国际海洋合作、蓝色经济发展等重要议题，策划国际性海洋会展和论坛，积极参与国际海洋交流活动。积极申办国际海洋科技博览会、科技交流研讨会，提升宁波和舟山海洋科

技发展的国际知名度和影响力，打造国际海洋科技交流的枢纽。在现有的国际合作协议框架内，搭建促进海洋经济合作领域的对话交流平台，合作建立以远洋渔业加工、新能源与可再生能源、海洋工程技术、环保产业和海上旅游等领域为重点的海洋经济示范区、海洋科技合作园，深化海洋产业合作，建立密切的城市间海洋伙伴关系。

（二）打造多元包容的国际海洋人才枢纽

一是加快国际海洋科技人才引进。明确海洋产业人才开发路线图，制定海洋产业领域高、精、尖、缺人才引进目录，大力引进海洋新兴前瞻领域紧缺的高层次人才。按照"领军人才 + 产业项目 + 涉海企业"模式，为涉海企业搭建人才引进平台，大力引进海洋领域工程师、高级技工等专业人才以及海洋复合型人才，积极吸引海洋科技新兴产业研发设计、工程项目管理、市场营销等方面的国际领军人才和专业技术团队。建设若干个与国际接轨、具有较高培训能级的海洋专业技术人才国际化培训载体，围绕海洋新兴产业涉及的相关领域，通过政企共同出资，资助相关海洋专业的在读硕士和博士研究生出国研修、参加国际学术交流会议。发挥宁波大学、浙江海洋大学等高校在海洋科研方面的人才培养及基础研究优势，依托海洋科研平台的建设和重大科技研发应用项目的实施，集成和汇聚全国乃至全球一流海洋科技人才与资源，提供面向国家和地方的海洋科技专业人才培育服务。

二是构建海洋科技人才流动机制。积极探索人才自由流动等先行先试政策，将海洋中心城市打造为国际海洋人才自由港。建立全球创新领军人才数据库。强化海洋人才政策统筹协调、人才信息资源共享，设立海外人才工作站，实现精准引才、高效引智。探索建立与国际接轨的全球人才招聘制度和吸引外国高技术人才的管理制度，以及面向海洋高层次人才的"服务绿卡"、安居保障、子女入学和医疗保健服务通道等政策机制。加强涉海院校和海洋学科建设，推动与挪威、丹麦、荷兰、美国等国的知名涉海高校或学院合作，形成全面海洋人才培养格局。

三是优化海洋科技创新创业环境。加强海洋人才创新、创业信息资源整合，建立海洋创业政策集中发布平台，增强创新、创业信息透明度。支持举办海洋创新、创业大赛，为新创业与再创业者建立必要的指导和援助机制，不断增强创业信心和创业能力。创新柔性引才机制，鼓励采用人才租赁、智力兼职等方式，分期聘任海洋高层次人才在海洋中心城市开展专业技术咨询、技术指导等高水平服务。积极为海洋领军人才申请签证、居留证件、永久居留证件提供便利。尊重个人兴趣，倡导学术自由，赋予海洋创新领军人才更大的人财物支配权和技术路线决定权。畅通海洋科研人员在高校院所与企业间的双向流动渠道，破除限制人才自由流动的体制和机制障碍。

第六章　全球海洋中心城市建设的数字赋能与制度重塑

数字赋能海洋中心城市建设并不是简单地将数字技术应用于特定的场景，而是需要将数字技术与现有的海洋中心城市建设进行深度融合，创造新的、与之相适应的制度框架，从而实现由量变到质变的跨越式发展。本章通过梳理数字赋能对区域城市中心化的理论机制及作用渠道，分析宁波和舟山在建设海洋中心城市时存在的优势与不足，进而从智慧港口、智慧港航、智慧船舶以及智慧海事等多个维度剖析数字赋能海洋中心城市建设的实现路径与现实问题。通过分析指出，未来海洋中心城市建设的关键在于是否能够实现整个海洋产业生态的互联互通，是否能够打破原有体制、机制壁垒和信息孤岛，形成各参与方在单个平台实现各事项的集中办理，充分利用海洋产业生态大数据，进而实现制度重塑和激活创造经济中的新业态，实现高层次和高质量的数字赋能海洋中心城市建设。

第一节　数字赋能及制度重塑与区域城市中心化

一、数字赋能及制度重塑机制

数字赋能是将数字技术应用于生产活动的方方面面，从而通过数字化技术的应用，提高原有生产活动的效率与质量，进而改变、打破以及重塑原有的体制机制，发展出新应用场景以及与之相适应的新业态。数字赋能不是把数字化应用场景叠加到传统的体制机制上，更不是进行简单化、表面化的信息化建设以及场景应用开发。这种简单的、机械式的叠加方式可能造成两者的不适应，甚至出现相互矛盾的情况，从而很难达到"1＋1＞2"的效果。当现有机制体制与数字化应用场景发生矛盾或者是现有体制较为抗拒新应用场景时，会出现

"1+1<2"的不利局面。因此，数字化改革是具有广阔应用前景的"蓝海"，若用得好，则可以充分调动各方积极性，优化资源配置效率，实现城市以及经济社会的高质量发展；此外，这也可能是需要我们不断探索、攻坚克难的"无人区"和荒漠。这就从客观上要求我们在推进数字化应用的同时，需要不断完善和改革现有的体制机制，使之符合数字化技术的发展要求，从理论和实践上认识到数字化改革是一场重塑性的制度革命，是从技术理性向制度理性的跨越。数字化改革核心本质就是要进行改革，其根本要求是制度重塑。以数字化驱动制度重塑，构建数字时代新型生产关系，使上层建筑适应生产力和生产关系的发展。比如，将数字化改革与海洋中心城市建设相结合，充分发挥宁波舟山海洋中心城市建设的区域优势与特点，激发海洋相关产业的活力，通过数字化赋能海洋中心城市建设。

　　具体来说，数字技术的更新迭代和迅速普及为海洋产业的发展提供了强大的科技驱动力，也为新的海洋经济管理与海洋生态保护提供了强大的技术支撑。此外，这种技术的变化在很大程度上将改变原有海洋产业生态的竞争格局，重塑海洋产业生态的结构和格局。这为传统海洋产业带来巨大发展机遇的同时，也将使其面临全新的挑战。如何将数字技术这一驱动力最大化，以促进经济、社会、生态的可持续发展，需要正确处理好政府、市场以及社会三者之间的关系。这就要求从顶层设计出发，形成与数字技术发展革新相适应的制度体系。在海洋中心城市的建设过程中，势必会带来城市规模的扩张，旧的管理模式和顶层设计可能与新的业态之间出现冲突，甚至是背离的情况。基于上述原因，科学认识数字赋能与制度重塑之间的辩证关系就显得尤为基础和重要，通过制度重塑形成与新的生产力相适应的生产关系，才能有效保障和促进生产力的进一步发展。为此，政府在上述关系中的角色就显得尤为重要。作为顶层机制设计者，政府需要科学运用前沿数字技术，协同社会主体，通过政府数字化转型重塑治理结构、优化政府职能、革新治理理念，以同时提升政府治理能力和社会协同能力。这样才能使得治理体系和治理能力不断更新，以适应海洋中心城市的扩张以及新产业不断替代旧产业的转型升级模式。

　　总之，制度重塑是数字化改革的内在要求和必然趋势。政府的数字化转型需要与制度重塑有机结合，着力构建新型政府—社会关系、政府—市场关系，以支撑数字经济发展，进而以数字化助力中心城市建设。通过数字化赋能中心城市建设，不仅要理解数字化与制度重塑之间的内在联系，尊重客观规律，以达到最优化数字技术的利用，更需要掌握中心城市的发展规律及其影响因素，只有在厘清中心城市发展与扩大的客观规律基础上，才能更好地了解具体城市在发展过程中遇到的瓶颈，并通过数字技术的引进和改善，甚至是实现转弱势为优势，起到事半功倍的效果。显然，在各行各业都经历数字化转型升级的大时代背景下，伴随着通信技术、物流产业以及交通基础设施的飞速发展，资本、劳动等生产要素以及信息资源的流动速度相对原先有了质的提高，这意味着中心城市的优势一旦建立，对周边地区要素的聚集力将变得更加强大，从而更容易形成区域中心城市，而对于无法建立起初始优势的城市来说，也更容易导致要素的流失，从而陷入低速发展的恶性循环。

二、区域城市中心化的影响因素

我国城市的发展存在大城市过大、小城市过小、中等城市发育不良等问题。要消除上述问题，需要优化不同规模城市的整体分布，改善资源空间配置效率。《中共中央关于制定国民经济和社会发展第十四个五年规划和二○三五年远景目标的建议》的第八点要求"优化国土空间布局，推进区域协调发展和新型城镇化"。实现上述目标的关键在于，正确认识空间布局，以及实现布局优化。从城市规模以及空间分布的视角来看，现有城市的空间分布主要呈现出三种形态：都市圈、城市群和区域中心城市。事实上，我国都市圈和城市群能够覆盖到的区域仅占国土面积的20%左右，在这部分区域中，都市圈或者城市群中的大城市可以通过聚集效应提高自生经济效率，并且以辐射效应的形式很好地带动周边地区的经济发展，达到优化资源空间配置的效果。对于这部分地区来说，未来的可持续发展目标需要进一步强化大城市的溢出效应，弱化聚集效应，从而使得都市圈或城市群覆盖的地区实现更加均等化的发展，以缓解大城市在生态等方面所面临的巨大压力。

与上述大城市覆盖地区相反，剩余的占国土面积80%的区域不存在都市圈或者是城市群，也不在都市圈或者城市群的辐射范围之内，无法享受大城市带来的聚集效应和辐射效应，导致这些地区的经济发展缺乏内生动力。故而，需要着力打造区域中心城市，以促使区域聚集经济的有效形成，使生产要素不断向区域中心城市聚集，当聚集效应形成一定规模之后，依靠区域中心城市的辐射作用，带动周边地区的经济发展。虽然区域中心城市在选择和设立之初就要考虑其人口聚集、产业分布、地理、自然及历史等综合条件，并给予一定的政策优惠措施，但最终是否能有效形成聚集经济，仍存在诸多不确定因素，因而需要对影响区域城市中心化的因素进行梳理和分析。从现有经济学理论来看，经济活动在空间上的非均衡分布，即聚集经济的最终形成，主要取决于聚集力和扩散力的相对强弱，同时也会受到外生的地理因素变化和内生的商品和要素市场变化的影响。

集聚力既包括人口、企业等市场主体的聚集，也包括资金、技术等生产要素的空间聚集，从而产生规模经济效应，提高城市的全要素生产率。现有理论对于聚集经济的研究较为深入，大致可以分为三个阶段。第一，新古典经济理论强调企业之间的共享、匹配和学习机制是实现城市经济增长的主要机制（Duranton and Diego，2004）。共享是指相对临近的企业可以通过信息的共享共通来降低成本、提高生产效率；匹配是指当市场规模达到一定程度时，市场上的供需双方能够更加容易地寻找到交易对手，从而有效降低交易时间和搜寻成本，提高经济效率；学习是指临近企业之间可以相互学习先进的生产技术、管理经验等，从而提高各自的生产和管理效率。第二，新经济地理学则强调规模经济导致的本土市场效应进一步促进了产业集聚对城市经济增长的作用（Fujita，1998；Krugman，1991）。该理论认为，在同时考虑运输成本和规模经济的条件下，拥有较大市场规模的地区应该生产差异化程度相对较高的产品，而市场规模较小、不易形成规模经济的地区应该重点生产同质化程度相对较高的商品。该理论指出，更多的差异化产品应该在聚集程度相对更高的大城市生产，从而通过本土市场效应强化聚集力对大城市发展的作用。第三，新新经济地理学打破了前两种理论的同质性厂商假设，强调异质性厂商对不同城市具有不同的选址行为，而且大城市能够容纳多样化且具有一定规模的各种行业。因此，异质性厂商在大城市中存在的产业关联效应和市场选择效应是促进城市经济增长的关键渠道（Melitz and Ottaviano，2008）。

扩散力不仅包括生产要素、产业等物质方面的扩散，也包括理念、科技创新、经济制度与机制创新等观念方面的扩散，从而实现区域发展一体化，使得经济活动在空间上的分布较为均匀。在其他条件不变的情况下，扩散力越强意味着经济活动越难以在局部地区形成聚集，因为扩散力的作用可以使得生产要素以及创新理念等在不同地域之间迅速传播，从而实现经济活动的空间均等化。

经济摩擦，比如长期以来限制我国劳动力跨区域流动的户籍制度等因素，也会影响经济生产要素或者是人口在空间上的分布，从而抑制聚集经济的形成。此外，市场分割等因素也同样会影响聚集经济的形成。在保持其他条件不变的情况下，各地区之间的市场分割程度越高，则生产活动以及生产要素在不同地区之间的流动就变得更为困难，难以形成有效的聚集经济。

对现有聚集经济的理论进行梳理后可以发现，地区聚集经济能否实现在很大程度上依赖于企业是否可以形成有效的聚集，而企业的聚集取决于以下几个方面：企业之间的信息共享是否能够以较低的成本实现；要素市场和产品市场是否足够大，使企业可以以较低的搜寻成本找到产品的买家以及技能水平相匹配的劳动力；企业之间的交流学习机制是否畅通，先进管理技术和理念能否有效传递至其他企业。显然，数字化技术的推广和应用使得上述聚集经济形成的途径变得更加畅通。首先，数字技术的应用可以使企业快速地共享信息，并能够以更低的成本获取上述信息；其次，电商平台的建立可以使企业在全球范围内寻找交易伙伴，从而以更为高效便捷的方式达成商品的交易；最后，通过数据库建设，可以使企业间相互学习的成本大幅度降低。数字技术的应用可以加强城市的聚集力，但同时由于数字技术天生就有去中心化的特征，加上交通基础设施的不断完善，地区之间的贸易成本也在不断降低，从而在客观上也使得扩散力有所增强，摩擦力出现下降的趋势。

宁波位于长三角城市群，在上海、南京及杭州都市圈覆盖范围之内。从传统的经济学视角进行分析，宁波很难通过区域城市中心化，形成传统意义上的聚集经济。2018 年 11 月 5 日，习近平总书记在首届中国国际进口博览会上指出，支持长江三角洲区域一体化发展并上升为国家战略。这块我国经济发展最活跃、开放程度最高、创新能力最强的区域从此承载起非同寻常的国家使命。这表明国家的区域发展战略要求长三角地区未来的发展趋势应该是均衡发展，经济活动在空间上的分布更加趋于合理化。宁波可以充分利用国家的区域发展战略契机，在融入长三角都市圈的基础上，利用自身拥有港口区位、海岛岸线、海洋生物资源、海洋油气资源和海洋旅游等基础优势，着力打造"海洋特色产业"，努力建设全球海洋中心城市，以形成差异化的比较优势，吸引海洋相关产业在宁波形成有效的聚集经济。同时，依托浙江省数字经济强省的优势，以数字赋能海洋中心城市建设，提升海洋经济在宁波的聚集力。

三、数字赋能推动中心城市建设

以移动互联、云计算、大数据、物联网等为代表的现代信息技术为传统经济转型升级和数字经济发展带来了新动能，也带来了一个容量无限的大市场。如何运用好数字经济，推动海洋中心城市建设，通过对传统经济进行数字化转型与培养新业态相结合的方式，引导传统产业运用平台经济、共享经济、体验经济等新模式实现数字化转型，同时运用数字技术探索未知领域和未知应用场景，以培育和发展新业态成为关键。具体来看，利用数字技术推动中心城市建设主要有以下途径。

第一，新方法解决老问题。在中心城市的建设过程中，伴随着城市规模的与日俱增，不可避免地会出现交通拥挤、住房紧张、供水不足、能源紧缺、环境污染，以及物质流、能量流的输入、输出失去平衡，需求矛盾加剧等问题，即出现一系列所谓的"城市病"。出现上述问题的主要原因是城市原有的自然、生态等资源已经不足以支撑城市的进一步扩张，导致自然、生态的自我净化能力远超负荷，从而失去了自我平衡和修复的能力。这就需要采用新的解决方案来解决城市发展中遇到的老问题，利用数字技术打造智慧城市，将信息技术深入城市治理的方方面面，打造新型智慧城市，利用大数据和人工智能等新技术重新安排和梳理城市的物质流、能量流以及信息流，通过优化管理的方式缓解城市拥堵。

第二，通过"新基建"助力数字化和智慧城市建设。新型基础设施建设，即新基建，主要包括5G基站建设、特高压、城际高速铁路和城市轨道交通、新能源汽车充电桩、大数据中心、人工智能、工业互联网七大领域，涉及诸多产业链，是以新发展理念为前提，以技术创新为驱动，以信息网络为基础，面向高质量发展需要，提供数字转型、智能升级、融合创新等服务的基础设施体系。新基建的完善可以为"智慧城市"建设提供强大的硬件支持，同时城际高速铁路和城市轨道交通、新能源汽车充电桩的建设可以优化大城市内部的人口分布，从而能够在一定程度上缓解中心城市住房紧张和供水不足的紧张局面。

第三，就宁波舟山建设海洋中心城市而言，还可以利用数字技术挖掘和培育海洋相关的新业态，既可以以数字赋能中心城市发展，也可以通过数字技术培育极具地方特色的新型海洋产业，形成相互促进的良性发展局面。从国际视角来看，全球蓝色经济的产值约为 1.3 万亿欧元，从趋势来看，到 2030 年还将实现超一倍的增长，产值将接近 3 万亿欧元，蓝色经济发展潜力巨大。[①] 从国内视角来看，我国经济的 80% 都与航运、渔业、海洋相关产业相关，而"一带一路"的建设也直接与海洋有关。现在国内在谈起蓝色经济时，可能仅联想到旅游或是渔业与航运等相对较为传统的海洋相关产业，未来借助人工智能可以对大海资源进行深度开发，找到更多的海洋相关应用。通过人工智能与人的配合，可以在海洋农业、海洋采矿等领域进行深度应用。

具体来说，短期内可以通过加强智慧港口、智慧港航、智慧船舶以及智慧海事建设。对于港口来说，效率几乎意味着一切。通过智慧港口的建设，可以有效提升港口作业效率，大幅度缩短货船在港口的逗留时间。与此同时，智慧港航、智慧船舶以及智慧海事的建设也为智慧港口增加了全方位的保障体系。通过上述多措并举的方式，能够有效提高海洋相关物流的运输效率，进而通过海洋运输行业的发展，带动其他上下游行业的经济发展，畅通国际国内双循环，在提高运输质量与效率的同时，力争缩短运输时间、节省运输成本。在此基础上，通过物流运输大数据的收集与分析，了解国内外客户对各类产品的需求变化，及时掌握市场变化规律，进而有目的性和方向性地促进相关产业和企业的发展。在中长期，可以利用数字经济、人工智能等技术探索海洋，深入推进海洋资源的研究与开发工作，为未来进一步扩展蓝色经济新业态打下坚实的基础。

第二节　全球海洋中心城市建设数字赋能的重点领域

一、智慧港口

智慧港口的诞生与发展伴随着港口从作为运输枢纽的第一代港口到作为装卸和服务的第二代港口，再到作为贸易和物流中心的第三代港口，再到向着枢

[①]　资料来源：《诺贝尔奖得主斯穆特：新技术赋能　宁波海洋经济大有发展》，中国宁波网，2019年 9 月 7 日，http://news.cnnb.com.cn/system/2019/09/07/030083941.shtml。

纽转运整合型物流中心的第四代港口的不断演进而发展。智慧港口以现代化基础设施为依托，将港口运输业务与云计算、大数据、物联网、移动互联网、智能控制等新一代信息技术进行深度融合。具体来说，智慧港口充分借助物联网、传感网、云计算、决策分析优化等智慧技术手段进行透彻感知、广泛连接以及深度计算，通过调取和分析港口供应链各核心环节的关键信息，实现港口供应链上各种资源和各参与方之间无缝连接与协调联动，从而对港口管理运作做出智慧响应，形成信息化、智能化的现代港口。

实现港口智慧化最基础的环节在于信息的感知。此外，感知是指对港口各项客观事物的信息直接获取并进行认知和理解的过程，着重体现获取信息的主动性、自动性及判断理解能力等。物联网技术是主要的信息感知技术，运用各种信息传感设备与技术，比如传感器、射频识别技术、全球定位系统、红外感应器、气体感应器、激光扫描器等，实时采集需要监控和连接的物体或程序，以及物体的声、光、热、电、力学、生物、位置、化学等信息，将这些信息与互联网结合形成一个巨大的物体信息网络，实现对物体的识别、管理和控制。智慧港口的感知功能表现为能够通过物联网等技术，自动感知和采集进出港船舶、货物及港口物流流转节点状态等信息，作为智能化管理和智慧决策分析的基础数据。对于感知和采集来的信息，智慧港口应具备良好的整合和处理能力。根据不同的业务类别和流程，建立统一的数据资源库，作为信息发布和决策分析的基础。将船舶信息、港口信息、口岸监管及服务信息等进行资源整合，通过专用平台实时发布，向所有的客户开放共享，实现信息公开透明，并保证信息的准确性、可靠性和及时性。对信息进行综合处理后，能够为港口企业经营和生产运作、航运公司挂靠、货主服务选择等提供决策支持服务。

全球贸易中约90%的贸易由海运业承载，港口是其中重要一环。所以，港口已经成为经济的晴雨表，在促进国际贸易和地区发展中起着举足轻重的作用。同时，伴随着国内开放程度的进一步提高以及"一带一路"建设的不断深入，港口运输业务出现了高速增长。由于港口的作业流程环环相扣，还具有操作工序复杂、操作过程多变、人机交叉和劳动密集等特点，使得传统集装箱码头的生产管理面临诸多挑战，比如成本上升、安全隐患不断、人员能力无法满足需求、生产效能无法保证等业内公认的难题，亟须更自动化、智慧化的生产管理方式来解决。如此繁杂而巨大的业务处理量使得自动化、数字化、智慧化成为港口发展的内在要求和必然趋势，也将成为促进国际、国内双循环的新动能。伴随着5G、人工智能、大数据、云计算等新一代信息技术的不断融合，我国港口已然进入关键的数字化转型时期，需要在此方向上不断创新突破，积极推进智慧港口的建设。

这几年，在《交通强国建设纲要》的指引下，我国港口智能化发展势头迅猛。2019年11月，交通运输部等九部门联合发布《关于建设世界一流港口的指导意见》，要求建设智能化港口系统，加快智慧物流建设。国家的政策加速了各沿海城市建设"智慧港口"的步伐：在环渤海地区，已在山东、辽宁、天津全面布局智慧港口建设，青岛港建成亚洲第一个全自动化集装箱码头并投产；在长三角地区，上海、浙江、江苏南京等主要港口已开展智慧港口建设及示范工程项目；在珠三角地区，广州、深圳等地相继建设智慧港口；此外，《粤港澳大湾区发展规划纲要》提出要提升珠三角港口群国际竞争力，也带来了更大的发展机遇。纵观国内智慧港口建设情况，比较突出的成效主要体现在以下两个方面：第一，偏重硬件环境建设方面的全自动化集装箱码头系统建设，如厦门远海全自动化集装箱码头、上海洋山四期全自动化集装箱码头、青岛港全自动化集装箱码头等；第二，偏重软环境建设，聚焦集聚资源、健全功能、优化环境、高效服务的国际航运中心建设，如上海、大连东北亚、天津北方、厦门东南、广州等国际航运中心建设。

基于国内的相关实践与经验，从行业需求的视角来看，智慧港口要达到的最终的目标和效果仍然聚焦于以下三个方面：第一，建设港口生产数字化平台，实现港口资源统筹高效利用，全面提高港口生产效率，改善作业质量，降低运输成本；第二，深化港口生产保障体系，实现港口作业过程全面监管，努力建设成为生产安全、节能减排、环境友好的绿色港口；第三，提高港口产业链协同水平，实现口岸通关一体化，物流全程可视化，商务服务便利化的智慧港口生态系统。

要实现上述智慧港口建设目标，需要从以下几个方面进行努力。首先，要转变思路，提升理念。港口由信息化向智慧化发展是发展的必然趋势，智慧港口不仅是对新技术的创新应用，更是生产关系的深刻变化，势必带来管理、组织、生产的改革，生产方式与业态的变化。其次，要以科技为先导，创新驱动。要加强前瞻性研究，重点关注大数据环境下的港口创新方法、创新技术、创新管理，在面向新一代港口的数据需求工程方法等方面，推动港口供应链一体化、港产城融合互动、现代 IT 集成创新应用等领域的项目建设。在促进管理与服务创新等方面，开展相关的前瞻性研究。再次，要营造环境，夯实基础。要建立系统性的智慧港口发展政策和标准规范体系；推动多类别、多环节、多部门的融合与协同；建立前瞻性、动态性、综合性的政策发展环境；政府引导，鼓励产学研用相结合，发挥企业创新主体地位，推动技术攻关与创新。最后，要对标国际，务实推进。要对标国际先进，紧跟世界港口最新态势，找到差距；量力而行，循序推进，突出阶段特征和功能需求导向，找准以政府角色推进的切入点和重点。

二、智慧港航

智慧港航是综合运用物联网、云计算、移动互联网、大数据、智能化、自动化等技术，构建集港口客户、港口企业、政府监管、金融机构、物流企业、上下游港口、港口生产管理、自动化装卸等实体机构为一体的全方位、信息化、智能化信息平台。利用该平台，可以实现港口对外服务智能化、生产管控实时化、码头作业自动化、信息感知智能化、管理决策科学化、港口发展可持续化，真正做到全面感知、智能决策、自动装卸、全程参与、广泛联系、深入交互、各方联动。该智能平台以港口生产及管理为核心，在此基础上扩展物流、跨境电商、金融、信息等各类服务，对港口生态圈和服务供应链上的各种信息进行感知、传递、归纳、整合及智能分析，最终整合形成港口大数据，让大数据成为港口优质资产。通过港口大数据，使系统具备自主学习能力，帮助决策层和管理层进行战略分析、优劣势分析，助力港口整合并延伸港口物流服务产业链，引导企业转型，使港口具备持续创新、自主完善的能力。

以"业务整合、事件感知、排程优化、实战应用"为导向，将现有相对分散的业务进行系统有机整合。在此基础上，建设外网的服务中心和内网的指挥中心。其中，服务中心主要以业务服务为导向，与外部系统互联对接，提供各种信息服务。服务中心面向港外客户、港口业务合作伙伴、港内企业及公众提供全程港口相关服务，可在该平台完成全部港外物流、港内物流、通关、交易、货运自动化、行政服务等相关港口业务办理。例如，网上通关系统可以允许船舶在未到达港口时就提前在网上进行相关信息的申请，这不仅有利于节约船舶的通关时间，还可以通过数据的整合形成物流大数据，有利于港口外部客户和内部管理者更好地了解需求变化。指挥中心主要以业务监管为导向，整合内部资源，形成纵横交织的感知预警、处理和应急机制。指挥中心可以实现港口商务、总调度及各码头调度、堆场库场、设备管理维护维修、车队车辆、船舶管理、泊位航道管理、安全生产、能源能耗、计费结费、气象水文、日常办公等全过程的自动化一体化管理。例如，依靠计算机视觉技术，可以对航道中的船舶进行实时监测，一旦发现异常情况，可以及时进行警报提醒，以确保船舶的航行安全及规范。

智慧港航的建设离不开以下几方面的努力：

第一，需要建成智能感知"一张网"，应用互联网、移动互联网、视联网、物联网技术，实现多网络和 AIS、GPS、RFID、视频、激光扫测等多种感知手段的汇聚和应用。通过各类传感器和相关设备的建设，在港口码头、航道、卡口、船舶等实体场所部署视频监控整合平台。建设基于激光雷达扫测与热成像技术的重点航道智能卡口系统，AIS 岸基网络覆盖主要航区。在内河货船上安装 RFID 电子船名牌，并在各重点通航环境中部署和实现智能感知。

第二，需要精确绘制电子航道"一张图"，统一开发汇聚航道基础信息、水深、码头、水上服务设施、桥梁、管线、锚地、船闸、航标等要素的内河电子航道图。通过电子航道图建设，可以将航道各处部署的电子传感及监控设备获取到的数据实时反映在电子航道图上面，这不仅有利于外部使用者清晰地看到途经航道的交通情况，也有利于海事部门对航道中的船只进行动态监控，即时处理突发事件和违法行为。

第三，数据交换和服务"一个中心"作用不断强化。通过集合数据交换和服务于一体的"云中心"建设，将水上交通基础静态数据、动态管理业务数据和智能感知数据接入行政审批数据和公共数据，并以这些数据为基础，实现各部门之间数据的互联互通。在数据交换与服务方面，可以实现多种业务的聚合，能够覆盖船舶、船检、行政审批事项与许可备案信息、行政处罚信息、港口码头等基础设施数据、港口危货申报信息、进出港报告信息、电子卡口数据以及船舶 AIS 信息等各类信息。未来，还可以将部分数据接口开放给企业，从而对智慧港航收集的航运大数据进行充分利用。

第四，数字港航综合监管"一大平台"建设。通过智慧港航与政府数字化转型相结合，将地方海事、船检、港口、航运、航道等业务管理与政府政务服务网进行对接，推进各类港航事项在政务服务平台办理，通过让"数据多跑路的方式，实现船员少跑路"，努力推进电子证照数据、电子档案归集。将更多的实体证照变为电子证照，这不仅有利于信息的收集与管理，也可以有效缩短相关证件的办理时间，从而使船舶的通航时间大幅缩短，有效降低运输成本提高运输效率。

第五，建立信息化建设和运维"一套标准体系"。为防止各地区智慧港航建设标准有所差异而导致船舶在不同航段航行时需要适应不同标准的问题，需要在全国层面建立规范的信息化建设和运维标准体系。在相同的标准下，推进航道基础设施数字化与航运保障智能化、智能船舶、智能港口、智能航运监管及智能航运服务提升等相关工作。在航道基础设施数字化和航运保障智能化方面，结合港航基础设施建设改造工程，推进航运基础设施数字化，包括推进港口、航道、船闸等航运基础设施的智能化建设和改造，同时建立船舶智能航行相配套的航运保障体系。在智能航运监管方面，完善海事精准治理能力、通航调度和应急指挥能力，并建立与智能航运相匹配的政府治理能力。这不仅可以实现航段内外部使用者和内部管理者在信息方面的互联互通，还能够使不同航段收集到的数据适用于相同的标准，最终实现全国各地区航道业务的通办与互认。

三、智慧船舶

相对于智慧港口和智慧港航来说，智慧船舶的建设更具弹性。与港口和港航的相对固定的性质不同，船舶作为交通工具，拥有很强的可移动性，因此对于智慧船舶的建造需要多方共同努力，建立一套兼容性较高的统一标准，使智慧港口、智慧港航和智慧船舶可以实现完美兼容，从而最大限度发挥各自的作用。对于国际化港口来说，要接纳来自世界各国的船只，就更加需要在国际上建立相对统一的兼容标准和体系，因而智慧船舶的建设还需要各国的共同参与和努力。与智能汽车类似，智慧船舶的终极目标也是实现完全无人驾驶。与汽车需要面临快速多变的路况有所不同，航道相对于马路来说情况略微简单，使得设计和运行自动驾驶的船舶比实现自动驾驶汽车的壁垒更低，成本也相对更低。虽然相对于智能汽车来说智慧船舶的复杂度及成本都有所降低，但智慧船舶的实现也并非一蹴而就，需要经历与智能汽车相似的几个不同阶段。第一代智能船舶能够实现数据综合应用，有决策辅助功能。该阶段的智慧船舶虽然还需要人为干预，但已经可以利用传感器得到的数据进行辅助驾驶。第二代智能船舶能够实现远程控制和部分自主航行。该阶段的智慧船舶已经可以实现部分功能的操作与船舶进行分离，即便操作人员不在船上，也可以实现部分命令的操作，且船舶辅助驾驶的功能得到进一步完善，在环境相对简单的水域可以实现人员监督下的自动驾驶。第三代智能船舶能实现无人自主航行，全船数据中心拥有自我建模、自主学习和思维的系统。与前两代智慧船舶相比，第三代智能船舶实现了质的飞跃。这一代智慧船舶已经拥有会独立思考的"大脑"，可以利用传感器得到的数据进行建模、学习与思维。只要全船数据中心处理各子系统数据的速度足够迅速，即便在十分复杂的水域，也可以进行全自动驾驶。由于传感器的精密特性以及计算机建模的高效性，该阶段的智慧船舶航行稳定性和安全性甚至可以超过经验丰富的船长。在功能实现方面，智慧船舶不仅可以实现全自动或者半自动的货物装载、卸载等传统运输工作，还可以利用深海探测器取样、数据分析，对海洋生态环境或者是渔业资源进行实时监测。在智慧船舶的帮助下，工作人员只需要坐在远程监控室里，就能了解船只的位置以及即将驶进的港口，并对船舶收集到的相关数据或者是样本进行快速分析，以及时掌握海洋生态环境等方面的变化。

　　欧洲已经有多座城市实现了智慧船舶的无人驾驶，而我国在智慧船舶的制造方面起步较晚，但也取得了突破性的进展，尤其是在智慧船舶的定义和标准规范方面，更是走在了世界的前列。我国的智慧船舶制造建立在强大的船舶制造工业基础之上，相对来说拥有更为全面的体系。2017 年 12 月，中国船舶工业集团公司研制的 iDolphin 38800 吨智能散货船"大智"，获得中国船级社（CCS）和英国劳氏船级社（LR）授予的智能船符号，成为第一艘通过船级社认证的智能船舶，技术性能达到世界领先水平，是我国智能船舶发展的里程碑事件。"大智"散货船搭载了全球首个可自主学习的船舶智能信息平台（SOMS），相当于船舶的"大脑"，控制着整个船体系统。SOMS 系统运作依赖于智能机舱、智能能效管理和智能航行三套子系统。智能机舱能够综合利用状态监测系统所获得的各种信息和数据，对机舱内机械设备的运行状态、健康状况进行分析和评估，用于机械设备操作决策和维护保养计划的制定。智能能效管理系统是通过智能化系统集成来实现对既有系统的能源消耗的节约与改善。智能航行系统是船舶智能信息平台的核心，包含智能导航系统和智能操舵系统。安装了智能航行系统的"大智"散货船，只要输入航行计划，自船舶起锚离港后，系统自动进行航向、航速、船位检测，并自动保持航迹、航向、航速，确保安全地到达目的地。也就是说，只需要预先制定航行计划，输入预定航线，在整个船舶航行过程中，无须人为介入船舶操纵，船员只要监视船舶运行状态和负责设备故障的排除即可。

作为船舶工业和信息科技的交叉领域，近几年智慧船舶的研发工作在各国的发展突飞猛进。但就发展阶段而言，国内外尚未做到真正以大数据、云计算为基础的商业化智慧船舶。虽然智慧船舶的环境感知技术、通信导航技术、状态监测与故障诊断技术等相关技术已经得到实际应用，但能效控制技术、航线规划技术、安全预警技术、自主航行技术等还缺少在真实环境中的验证。目前，智慧船舶仍处于快速发展阶段，还未完全成熟。随着船舶技术、信息技术的发展，以及大数据、人工智能应用的不断进步，推动着智能船舶的加速升级进化，除了信息感知、通信导航、能效管控等关键技术，自动靠泊和离岸、自主维修、自动清洗、自动更换设备部件、自我防护等同样将趋于智能化，最终可实现由智能系统设备逐步转变为会思考的智慧船舶，促进船舶安全、高效航行。

随着综合智慧港口、智慧港航等航运基础设施的不断发展与完善，以及云计算、人工智能和大数据等科学技术的不断突破，提高船舶智能化水平，乃至最终实现完全无人化将是航运产业发展的必然趋势。未来的航海将是高度信息化的智能航海。可以想象，在不远的未来，当智慧港口和智慧港航遍布世界各大主要港口之后，搭载能够独立思考"大脑"的智慧船舶可以在智慧港口实现货物的自动装载；而后根据装载货物所需要运送的目的地，在智慧港航的指引下，通过对航线拥挤程度、航线气候情况、沿线航行安全状况等条件进行综合研判，从而规划出到达目的地耗时较短且能源消耗最少的最优航线，并在自主航行系统的控制下，安全、高效地将货物运达目的地；之后由目的地的智慧港口接管船舶，对船上的货物进行自动卸载，并由智慧港口的数据决策系统计算得到下一航班需要装载何种货物并运往哪里，使智慧船舶进行周而复始的运输工作。

四、智慧海事

2011 年，交通运输部海事局在总结之前海事信息化建设成果的基础上，进行海事信息系统顶层设计，提出"一个目标、二个模型、四个体系"海事信息系统顶层设计要求，完善信息化建设。"一个目标"是指海事信息化总体发展目标；"两个模型"分别指信息系统架构模型和基础设施架构模型；"四个体系"指的是标准规范、管理控制、规章制度和管理组织体系。其中，顶层设计的核心目标是建设以中国船舶动态监控系统、海事协同管理平台和海事综合服务平台（"一系统两平台"）为中心的两级海事云数据中心，为海事信息化建设指明了方向。2012年直属海事系统工作会议上正式提出了"智慧海事"的概念，从此拉开了海事系统智慧海事建设的序幕。其中，感知船舶是打造智慧海事的主线和基础，借鉴物联网的感知—传输—应用体系，通过RFID、红外感应技术、全球定位系统和激光扫描器等先进的信息传感设备，实现对船舶及其相关的船员、船公司、通航环境等管理要素的全面感知、有效传输和按需定制服务，使海事系统内部人员和相关单位及人员能够在任何时间、任何地点处理任何相关业务，真正实现全面感知、广泛互联、深度融合、智能应用、安全可靠和机制完善的智慧海事系统。

要实现上述智慧海事建设的整体目标，需要重点解决以下三个方面的问题：首先，整个海事业务视图的整合，即完成条块化、横向化的业务蓝图分析；其次，蓝图分析完成之后，以怎样的技术架构和技术路线完成改造；最后，安全和运维管理，即相应的基础设施配套及管理如何跟上。"一系统两平台"是顶层设计里的关键部分，也是海事信息系统建设的中心目标。"一系统"指的是船舶动态监控系统，是以感知船舶为主线，实现海事管理中各类要素信息的全面实时采集，对数据进行统一整合与集中管理，为海事动态监控、对内协同管理和对外综合服务提供基础支撑。"两平台"主要是按照使用对象的不同来区分，包括对外的综合服务平台以及对内的协同办公平台。其中，对外的综合服务平台的用户群主要是海事服务的行政相对人，平台的建立能够使服务对象通过网络信息化来办理海事业务。例如，海事政务业务单一窗口办理、网上办理、移动办理，应用电子证书，拓展海事规费便捷支付。构建基于桌面、移动应用服务、微信小程序等多种方式，覆盖业务申报、导航、风险提示等多种内容的海事综合服务平台，实现海事服务的泛在化、便捷化，并实现与地方电子政务平台的互联互通。对内平台是海事内部人员的业务办理门户，可集中处理与各自岗位相关的各种业务流程。例如，通过海事预警，能够及时消除事故隐患，减少海巡艇常规巡航频次，提高巡航针对性和巡航效率，完成对动态执法力量的指挥调度，合理利用监管资源，提高辖区水域通航船舶管控能力，促进船舶航行安全，实现巡航救助调度的可视化、智能化，提高调度指挥和应急反应能力。"两平台"均设计为可定制门户，即一旦登录相关网页，就可以办理和使用与此用户权限相关的所有可使用、被允许的数据和功能。

通过"一系统两平台"建设，最终实现现场成图，建设集成电子海图、电子江图、地理信息系统为一体的海事"一张图"，并综合 VTS（船舶交通管理系统）、AIS（船舶自动识别系统）、CCTV（海事视频监管系统）、LRIT（船舶远程识别与跟踪系统）、北斗卫星导航系统及船舶、船员、通航环境等各类海事信息，实现现场情况的全天候、立体化、综合性的可视化展示，从而可以在"一张图"中查询所需要的完整信息资料。在系统建成之前，如果发生海事，则需要从人、船、环境三个维度去调取相关数据进行分析。其中，船员信息需要到船员系统查询，船舶信息需要去船检或船舶登记系统查询，并且不同的系统有时会给出不同的结果。另外，船和船员之间还夹杂着船公司的信息。而通航环境则更为复杂，这样一个即时变化的环境变量所需要的信息就更多。在"一张图"建设完成之后，可以在一个系统里面查询到所有相关的信息，同时综合应用数据交换共享、大数据挖掘等信息技术手段，实现全国海事系统对船舶、船员等管理对象的协同监管，重点跟踪船舶、协查船舶、危险货物运输等的联合管控，打造全国海事监管"一张网"。此外，要拓展海事共享数据库的数据范围，整合内外部信息资源，基于船舶、船员、相关企业、货物等海事监管和服务对象的统一身份标识，实现对其基础信息、行为状态、历史情况等的连续跟踪。实现支撑有力，就是要基于云计算技术建设海事两级数据中心的基础设施平台、硬件支撑平台、网络安全平台，对各类应用系统运行提供按需调配、安全可靠的支撑环境。

第三节　全球海洋中心城市建设数字赋能的关键举措

一、数字港口举措

提升港口硬件智能化，打造港口生态万物互联。港口是世界货物运输的中转站，是基础性、枢纽性设施，是经济发展的重要支撑，因而提升港口效率自然成了首要任务。宁波舟山港是我国主枢纽港之一，2020 年完成货物吞吐量 11.72 亿吨，同比增长 4.7%；完成集装箱吞吐量 2872 万标准箱，同比增长 4.3%；[①] 在新冠肺炎疫情全球大流行的背景下，运输生产实现了逆势增长，货物吞吐量连续第 12 年保持全球第一，集装箱吞吐量继续位列全球第三。货物在港口的运输环节环环相扣，任何一个环节的延迟与耽搁都会使得整个货物的运输周期被拉长，进而无法达到提升整体运输效率的目的。因而，打造数字港口的第一步便是将整个港口生态系统接入互联网，实现数据的实时共享与互联互通。在此基础上，才能将港口生态系统作为一个整体进行效率的优化与提升，除终端的集装箱装卸及运输之外，还需要将海关、海运代理、船公司、运输公司、银行以及进出口企业接入港口生态系统，从而实现货物流、信息流、资金流、行政审批事项等流程的优化与统一。

在宁波舟山港进行数字化转型的具体实践中，既要抓硬件设施建设，努力提升港口生态的万物互联水平，也要抓软件建设，更加高效、合理地利用好硬件设施采集到的各项数据，着力提升港口服务的品质和效益。在硬件建设方面，通过开展并优化无人驾驶、港机远控、在线监控、集群通信、智能理货等"智慧＋"项目研究和应用，实现港口终端各生态之间的互联互通和信息共享。同时，宁波移动在宁波舟山港率先部署 5G＋北斗基准站，利用 5G＋车路协同＋高精度定位等技术，将普通卡车改造成 5G 无人驾驶卡车，构建了端到端的"车—机—路"协同网络，可提升工作效率超过 40%，节省劳务成本将超过 50%。未来港口智能化的基础设施建设预期能够实现自动装卸、自动驾驶等基本港口作业任务，还可以自动规划运行路线、自动调整充电时间和顺序，实现以最高效、节能的方式完成作业任务，从而最大化港口在单位时间内的货物吞吐量。

软件建设相对于硬件建设来说更为重要。如果说硬件是智慧港口的血肉之躯，那么软件则是智慧港口的灵魂所在。只有通过合理的算法，将各个终端的

---

① 资料来源：《宁波舟山港 2020 年完成货物吞吐量 11.72 亿吨 同比增长 4.7%》，国务院国有资产监督管理委员会官网，2021 年 1 月 26 日，http://www.sasac.gov.cn/n2588035/n2588330/n2588365/c16624139/content.html。

数据进行汇总、整合、分析，才能在较为全面的视角下，优化整个港口生态系统的业务流程，提升港口生态系统的作业效率。经过多年的连续攻关，宁波舟山港自主研发的集装箱码头生产操作系统已经在穿山港区成功上线，结束了我国千万级大型集装箱码头依赖国外系统的历史。在数字化赋能下，穿山港区已成为宁波舟山港集装箱处理能力最强的集装箱码头。

不仅如此，通过打造梅山港区全域智能化集装箱码头、鼠浪湖全程智能化散货码头、甬舟智慧码头，以"2+1"示范工程的群体性突破来支撑和引领全面智慧化集群的发展。通过智慧化基础设施的建设，一方面能够有效保障港口的平稳、高效运行，降低货物的运输时间和运输成本，进而有效降低各进出口企业的贸易成本，促进企业实现更大规模的出口，从而为企业通过"走出去"实现做大做强的目标提供便利。另一方面，通过对港口货物进出口的大数据分析，可以及时有效掌握各贸易伙伴对于国内企业的产品需求变化，将这些数据整合后共享给贸易企业或者是制造业企业，使企业可以更好地把握市场动态，及时调整产品线和产品价格，从而达到增产增收的目的。当然，还可以通过贸易流量及价格的结合分析，对"反倾销、反补贴"调查做出有效的预警机制，将遭遇贸易摩擦的风险降到最低。

要实现上述功能和目标，在建立起完善的硬件和软件系统的同时，还需要打造港口生态系统中各参与方接入系统、获取服务的途径。譬如，将海关接入港口生态系统就可以实现快速通关，不让货物因为清关而在码头滞留；将银行接入港口生态系统，使其可以实时掌握作为客户的贸易商是否需要融资服务，以便更好地为进出口业务提供优质的金融服务；而进出口商接入港口生态后，可以实时查看货物的最新动态，预定海洋运输服务等，能够将数据资源的利用最大化。在具体实践中，宁波市根据浙江省"最多跑一次"改革要求，借助移动互联网、电子证照等手段，为无车承运人经营业户的许可申请、业务变更等事项办理提供通道和平台，同时规范个体运输业户经营许可、规范道路普通货运车辆网上年审和异地签注，为无车承运协作车辆提供便捷化服务。同时，宁波市各部门也在努力为网络平台货运企业争取更加有利的监管和经营条件，支持浙江易港通电子商务、宁波电集网、宁波聚合集卡联盟、宁波速搜物流等一批网络平台货运企业有序规范经营。通过数字化技术，为物流企业的发展提供更加高效和便捷的服务，在方便物流企业的同时，也为进出口贸易提供了极大的便利，有效降低了国内和国际贸易的运输成本。

"十四五"期间，浙江省海港集团、宁波舟山港集团将致力于为长三角区域货主、贸易商、物流方提供更好的大宗散货供应链服务，加大区块链技术的应用研究，建设集贸易交易、全程物流、商务结算、金融服务、政策服务为一体的数字化大宗散货供应链服务平台，打造现代港航物流生态圈，提升港口生态协作效率和数字金融服务。同时，将重点打造宁波舟山港一体化2.0版，持续推进一体化治理升级优化；将打造港口数据和资源交易共享平台，开发智慧港航信息决策平台系统，夯实智慧港口云数据中心、生产业务指挥中心、客户服务中心，建成覆盖全省、连通世界、引领全球的智慧港口生态系统。

二、数字港航举措

提升港航数字化，畅通国际国内双循环。港航作为国际运输和国内运输的连接点，其数字化程度的高低直接关系到国际国内双循环是否畅通，也将势必成为能否助力经济高质量发展的重要抓手。其建设重点主要有以下几个方面：第一，从国际远洋运输到国内的运输方式的转换是否可以实现无缝衔接，通关、检疫、审批等各项流程是否可以做到"零延时、零等待"。通过数字化改造实现智慧港航目标，让国内商品出得去、国外商品进得来，进一步优化港航效率。在数字港航硬件设施建设方面，中国移动携手合作伙伴发布5G智慧港航生态合作"千帆计划"，未来三年内中国移动将助力打造10个全球领先的5G智慧港航标杆，复制100个高质量5G智慧港口，覆盖1000千米重点水域5G智慧航道。航道的智慧化建设可以使内陆船舶的运行更加安全、高效，通过对各航道的船只进行实时监控，能够规划更加合理的运输路线，避免航道拥堵的情况发生。

伴随着硬件基础设施建设到位，软件系统也能够更好地发挥作用，以航道中密布的电子传感器为依托，宁波建立了一套"海上智控"系统，为往来船舶保驾护航。该系统是基于云计算框架的实时监控系统，主要包括智能水上电子围栏、危险水域航行监控、船舶危险预判报警等模块，并具备支持现场周边船舶动态信息查询、系统实况分类展示现场周边船舶动态信息等特性。在重点水域部署该系统，可根据周边船舶的航行态势，结合船舶碰撞模型，利用智能算法对船舶危险行为进行预判，并以VHF和AIS短报文的方式及时向涉险船舶发出预警信息，通过对来往船舶进行全方位的航行监控，从而极大地保障航行安全。数字港航建设将为船舶提供高效、安全的航行环境，有效降低航行事故的发生率，进而使航道更加畅通和高效，也能够为宁波舟山港发挥"硬核"力量打下坚实基础，为建设全球海洋中心城市提供有力支撑。

在未来的工作中，首先需要逐步迭代完善平台功能，包括加强数据汇聚和分析应用。在获得一定历史数据积累的情况下，依托大数据技术加强挖掘分析，增强监测的时效性和准确性；开发大宗散货货物监测模块，从进出口贸易、产量、储量、价格等方面建立大宗散货货物监测体系，落实管理层提出的打造大宗商品战略中转基地的有关要求。其次，需要构建预警协同场景闭环。重点围绕港口货物、物流运行、物流市场情况等，定期编制监测分析报告，此外在积累动态监测信息，实现供应链主动预警（包括货物流量预警、运力运价预警、箱源适配预警、运行效率预警）的基础上，优化主动预警模块，提升预警的精准度，加强平台生态企业服务，打造"监测—分析—预警—协同"闭环。

在保障船舶航行安全的基础上，还需要通过便捷高效的港航服务，提高多式联运的运输效率，减少船舶在港口的等待时间，提升由港口向内陆各地运输商品的速度和效率。其中，较为重要的举措便是上线了港口物流检测系统，为港航物流业利用大数据实现传统产业与新兴产业的融合、服务数字经济系统建设提供宁波经验。港口物流大数据能够有效打破各子链的"数据孤岛"，形成高效的数据融合平台，助力港口物流各环节全流程的升级转型，助力宁波打造流通最顺畅、成本最低廉的国际航运和物流枢纽城市。通过充分利用和整合港口数据、政务数据、海关数据以及船公司等数据，系统解决港航物流信息孤岛问题，最终实现以货物为核心的全流程监测体系，即货、港、船、车、箱等关键要素的监测闭环。

在宁波舟山港集装箱码头，集卡车司机扫二维码便可实现集装箱进出口"全程无纸化"。该模式1年可减少集卡司机作业时长约1050万小时，减少用纸6000万张，节省燃油、纸张成本1.5亿元以上。① 在口岸信息化建设方面，

---

① 资料来源：《宁波探索港航物流智慧化变革 借现代技术加速"通江达海"》，中国新闻网，2020年8月28日，https：//www.chinanews.cn/business/2020/08－28/9276578.shtml。

宁波单一窗口各项业务指标均领跑全国同类口岸城市。为达到"口岸零等待"的目标，宁波建成口岸冷链物流中心及冷链查验平台，实现进口冷链产品在低温条件下集中快速"冷链查验"，有效降低了进口商的滞箱还箱成本，缩短了通关时间。该模式的形成与推广有效促进了多式联运在港口的平滑过渡，不仅大幅度节省了国内货物的运输成本，也有利于国内企业"走出去"，真正为畅通国际国内双循环提供有力的支持和保障。

三、数字海事举措

推进海事数字化，创新驱动制度重塑。如果说智慧港口、智慧港航与智慧船舶更多地体现了数字技术的应用场景，则数字海事展现出数字赋能不仅仅是技术的应用，更是制度的重塑。数字技术与传统业务之间可能存在着一定程度的摩擦和冲突，需要通过对传统制度的改革与重塑，使数字技术更好地适应并优化传统业务，在此基础上派生出新的业务实践。宁波舟山港作为我国主枢纽港之一，年均抵港国际航行船舶达24000余艘次，日均靠泊的60余艘船舶来自全球主要港口，每天的货物吞吐量巨大。显然，巨大的船舶流通量给传统的海事服务提出了不小的挑战。若仍采用老旧的海事运行体系，不仅会大幅度降低船舶的通行效率，也会给海事服务人员带来极大的工作量。

为适应海事业务的快速增长，保障船舶的通航效率，宁波海事局开始推进"单一窗口"建设。建设和完善由多部门共同参与的"船舶网上预查验"及"电子出口岸联系单"系统，通过该系统实现船舶出口岸手续一站式办理。借助浙江省"最多跑一次"改革的政策东风，宁波海事局率先在全国海事系统实现部分申请材料减免措施，推出船员证书无纸化申办、国际航行船舶网上预查验等服务。在船舶进出港报告手续电子化之前，现场办手续加上往返时间最少要花两个小时，而网上办理仅需不到十分钟。此外，为进一步提高海事政务办事效率，将部分业务办理方式由串联改为并联，对同一申请人符合相关条件的两个及以上的政务事项，改变原来的按序逐项受理、逐项审批模式，实施同时受理、同步审查。

为充分利用大数据进行决策辅助，提高海事服务效率，宁波于2020年上线智能海事监管服务平台二期"深蓝智享"。该平台拥有五大数据源、十余项功能应用场景。通过五大数据源的收集与分析，该系统不仅能查看到港区各个角落，感知风、浪和能见度的变化，还能自动捕捉违章行为、记录违章证据，为海事监管提供高效服务。该平台的最大亮点就是打破各海事业务系统中的数据壁垒，成功融合海事监管、港口生产、船舶航行、雷达跟踪及海陆空感知设备监控五大数据源，把以往需要通过多个平台查询的数据，以"一船全景"的方式聚合在一起。通过该系统，海事人员只要动一动手指，就能实时查询辖区气象海况变化、船舶静态数据及各重点水域的实时画面。在"深蓝智享"平台，船舶进港计划生成后，就能对靠泊时机、条件是否满足安全管理的要求进行自动比对。如果拖轮数量不够或者潮流太强，就会第一时间提醒，相当于给执法人员配备了一个 24 小时在线的智能助手。

在违章智能查处方面，利用平台集成五大数据源的优势，结合图像、视频识别技术，可以有效地对船舶的违法行为进行捕捉和识别。2021 年海事部门持续推进船舶异常行为自动捕捉及预警、非接触式执法全程电子化、智能化大型船舶全过程管理、全域海洋地理信息感知和突发事件应急处置辅助决策等多样化功能开发，用现代化手段解决海事监管难题。"深蓝智享"平台也集合了违章"立查立处"功能，已经成功实现超速航行、AIS（船舶自动识别系统）恶意关闭等 20 余项常见违章行为的智能查处，成效显著。数字化应用让执法人员切身体会到信息化带来的便利，不仅免除了长时间"盯屏"作业的辛劳，还能通过船舶动态持续跟踪、数据融合比对等功能，提高违章发现能力，让海事一线执法人员有了更多的主动权。数据只有流动起来，挖掘出背后隐含的有用信息，为科学决策提供更多的参考和依据，才能充分实现其价值。

虽然智慧海事系统已经经历了从建立到改进等多个环节，但海量的监测大数据仍需要我们进一步探索、挖掘和利用。同时，也需要根据航运产业的发展规律，不断与时俱进，探索优化智慧海事系统，使其发挥出最大的效能。未来可以进一步探索海事监管数据与船员培训、航运金融、船舶保险等更多领域的融合，赋予大数据更大的能量，建立起一个以数字为依托的航运安全生态圈，以信息化、智能化推动海事安全监管和服务，打造现代化海事治理新阵地，实现航运安全。

四、数字海洋举措

推进海洋产业化，数字赋能海洋资源开发。数字赋能海洋中心城市建设不仅在于实现传统海洋产业的数字化转型，更重要的是通过数字技术赋能海洋资源的综合利用与开发。从定义来看，数字海洋指的是通过海洋调查、海洋监测监视、社会普查统计等数据获取手段，得到全方位、立体化的海洋大数据，然后利用计算机将上述数据和相关的所有其他数据及其实用模型结合起来，在计算机网络系统里把真实的海洋重现出来，形成的一个总体系统。数字海洋是立体化、网络化、持续性地全面观测海洋，并获取海量数据，构建虚拟海洋世界的工程。在此基础上，通过对海洋数据的系统性描绘与分析，更有针对性地利用好、开发好、保护好海洋资源，实现海洋价值的最大化。《浙江省国民经济和社会发展第十四个五年规划和二〇三五年远景目标纲要》明确指出，要推进智慧海洋工程建设，实施智慧海洋"1355"行动，即围绕努力打造全国智慧海洋建设示范省1个总体目标，提升海洋信息综合感知、通信传输、信息资源处理三大基础能力，构建海洋开发利用、海洋管理、海洋生态环境、海洋防灾减灾与应急、海洋民生服务五大领域智慧应用体系，强化智慧海洋产业技术、规范标准、平台项目、运行维护、政策环境五大支撑保障。

通过智慧海洋"1355"行动，加快海洋信息基础设施建设，建成省级智慧海洋大数据中心，以此推进海洋数字产业化与海洋产业数字化，拓宽智慧海洋应用服务。与数字港口举措、数字港航举措以及数字海事举措不同，数字海洋的建设更多的是对未知领域和场景的探索，相对来说会面临更大的挑战。而对海洋的探索尚未做到详尽，要实现整个海洋系统的数字化更是充满了未知与挑战，导致数字海洋举措更多地体现为具体案例的应用，而尚未形成系统化的推进方案，多数还处于基于某一领域具体应用而进行海洋数字化。

通过人工智能以及海洋大数据的应用，可以在海洋农业、海洋采矿等领域进行深度探索。以宁波海上鲜公司为例，该公司深耕海洋经济，致力于用产业互联网模式赋能传统海洋渔业，通过五年的战略部署，因时因势精准施策，现已成功打造出集海上通信服务、海鲜交易服务、供应链服务以及海上智慧加油服务四大模块为一体的一站式数字渔业服务平台。海上鲜将率先在宁波打造"数字海洋（渔业）产业园"，建设海洋渔业大数据中心，集合高层次人才形成海上鲜生态链。通过大数据赋能海洋渔业和养殖业，可以通过大数据分析，找出鱼群的习性和生长规律，从而使捕捞变得更加"有的放矢"。同时，还可以转变发展方式，改捕捞为养殖，充分挖掘海洋在食物供给方面的巨大潜力，构建可持续发展的"蓝色粮仓"。我国渔业产能约占全世界渔业产业的1/3，且有别于北美洲、东南亚国家，我国海洋捕捞大部分来自养殖海产。对于如此巨大规模的养殖业，通过数字化建设发展智能养殖产业，不仅可以大规模节省劳动力，也能够大幅度提高养殖效率。

虽然在海运、油气开采方面相关技术已经较为成熟，将上述产业进行数字化转型升级也相对较为容易操作，此外智慧港口、智慧港航以及智慧海事近年来发展势头突飞猛进，但是在通信、自动化、渔业等众多海洋相关领域，技术还需要进一步发展。人类在工业化利用海洋方面还处在初级探索阶段，海洋的开发对全人类提出了更高的要求，可能需要我们付出更多的努力。

第四节 宁波舟山全球海洋中心城市建设的数字模式

一、宁波舟山全球海洋中心城市建设数字模式的已有基础

宁波舟山港是我国主枢纽港之一，货物吞吐量连续第13年保持全球第一，集装箱吞吐量继续位列全球第三。对于港口行业来说，效率就是金钱。所以，宁波舟山港这样的重要港口在追求全年全天候不间断作业的基础上，提升作业流程自动化水平和作业效率一直是最大的诉求。正是出于对这种转型升级的迫切需求，使得宁波舟山港在数字化转型方面走得更早、更快。港口智能、自动化转型涉及大量的数据处理、共享与交换，远程操作也要求数据传输具有大带宽和低延时的特征，而5G技术的诞生刚好能满足这些要求。从2018年起，宁波舟山港开始推动5G网络覆盖和应用试点。2018年9月，宁波舟山港梅山港区建成全国首个5G港口基站。2019年4月，在我国5G还没有正式发牌的时候，宁波舟山港就成功实现了基于移动5G网络下远程龙门吊作业管理、视频回传等各种无线信息化应用创新试点，标志着宁波舟山港成为全国首个实现5G应用的港口。

经过几年的快速发展，如今5G网络在宁波舟山港已经实现覆盖，并成功实现业界三项首创。一是业界首个完成5G轮胎吊远程操控验证并常态化投产，已完成6台基于5G技术的轮胎吊改造和验证，验证了5G可同时满足多

台轮胎吊远程操控所要求的大上行带宽和稳定的低时延。二是业界首个5G网络切片应用港口，保障港口重要业务SLA。三是业界首个端到端支持5G上行增强解决方案的港口，满足港口轮胎吊、集卡、视频监控、桥吊等众多业务的大上行需求。5G智能理货、5G无人集卡自动物流以及5G轮胎吊远程操控三大智能应用成效显著，不仅改善了员工的工作条件，还大幅度提升了港口货物的处理效率，有效降低了运输成本。

如果说硬件基础设施是数字赋能全球海洋中心城市建设的肉体，则软件就是数字赋能海洋中心城市建设的灵魂。从现有基础来看，宁波舟山港无论是在"肉体"的建设，还是在"灵魂"的升级方面均具备了较好的基础。乘着浙江省大力推进"最多跑一次"的机制体制改革与数字化政府建设的东风，宁波舟山港应该以此为契机，推进数字化建设，将更多的服务事项和审批流程接入"浙里办APP"以提升服务效率和水平。未来，凭借国家"新基建"以及"海洋强国"战略的东风，不断完善大数据、人工智能等数字基础设施建设，并利用这些技术探索更为丰富和高效的应用场景，以此促进海洋经济的发展，推进海洋中心城市建设。

二、若干短板及对策思路

宁波虽然依托浙江省数字经济快速发展的优势，在智慧港口、智慧港航以及智慧海事建设方面取得了快速发展，但这些数字赋能的应用领域多数仍然属于海运及其相关产业的数字化转型升级。这些产业在海洋经济中仍然属于传统产业。虽然海洋运输业的发展可以有效促进国际贸易，进而促进经济发展，但相关配套产业（如海洋战略新兴产业、海洋金融、海洋服务、海洋科教等）发展不足，而海运及其相关产业也远未实现港口生态系统的互联互通，诸如商业银行以及进出口商等港口生态系统的重要成员未充分利用港口大数据的信息优势，帮助企业和银行更好地制定服务计划和销售计划。例如，银行可以根据港口物流大数据形成定制化的金融服务，使进出口企业的资金利用效率大幅度提升，同时银行面临的违约风险也会随着大数据的支持而大幅度降低。上述短板的存在最终导致宁波舟山港虽然货物的吞吐量非常大，但是在国际港口中的话语权不强，形成了宁波舟山港"大而不强"的尴尬局面。

要化解宁波舟山港"大而不强"的尴尬局面，需要在以下两个方面发力。

　　首先，将海洋运输及其相关产业进行高端化升级。宁波已经出台《港航服务业补短板攻坚行动方案》，对现有产业进行攻坚升级行动。宁波舟山港在智慧港航和智慧海事的建设方面取得了较好的成绩，但高端港航物流发展仍然略显不足，需要充分利用"一带一路"建设以及数字技术迅猛发展的良好契机，重点打造海铁联运工程，拓展双层高箱集装箱海铁联动线路，加快在长江沿线城市和腹地区域主要物流中心城市布局铁路"无水港"，推进与欧亚陆桥、中亚、中孟经济走廊对接与合作，增强国际海铁联运揽货能力。同时，也要扩大本土国际远洋运输船队规模，推动大宗商品物流、冷链物流、保税物流、跨境电商物流、航空物流等专业物流发展壮大。利用好智慧海事的发展契机，建设高端海事服务，为高端港航物流发展夯实基础。重点发展船舶交易、船舶供应、船舶修理和船舶评级检验等服务，支持经认定的外供企业在锚地开展保税油加注等国际船舶供应业务，探索建设"船员服务中心"，吸引国内外知名船员服务机构入驻，鼓励"互联网＋"、区块链技术等在航运交易领域中的应用，支持宁波航交所等机构做大集装箱舱位交易、散货租船等优势业务。与此同时，需要多措并举，发展航运融合产业。在金融服务方面，拓展国际结算、资金运作等业务，积极发展船舶融资租赁、债券融资、供应链金融、产业基金等特色航运金融业务。

　　其次，在升级传统优势产业的同时，也要积极开拓新兴产业。依靠科技赋能海洋经济，大力发展海洋高端装备制造业，培育各细分市场的"隐形冠军"。在智慧港口、智慧港航、智慧海事以及数字海洋建设的高速发展时期，数字化转型所需要的软硬件设施涉及面非常广泛，需要借此发展契机，培育海洋相关数字产业中各细分市场的"隐形冠军"。虽然很多硬件装备或者是软件解决方案都具有高度定制化的特征，但由于国内外市场十分广阔，即便是在非常细微的领域，也可以培育出上规模的企业。这就需要进行产学研深度融合，为细分市场的创新企业提供技术、人才以及资金方面的支持，形成需求引领、创新驱动、产研一体的"瞪羚企业"发展新模式，最终形成从港口到产业，从产业到城市，港产城一体化推进、全面融合发展的新局面，助力宁波舟山海洋中心城市建设。

第七章　全球海洋中心城市建设的
生态保护与绿色发展

　　坚持生态保护与绿色发展理念不仅有利于全球海洋中心城市更好地激发其城市生态功能，也有利于城市社会功能、经济功能、服务功能、创新功能的高质量发挥。本章聚焦全球海洋中心城市建设的生态保护与绿色发展研究，从战略背景出发，构建了全球海洋中心城市的生态保护与绿色发展评价指标体系，分析了全球海洋中心城市生态保护与绿色发展的重要途径，以及宁波、舟山两个城市的重要布局。通过对全球海洋中心城市建设生态保护与绿色发展的研究，深入探讨了建设全球海洋中心城市的中国模式，以期为我国全球海洋中心城市的生态经济协调发展提供切实可行的指导，同时也为我国参与全球海洋环境问题治理谋求更多话语权。

第一节　全球海洋中心城市生态保护
与绿色发展的战略背景

一、全球海洋中心城市建设生态保护与绿色发展的重大意义

（一）国际视角

　　全球海洋中心城市的崛起是国家综合实力的体现。在全球竞争背景下，中心城市能代表国家参与全球竞争。全球海洋中心城市同时具备海洋城市与中心城市的功能与特征，不仅拥有一般世界中心城市的功能，更体现出海洋城市的特性（郭志强、吕斌，2018），这要求在全面提升海洋中心城市经济实力的同时，合理开发利用海洋资源，保护海洋生态环境。只有保障海洋绿色可持续发展，才能在全球治理体系中谋求更多的生态环境方面的话语权，才能使我国海洋

中心城市在竞争中朝着更具国际竞争力的方向发展（Ghali，Frayret and Robert，2020）。

中心城市作为资源要素流转和资源配置的重要承接点，承担与世界的经济、文化、科技、信息、交通等多个方面的交流，以多中心、开放式的全球海洋中心城市空间格局加速了我国与世界其他国家的联系，不仅支撑着对外开放的战略，也推进了城市群协同发展的步伐。践行绿色发展理念、加强生态文明建设不仅有利于全球海洋中心城市更好地激发其城市生态功能，也有利于城市社会功能、经济功能、服务功能、创新功能的高质量发挥，同时也有助于共同解决全球海洋环境问题，构建海洋命运共同体。

（二）国内视角

全球海洋中心城市既具有示范引领效应，又具有辐射拉动影响，在国际合作交流与贸易中起着核心支点的作用。全球海洋中心城市将是贯彻落实海洋经济高质量的发展新标杆，这需要城市在建设过程中站在绿色发展的角度来统筹布局产业功能区，以生态文明理念为引领，制定更加绿色、低碳、循环的海洋产业发展标准，并依托海洋特色产业，依靠创新带动整个地区产业链的发展。示范作用也要求全球海洋中心城市在海洋产业绿色发展模式上形成表率，因此有必要在其发展过程中实施更加严格的生态约束。

在社会经济文化创新各方面，全球海洋中心城市能辐射带动周边重要区域的发展。我国沿海地区有多个城市群，而海洋中心城市是经济方面的重要增长极，也是建设海洋强国的重要功能平台，因此这要求海洋中心城市不仅自身要秉承陆海统筹、创新驱动、生态优先、绿色发展的理念，还要带动周边的绿色发展，进而辐射更多城市，带领沿海城市群地区走向全球城市体系的前列。

二、全球海洋中心城市建设生态保护与绿色发展的前提条件

（一）海洋政治条件

自 20 世纪 60 年代开始，世界各国沿海地区就竞相将海洋开发作为重要发展战略，其中法国于 1960 年首先提出了"向海洋进军"的口号，美国制定了《海洋战略发展计划》，英国颁布了《海洋科技发展战略》，日本提出了《海洋

开发推进计划》等（杨丽坤，2015）。我国现代海洋战略规划明显滞后于世界沿海发达国家。1994 年，我国政府根据 1992 年联合国环境与发展大会的精神，制订了《中国 21 世纪议程》，把"海洋资源的可持续开发与保护"作为实现可持续发展的重要的行动方案之一。此后，对海洋的重视不断提高，2015年国家发展改革委、外交部、商务部联合发布《推动共建丝绸之路经济带和 21 世纪海上丝绸之路的愿景与行动》，将"进一步加强沿海城市港口建设"作为重要目标。在此基础上，2017 年发布《全国海洋经济发展"十三五"规划》，第一次提出"建设全球海洋中心城市"，就是要进一步提升若干沿海城市的能级，带动国家海洋战略整体纵深推进。而后，广州、上海、深圳、天津等地积极响应，陆续提出建设全球海洋中心城市。全球海洋中心城市建设是沿海城市新旧动能转换的重要战略，全球海洋中心城市的生态保护与绿色发展将起到引领示范效应。2021 年 3 月，《中华人民共和国国民经济和社会发展第十四个五年规划和 2035 年远景目标纲要（草案）》提出，要坚持陆海统筹、人海和谐、合作共赢，协同推进海洋生态保护、海洋经济发展和海洋权益维护，加快建设海洋强国。此外，要建设现代海洋产业体系，打造可持续海洋生态环境，深度参与全球海洋治理。

我国政府已深刻意识到生态发展的重要性，在绿色、低碳、循环发展以及资源配置过程中提供了大量支撑，在资金扶持、人才培育等面也有所侧重；此外，行政效率有了较大的提升，以"最多跑一次"为代表的政府服务模式进一步深化了行政审批制度改革，简化了项目审批环节，减轻了审批制度的束缚，这为海洋绿色发展的重点产业、重点企业、重大项目审批建立了"绿色通道"。2017 年 11 月，我国进一步修订了《海洋环境保护法》，完善了海洋的生态保护与绿色发展细则，以法律的强制力和约束力促进政府海洋生态责任意识和海洋绿色执政能力的提高。优良的海洋管理政治生态给中国的全球海洋中心城市建设提供了重要保障，能进一步提升海洋城市管理协调统筹能力，有利于形成权责一致、分工合理、决策科学、执行顺畅、监督有力的行政管理体制。

（二）海洋经济条件

国际全球海洋中心城市的发展实践表明，经济要素对于海洋城市综合地位、海洋经济新区规划开发，以及在海洋产业整合与优化等领域均发挥着先导性作用（Ariel，Feitelson and Marinov，2021）。海洋经济增长是全球海洋中心城市建设和稳定发展的内在动力，无论是自然演进型还是政策推动型的海洋经济区，完备的经济政策与良好经济环境对于海洋城市的经济发展都至关重要。发达国家沿海城市往往也是经济中心，有着发达的金融支持体系，通过完善的财政金融政策，其在海洋资源开发、区域海洋战略实施、重点海洋产业发展等领域均起到了至关重要的作用（Zheng and Tian，2021）。

我国海洋经济迅猛发展，海洋生产总值由 2016 年的 69694 亿元增至 2019 年的 89415 亿元，2020 年受新冠肺炎疫情冲击和复杂国际环境的影响，海洋生产总值 80010 亿元，比上年下降 5.3%，占沿海地区生产总值的比重为 14.9%。① 海洋产业结构也不断优化，2020 年三次海洋占比为 4.9：33.4：61.7，对生态更加友好的第三产业的比重有所提升。海洋经济的主要产业已从原来单一的近海捕捞转向远洋捕捞、海水养殖等多种渔业共同发展，海洋生物医药、海洋制造业等朝着全产业链体系化集群发展转变，水产品加工业逐步精深化，已发展成为全球重要的海洋水产品基地。此外，我国的海洋城市经济环境大多都具有较强的金融资本的吸纳和集聚能力，这不仅是全球海洋中心城市金融资本与产业资本对接融合的基础，也为海洋经济生态绿色一体化发展提供了合作条件。

（三）海洋文化条件

随着海洋经济的发展，人们对海洋文化产品和服务的需求也日益旺盛，这为文化产业发展提供了巨大的空间和市场潜力。海洋中心城市因其地理与历史要素而充满了浓郁的海洋文化，形成了爱护海洋的良好氛围，并具备国际交流的文化软实力。要建设海洋强国，必须进一步关心海洋、认识海洋、经略海洋。海洋文化基础设施建设不仅是文化服务的一种形式，也是相关文化繁荣的物质空间。完备的海洋文化基础设施能直接体现海洋城市的公共文化服务水平，有助于当地海洋文化活动的顺利开展，以及城市文化的可持续发展。但海洋城市文化建设只有良好的硬件设施是不够的，在某种意义上，以服务和管理为核心的软件建设更加重要。我国沿海地区始终追求在服务体系升级和管理模

---

① 新华社：《中国海洋经济解码报告（2021）》：海洋成为我国经济高质量发展新空间，https：//baijiahao. baidu. com/s？ id＝1701987375659694270&wfr＝spider&for＝pc。

式创新上能有所突破，重视社会力量加入日常文化创造，从而带动整个区域文化的沟通。此外，要为海洋创新营造良好的人才环境，通过设立多个中长期大学生就业实习基地、海洋人才教育培训基地、公共实训基地、海洋专业博士后工作站等，着重培养企业急需的各类技术开发人才、专业技能型人才等，形成海洋人才高效汇聚、快速成长、人尽其才的良好环境（孙吉亭，2016）。同时，还努力吸引高等院校、科研单位到临海地区设立海洋院系、分院分所、海洋经济创新创业基地、博士后科研工作站、重点实验室以及海洋科技成果中试基地、公共转化平台和成果转化基地等，并制定和实施了与之配套的扶持创新型企业成长计划，加强对创新型海洋科技企业的辅导和服务。为调动更广泛的支持与积极性，未来全球海洋中心城市建设的经济参与者与实践者要更积极地保护和传承弘扬海洋文化，增强海洋保护意识宣传，加强海洋文化资源保护利用，从而为全球海洋中心城市建设提供强劲的精神动力和良好的人文环境。

三、全球海洋中心城市建设生态保护与绿色发展的战略重点

（一）战略阶段

当前我国各沿海省市的全球海洋中心城市建设处于探索阶段，设想与规划尚未落实为具体项目，生态保护与绿色发展尚未有成功的实践案例，对城市的生态建设规划也还缺乏主体之间的统筹。因此，必须明确生态保护与绿色发展在全球海洋中心建设中的地位与作用，在明确目标的基础和规划深度上要逐渐加深，规划尺度上要逐渐细化。全球海洋中心城市的生态保护与绿色发展过程应当与中心城市发展目标以及我国生态绿色目标相匹配，规划分为初步规划阶段、培育成长阶段、职能发挥阶段三个阶段，各阶段的发展目标与发展重点如表7.1所示。

表7.1 　　**全球海洋中心城市生态保护与绿色发展的三个阶段**

项目	初步规划阶段	培育成长阶段	职能发挥阶段
生态保护与绿色发展的动力	沿海城市制造业与滨海旅游服务业共同驱动	制造业绿色转型，生产性服务业加速发展	绿色产业形成集聚，形成绿色产业链或绿色产业群
生态保护与绿色发展的目标	全球海洋中心城市经济崛起与生态绿色发展交织进行	全球海洋中心城市即海洋生态之城	城市生态职能高效运行，对标世界生态之城

项目	初步规划阶段	培育成长阶段	职能发挥阶段
城市产业演进	服务业持续强化，工业体系绿色再造	城市产业皆实现绿色转型与高质量发展	带动周边城市形成绿色产业带
城市空间演进	沿海远城地带设置多个重点生态功能区，外围新城注重生态环境问题，主城区以经济发展为主	全球海洋中心城市成为绿色发展主阵地，形成示范生态圈	辐射更多区域，实现人与自然和谐共生

（二）战略方向

第一，增强生态发展竞争力与辐射力。全球海洋中心城市是一个立意高远、使命伟大的时代命题，全球海洋中心城市的生态保护与绿色发展应当从全球竞争、国家责任、城市转型等多个角度来认识当下的使命，让我国有更多的城市进入全球中心城市体系，支撑海洋强国战略。海洋中心城市竞争力的提高主要依靠产业的高质量发展，因此全球海洋中心城市要着力优化产业结构，推动产业结构向第三产业为主的方向不断演进，着力提升城市服务能级；此外，还要积极发挥中心城市的辐射带动作用，系统梳理城市的核心功能与非核心功能，增强与周边城市的产业协调度，优化海洋中心城市在城市群中的整体资源要素配置，提升协同效率。

第二，培育生态创新能力。创新是全球海洋中心城市长期保持发展活力的保障。生态创新要注重与城市原有产业基础的衔接，注重全产业链绿色协同创新，要关注城市的空间特征与区域发展需求，重视自主创新与制度创新，营造良好的国内外贸易环境，充分释放海洋城市的发展活力与生态魅力。此外，生态创新要求城市要关注创新主体的需求，营造更好的创新环境与空间，设置对接世界的国际生态发展创新基地，开展世界前沿海洋产业、海洋战略产业研究，加快建设具有全球影响力的绿色科技创新中心，为全球海洋中心城市建设一流大学与一流学科预留用地，吸引世界范围内的海洋高端人才和生态创新资源，促使绿色环保技术创新成果扎实落地，以生态创新带动全面创新。

第三，打造国际化生态之城。纵观世界范围内的全球海洋中心城市，其城市地位取决于其国际影响力，而并不在于其规模大小或政治地位。全球海洋中心城市生态影响力的提高要注重以下几个方面。首先，在生态目标规划层面，我国大多沿海城市的崛起晚于世界发达国家，这既是劣势也是机遇，在未来的城市规划中既可以充分吸取发达国家城市环境管理失败的教训，又能学习先进的治理模式与技术，设立更长远、更生态友好的目标。其次，要广泛开展国际合作，深度参与全球环境治理，广泛开展环境领域的国际交往，增加全球海洋中心城市国际环境机构的数量，增设国际环保组织，完善城市国际会议会展、国际交流等服务功能，并利用国际机构资金与技术来支持海洋城市应对气海洋环境恶化的工作。

第四，营造生态文化发展氛围。生态城市是人与自然双赢的最优形式。生态保护与绿色发展既是全球海洋中心城市的重要使命，又是城市转型重要机会。海洋城市的崛起必须伴随海洋文化复兴，海洋文化建设必须以保护历史海洋文化自然遗产为主，寻找海洋文脉与历史元素，传承、复兴沿海传统文化，并积极营造开放、包容的城市氛围，促进各城市群体间的融合，加强国际海洋文化交流。通过城市独特的海洋文化风貌，占据我国与世界海洋文化交流的制高点，再现璀璨的中国海洋文明。

第二节　全球海洋中心城市生态保护
与绿色发展的建设评价

一、海洋中心城市生态保护与绿色发展的指标特征与评价

（一）现有城市生态发展指标体系

世界范围内对全球海洋中心城市的生态保护与绿色发展的界定没有规范统一的标准，甚至对海洋城市的经济统计都没有一个标准的口径，海洋城市生态绿色发展的相关的统计数据搜集也是无从下手，这对全球海洋中心城市绿色发展规划、测度与评价都形成了较大的障碍。虽然国内外研究机构与学者对海洋生态城市的认识和理解存在一些差异，但都注意到了城市生态绿色发展中的资源、环境、经济、社会之间的协调性问题。世界范围内的全球海洋中心城市都

是根据自身的发展基础与认知进行实践探索，各具特色。随着对城市生态学研究的不断深入，对城市绿色发展的指标评价也日趋体系化。我国的研究机构与学者构建了较为完整的、以城市绿色发展为核心内容的指标体系与评价方法，但遗憾的是，对海洋城市生态绿色发展的指标评价却是少之又少，而国际上也同样找不到有参考价值的海洋城市绿色发展指标。因此，本书采取新的思路，通过运用生态城市、海洋城市、中心城市的标准来衡量全球海洋中心城市的建设情况，发现城市建设的短板和瓶颈，提供生态城市的构建路径。在指标方面，结合权威的城市绿色发展评级指标、中心城市发展指标与海洋绿色发展指标，对其进行分析与评价，进而选出符合海洋城市生态保护与绿色发展的指标，再结合中心城市的特征，建立一套适用于全球海洋中心城市的生态保护与绿色发展的评级指标体系。

具有代表性的城市绿色发展评价指标体系包括：（1）2017 年 7 月编制的国家标准绿色城市评价指标。该绿色城市评价指标体系涵盖绿色生产、绿色生活、环境质量 3 个一级指标，以及 12 个二级指标和 65 个三级指标组成，如表 7.2 所示。（2）中国城市综合发展指标。该指标对我国每个城市的状况进行了诊断与梳理，其指标的设置比较精细，为我国城市高质量发展提供了可靠的数据，其中环境大项的指标如表 7.3 所示。（3）关于海洋生态保护与绿色发展指标体系构建的官方报告还未形成，本书将参考盖美等（2021）在《生态学报》上发表的有关测度我国沿海省区市海洋绿色发展的文献中的指标体系，如表 7.4 所示。

表 7.2　　　　　　　　　　　　绿色城市评价指标及权重

一级指标及权重	二级指标及权重	指标类型	三级指标及权重	遴选
绿色生产 0.35	资源利用 0.210	必选	（＋）可再生能源消费比重；0.0168	
			（－）单位 GDP 能耗；0.0378	√
			（－）单位 GDP 水耗；0.0378	
			（＋）工业用水重复利用率；0.0294	
			（＋）工业固体废物综合利用率；0.0294	
			（－）单位 GDP 建设用地面积；0.0168	
			（＋）环境保护投资占 GDP 的比重；0.0168	√

续表

一级指标及权重	二级指标及权重	指标类型	三级指标及权重	遴选
绿色生产 0.35	资源利用 0.210	可选 （4选2）	（＋）单位 GDP 能耗下降率目标完成率；0.0126	
			（－）单位 GDP 二氧化碳排放量；0.0126	
			（＋）建筑废物综合利用率；0.0126	
			（＋）非常规水资源利用率；0.0126	
	污染控制 0.140	必选	（－）单位 GDP 氨氮排放量；0.0252	
			（－）单位 GDP 化学需氧量排放量；0.0252	
			（－）单位 GDP 氮氧化物排放量；0.0252	
			（－）单位 GDP 二氧化硫排放量；0.0252	
			（＋）工业废水排放达标率；0.0252	√
		可选 （2选1）	（－）单位 GDP 工业固体废物产生量；0.0140	
			（＋）危险废物处置率；0.0140	
绿色生活 0.30	绿色市政 0.090	必选	（＋）生活污水集中处理率；0.0199	√
			（－）供水管网漏损率；0.0162	
			（＋）生活垃圾无害化处理率；0.0162	√
			（＋）生活垃圾清运率；0.0199	√
		可选 （4选2）	（＋）生活垃圾分类设施覆盖率；0.0090	
			（＋）餐厨垃圾资源化利用率；0.0090	
			（＋）雨污分流管网覆盖率；0.0090	
			（＋）年径流总量控制率；0.0090	
	绿色建筑 0.060	必选	（＋）绿色建筑占新建建筑的比例；0.0240	√
			（－）大型公共建筑单位面积能耗；0.0240	
		可选 （2选1）	（＋）节能建筑比例；0.0120	
			（＋）屋顶利用比例；0.0120	
	绿色交通 0.090	必选	（＋）清洁能源公共车辆比例；0.0225	
			（＋）万人公共交通车辆保有量；0.0180	
			（＋）公共交通出行分担率；0.0225	
		可选 （4选2）	（＋）慢行交通网络覆盖率；0.0135	
			（＋）绿色出行比例；0.0135	√
			（＋）公共事业新能源车辆比例；0.0135	
			（＋）500 米服务半径公共交通站点覆盖率；0.0135	

续表

一级指标 及权重	二级指标 及权重	指标类型	三级指标及权重	遴选
绿色生活 0.30	绿色消费 0.060	必选	（-）人均居民生活用水量；0.0150	
			（-）人均居民生活用电量；0.0150	
			（-）人均生活垃圾产生量；0.0180	
		可选 （3选2）	（-）人均生活燃气量；0.0060	
			（+）节水器具和设备普及率；0.0060	
			（+）照明节能器具使用率；0.0060	
环境质量 0.65	生态环境 0.116	必选	（+）建成区绿化覆盖率；0.00896	√
			（+）生态恢复治理率；0.02016	
			（+）生态保护红线区面积保持率；0.0280	
			（+）综合物种指数；0.01792	
			（+）本土植物指数；0.01456	
			（+）人均公园绿地面积；0.00896	√
		可选 （2选1）	（+）建成区绿地率；0.0175	
			（+）500米服务半径公园绿地覆盖率；0.0175	
	大气环境 0.042	必选	（-）灰霾天数；0.0210	
			（+）空气质量优良天数；0.0210	√
	水环境 0.070	必选	（+）集中式饮用水水源地水质达标率；0.0175	
			（+）地下水环境功能区水质达标率；0.0175	√
			（-）地表水劣V类水体比例；0.0175	
		可选 （2选1）	（+）地表水环境功能区水质达标率；0.0175	
			（+）地表水达到或好于Ⅲ类水体比例；0.0175	
	土壤环境 0.070	必选	（-）受污染土壤面积占国土面积的比例；0.0245	
			（-）中度及以上土壤侵蚀面积比；0.0245	
		可选 （2选1）	（+）受污染耕地安全利用率；0.0210	
			（+）污染地块安全利用率；0.0210	
	声环境 0.028	必选	（+）环境噪声达标区覆盖率；0.0168	√
			（-）交通干线噪声平均值；0.0112	
	其他 0.028	必选	（+）公众对环境的满意度；0.0140	√
			（+）环境保护宣传教育普及率；0.0140	

注：（+）为正向指标；（-）为负向指标。

表 7.3　　　　　　　　　中国城市综合发展指标（环境大项）

中项	小项	指标	遴选
自然生态	水土禀赋	每万人可利用国土面积（平方千米）、常住人口（万人）	
		森林面积（平方千米）	
		农田面积（平方千米）	
		牧草面积（平方千米）	
		水面面积（平方千米）	
		每万人水资源（万立方米/万人）	
		国际公园与保护区：国家级森林公园（个）、国家级地质公园（个）、国家级湿地公园（个）、国家公园体制试点（个）、国家级自然保护区（个）、国家湿地保护区（个）、国家海洋保护区（个）、国家 A 级景区（个）、国家级风景名胜（个）、国家园林城市（个）、国家森林城市（个）	√
	气候条件	气候舒适度（10～28 摄氏度年天数）	
		降水量（毫米）	
	自然灾害	自然灾害直接经济损失（万元）	
		地质灾害直接经济损失（万元）	
		灾害预警（次）	
环境质量	污染负荷	空气质量指数（AQI 平均值）	√
		PM2.5 平均值（微克/立方米）	
		单位 GDP 二氧化碳排放量（吨二氧化碳/万元）	
		工业二氧化硫排放量（吨）	
		工业烟（粉）尘排放量（吨）	
		水质级别（mg/L）	
		城区环境等效声级［dB（A）］	
		辐射环境空气吸收剂量率（nGy/h）	
	环境努力	环境努力［环保投入（万元）］、地方公共财政收入（万元）	√
		城市节水努力指数	
		生态环境社会团体（个）	
		国家环境保护城市指数	
		国家生态环境评价指数	
	资源效率	建成区土地产出率（万元/公顷）	
		农林牧水产土地产出率（万元/公顷）	

续表

中项	小项	指标	遴选
环境质量	资源效率	单位 GDP 能耗（吨标准煤/万元）	√
		绿色建筑设计评价标识项目（个）	√
		工业固体废物综合利用率（%）	
		循环经济城市指数	
空间结构	紧凑城区	人口集中地区人口（万人）	
		人口集中地区面积（公顷）	
		人口集中地区人口比重（%）	√
		建成区人口集中地区比率（%）	
		超人口集中地区人口（万人）	
		超人口集中地区面积（公顷）	
		建成区超人口集中地区比率（%）	
	交通网络	城市轨道交通密度（千米/平方千米）	√
		城市干线道路密度（千米/平方千米）	
		城市生活道路密度（千米/平方千米）	
		城市人行道·自行车道路密度（千米/平方千米）	
		城市轨道交通距离（千米）	
		每万人公共汽（电）车客运量（量/万人）	
		每万人公共汽（电）车拥有量（量/万人）	
		每万人私人机动车拥有量（量/万人）	
		每万人出租汽车拥有量（量/万人）	
		高峰拥堵延时指数	√
	城市设施	固定资产投资（万元）	
		公园绿地面积（公顷）	√
		建成区绿化覆盖率（%）	√
		建成区供水管道密度（千米/平方千米）	
		建成区排水管道密度（千米/平方千米）	
		燃气普及率（%）	
		城市地下设施指数	

表 7.4   海洋绿色发展评价指标体系

一级指标	二级指标	三级指标	遴选
海洋文化管理建设	文化建设	海洋专业研究生数	
		文化事业费占财政支出的比重	√
		海洋文化宣传力度	√
		海洋自然历史遗迹数	√
	行政管理	海滨观测台	
		海洋科研机构数	
		发放海域使用权证书	
		海洋制度体系完善度	
海洋经济绿色发展	生态经济	每万元海洋产值工业废水直排入海量	
		万元海洋产值工业废气/废物 SO_2 排放量	
		万元海洋产值工业固体废气/废物排放量	
	绿色产业	海洋第三产业占比	√
		海洋第三产业贡献率	
		海洋产业高级化指数	√
	经济质量	海洋经济 GDP 增速	
		海洋 GDP 占地区 GDP 的比重	
		海洋经济增长弹性系数	
		海洋科技研发经费支出占 GDP 的比重	√
		海洋科技专利授权数	
海洋生态环境友好	环境保护	废水排放达标率	√
		沿海城市生活垃圾无害化处理率	√
		已建成海洋自然保护区数	√
		海洋环境投资占海洋 GDP 的比重	√
	生态健康	海洋环境质量指数	
		自然湿地面积占比	√
		一类海水水质占比	√
		海域面积百分比	

续表

一级指标	二级指标	三级指标	遴选
海洋资源利用程度	空间资源	人均海岸线长度	
		人均海域面积	
	化学资源	人均海盐产量	
		人均海洋化工产品产量	
		人均海洋矿业产量	√
		人均海洋天然气产量	√
		人均海洋石油产量	√
	生物资源	人均海水产品产量	
	旅游资源	旅游吸引力	

（二）现有城市生态发展评价指标体系评述

从以上与海洋城市生态发展有关的评价指标体系可以看出，指标体系的构建过程基本考虑了三点。第一，指标体系充分体现城市生态、绿色发展内涵，涉及生产、生活的多个方面，可以对城市绿色发展的经济效益、社会效益、环境效益及综合效益进行评估。但对城市绿色发展的测度侧重环境质量的改善，在指标设置上，对于城市污染与环境质量相关指标的设置较为细致，而对经济效益与社会福利的考虑相对较少。第二，指标体系可以为城市的发展提供一个相对权威的、综合的、可操作的城市发展评价指标，为城市在绿色发展的不同方向提供方法与参考，让指标体系能直接服务于城市决策过程，更好地服务于城市绿色经济政策的制定和执行。第三，指标体系的选取充分体现了中国特色，易于理解。例如，当前我国在环境方面以气候治理为重点，因此在中国城市综合发展指标与绿色城市评价指标中都在空气质量方面设置了非常细化的指标。当前指标的设立基于我国的基本现状与环境目标，能最大化地运用指标工具开展实证研究。

然而，上述评价指标仍存在一些问题。第一，国内权威的评价指标体系仅关注城市生态环境、绿色发展的状况，并没有从海洋生态城市的内涵出发，构建反映海洋生态城市发展状况的指标体系，因此这些指标在一定程度上并不适用于海洋城市。第二，城市绿色发展评价指标仅局限于对城市自身环境的改善，并未从国际视角考量海洋中心城市绿色发展的影响力。第三，一些客观指标的筛选过度依赖数据，因此舍弃掉了一些重要的生态指标，如现有指标都缺少对城市生物多样性的评价，还有一些指标因为受限于数据的可得性而采用概念更加宽泛的且不适用的数据，而忽略了指标的实际含义。第四，指标重复设置。指标的设置并非越多越好，这样只会降低评价工作的可操作度，延长评估周期。应在确定一、二级指标后，找出可以充分表征的三级指标即可。第五，指标权重的设定问题。迄今，国内外还未开发出一种方法能够很好地解决指标赋权问题，比如环境质量数据大多可以计量，可采用客观赋权法，而城市幸福感、城市文化等指标则需要主观赋权法。因此，指标赋权方案还需要在大量的讨论与实践中不断调整完善。

二、海洋中心城市生态保护与绿色发展的评价指标体系构建

（一）海洋中心城市生态保护与绿色发展指标体系的基本特征

城市在建设过程必须把生态环境系统纳入生产要素的范畴，统筹协调城市发展过程中的生产空间、生活空间和生态空间，既要立足国际视角，又能充分体现我国各类社会群体与自然的良性互动，通过构建整体性和系统性的发展体系，不断指引城市朝着更加宜居、更可持续、更具国际竞争力的方向发展。因此，全球海洋中心城市生态保护与绿色发展的指标选取应体现以下三点。

第一，突出海洋特征。首先，指标体系应对沿海城市的各个子领域进行具体的指导。现有指标体系通常强调覆盖的全面性，同时关注城市绿色发展的生产、生活与环境的多个层面。尽管这三个领域是建设生态城市必须要关注的领域，但由于覆盖面过广，这将导致海洋城市的绿色生态建设容易局限在这些指标体系内而无法从根本实现，因此，需要剔除一些概念宽泛但不适用于海洋的指标。

第二，增加生态保护与绿色发展的公众评价。绿色城市评价指标与中国城市综合发展指标的指标体系的选择多侧重资源、环境以及城市空间建设，对人类福祉和社会、文化发展产生的影响指标则相对较少，其原因是该类指标只能主观定权，因此被认为是不精确的，故很多指标体系将其舍弃。海洋绿色发展

评价指标体系设置了文化管理建设相关指标，但仅仅是对政府行政管理作出评价，并未考虑公众对海洋绿色发展的认识度与满意度等。国外研究大多非常重视这一点，比如美国西雅图的国际未来生活研究所发布的《生活社区挑战》（Living Community Challenge）（2017）对人们的健康与福祉设置了非常细致的指标，对社区须为人们的生活场所提供的环境给予了详细的指导。全球海洋中心城市生态保护与绿色发展的指标体系应该体现这一点。

第三，删除原有指标体系中不适合的指标。城市绿色发展需要针对污染物排放总量高、生态受损严重、气候变化等环境问题，而海洋中心城市的发展要求指标的选取不能仅停留在基本的最佳实践上，而应关注更高层次的生活需求。原有指标主要针对的城市更加宽泛，而全球海洋中心城市的生态保护与绿色发展应该综合体现城市的海洋特性、中心特性、全球特性以及生态特性。本书对指标是否符合海洋中心城市生态保护与绿色发展进行了判断，进而设计了海洋中心城市生态保护与绿色发展指标体系。

（二）海洋中心城市生态保护与绿色发展指标体系的确定

基于以上分析及对现有指标的分析，结合全球海洋中心城市发展生态保护与绿色发展的要求，构建指标体系，如表7.5所示。

表7.5　　全球海洋中心城市生态保护与绿色发展指标体系的构建

一级指标	二级指标	三级指标	单位
发展规模	绿色产业规模	海洋第三产业占比	%
		战略性新兴海洋产业增加值占GDP的比重	%
		新建海洋绿色产业园区数	个
		海洋产业高级化指数	—
	海洋资源利用	单位海洋GDP能耗	能源消费量（吨标准煤）/海洋生产总值（万元）
		人均拥有滨海湿地面积	公顷/人
		人均拥有渔业资源量	千克/人
		海洋矿产业发展增速	%
		海洋油气产业发展增速	%

续表

一级指标	二级指标	三级指标	单位
发展规模	海洋环境健康	城市废水排放达标率	%
		城市生活垃圾无害化处理率	%
		雨污分流管网覆盖率	%
		城市危险废物处置率	%
		一类海水水质占比	%
		自然湿地面积占比	%
		海洋污染项目治理数	个
		海洋环境投资占海洋 GDP 的比重	%
发展功能	海洋绿色文化	海洋文化宣传力度	次
		海洋自然历史遗迹数	个
		文化事业费占财政支出的比重	%
	海洋低碳贸易	国际化营商环境指数	—
		贸易结构转型升级指数	—
		海洋精深加工消费品贸易总额	亿美元
	海洋生态创新	海洋科技研发经费支出占 GDP 的比重	%
		海洋科技专利授权数	项
		海洋国家实验室数	个
		海洋科技示范区数	个
	绿色低碳交通枢纽地位	航运客流量	人次
		机场客流量	人次
		城市公共交通密度	千米/千米^2
		市内交通绿色出行比例	%
		航运交通使用绿色低碳型能源占全部消耗能源的比例	%
发展潜力	生活宜居程度	空气质量优良天数	天
		集中式饮用水水源地水质达标率	%
		高峰拥堵延时指数	—
		环境噪声达标区覆盖率	%
		公园绿地面积	公顷
		公众对环境的满意度	%
		公众幸福指数	—
	城市空间规划	人口密度	人/公顷
		城镇化程度	%

一级指标	二级指标	三级指标	单位
发展潜力	城市空间规划	绿色建筑占新建建筑的比例	%
		城市公共服务设施覆盖率	%
		建成区绿化覆盖率	%
		海洋类自然保护区面积	公顷

三、海洋中心城市生态保护与绿色发展指标权重的确定与评价

（一）层次分析法（AHP）

层次分析法由运筹学家萨蒂（T. L. Satty），于 20 世纪 70 年代提出，是一种能解决多目标的复杂问题的定性与定量相结合的决策分析方法。该方法要求，在定量分析时决策者也要定性地做出判断，用经验判断相对重要程度，并合理地给出每个决策方案的每个指标的权数，利用权数求出各方案的优劣次序，这样能够比较有效地应用于那些难以用定量方法解决的课题。AHP 通过形成一个多层次的分析结构模型，利用较少定量信息使决策的思维过程数学化，从而为多目标、多准则或无结构特性的问题提供简便的决策方法。但此方法也有较大局限性，其更依赖人们的经验，因此无法排除决策者个人可能存在的片面性。所以，该方法只能算是一种半定量（或定性与定量结合）的方法。在本章中，全球海洋中心城市生态保护与绿色发展的规模、城市功能以及城市潜力为中间要素层，即一级指标，绿色产业规模、海洋资源利用、海洋环境健康、海洋绿色文化、海洋低碳贸易、海洋生态创新、绿色低碳交通枢纽地位、生活宜居程度、城市空间规划是二级指标，海洋第三产业占比、战略性新兴海洋产业增加值占 GDP 的比重等为隶属于二级指标的三级指标。

（二）基于 AHP 指标权重的确定

1. 影响因素权重判断

在采用 AHP 进行权重分析时，建立有序递阶的指标体系后，通过比较同一层次各指标的相对重要性来计算指标的权重系数，对各二级指标重要性按照表 7.6 进行重要性标度，然后构造判断矩阵，求出矩阵的近似特征向量作为权重。

表 7. 6 　　　　　　　　　　　　重要性标度表

	i 因素比 j 因素								
	极重要	很重要	重要	略重要	同等	略次要	次要	很次要	极次要
a_{ij}	9	7	5	3	1	1/3	1/5	1/7	1/9
备注	取 8、6、4、2、1/2、1/4、1/6、1/8 为上述评价值的中间值								

2. 判断矩阵的一致性及权重

全球海洋中心城市生态保护与绿色发展三个层级评价指标权重如表 7.7 所示。

表 7. 7 　　　基于 AHP 的全球海洋中心城市生态保护与绿色发展指标定权

一级指标	二级指标	三级指标
发展规模 0.1692	绿色产业规模 0.075	海洋第三产业占比；0.0101
		战略性新兴海洋产业增加值占 GDP 的比重；0.0226
		新建海洋绿色产业园区数；0.0077
		海洋产业高级化指数；0.0347
	海洋资源利用 0.0286	单位海洋 GDP 能耗；0.0041
		人均拥有滨海湿地面积；0.0115
		人均拥有渔业资源量；0.0069
		海洋矿产业发展增速；0.0044
		海洋油气产业发展增速；0.0016
	海洋环境健康 0.0655	城市废水排放达标率；0.0076
		城市生活垃圾无害化处理率；0.0052
		雨污分流管网覆盖率；0.0033
		城市危险废物处置率；0.0184
		一类海水水质占比；0.0043
		自然湿地面积占比；0.0084
		海洋污染项目治理数；0.0067
		海洋环境投资占海洋 GDP 的比重；0.0116
发展功能 0.3874	海洋绿色文化 0.0891	海洋文化宣传力度；0.0255
		海洋自然历史遗迹数；0.0127
		文化事业费占财政支出的比重；0.0509
	海洋低碳贸易 0.038	国际化营商环境指数；0.0126
		贸易结构转型升级指数；0.02
		海洋精深加工消费品贸易总额；0.0053

续表

一级指标	二级指标	三级指标
发展功能 0.3874	海洋生态创新 0.2065	海洋科技研发经费支出占 GDP 的比重；0.0521
		海洋科技专利授权数；0.0676
		海洋国家实验室数；0.0654
		海洋科技示范区数；0.0215
	绿色低碳交通 枢纽地位 0.0538	航运客流量；0.0097
		机场客流量；0.004
		城市公共交通密度；0.0044
		市内交通绿色出行比例；0.0213
		航运交通使用绿色低碳型能源占全部消耗能源的比例；0.0144
发展潜力 0.4434	生活宜居程度 0.3326	空气质量优良天数；0.0375
		集中式饮用水水源地水质达标率；0.0394
		高峰拥堵延时指数；0.018
		环境噪声达标区覆盖率；0.0183
		公园绿地面积；0.0319
		公众对环境的满意度；0.0692
		公众幸福指数；0.1184
	城市空间规划 0.1109	人口密度；0.0112
		城镇化程度；0.0097
		绿色建筑占新建建筑的比例；0.0192
		城市公共服务设施覆盖率；0.0244
		建成区绿化覆盖率；0.0398
		海洋类自然保护区面积；0.0065

第三节　全球海洋中心城市生态保护
与绿色发展的重要途径

一、贯彻生态理念，全面落实海洋生态红线保护管控

（一）加强滨海湿地保护，严格管控围填海

湿地、森林和海洋是全球的三大生态系统，其中湿地和海洋对全球性气候

调控具有重要的作用，而良性的滨海湿地生态系统可以维护生态圈稳定的生产、生活和生态，对沿海城市的生态安全和经济可持续发展都有着重要的作用。沿海高强度的开发给滨海湿地生态系统带来诸多不可逆的后果，导致湿地生态服务功能下降。为加强全球各国对滨海湿地资源的保护与合理利用和开发，1971 年 2 月 2 日来自 18 个国家的代表在伊朗拉姆萨尔共同签署了《关于特别是作为水禽栖息地的国际重要湿地公约》（马驹如、陈克林，1993）。1992 年，我国正式加入该公约，并在随后陆续指定了 49 块重要湿地，总面积达 405 万公顷。2017 年以来，我国陆续出台了多项针对围填海管控的政策，尤其是 2018 年国务院发布了《国务院关于加强滨海湿地保护严格管控围填海的通知》①，督促各界要加强滨海湿地的保护力度，加强围填海管控，解决诸如违法违规围填海、围而不填、填而未用等历史遗留问题。

围填海问题致使沿海城市生态环境变得脆弱。沿海城市临近海域的地带往往布局了众多产业，原有国土空间资源无法满足产业市场主体数量与密度的骤然增加，从而出现了"向海索地"。填海围垦改变了沿海自然环境，而解决围填海的遗留问题是大多数全球海洋中心城市面临的问题之一。因此，在未来的规划中，首先要严格管控城市的排污量，强化近岸海域环境监测数据和海洋环境监测数据的有效衔接。其次，要加快推进围填海项目生态保护修复方案编制工作，加强对围填海区域生态化利用，全力修复重要岸线生态系统。要厘清责任。在我国，沿海省（区、市）是严格管控围填海的责任主体②，全球海洋中心城市要明确自己的责任，配合省级行政单位共同做好生态评估、修复和监管等相关工作，配合完善陆海基础环境治理数据处理系统以及技术指标体系。

（二）严格用途管制，加强用海监督

沿海城市的可持续发展亟须加强海洋生态建设，严格海域用途管制，深入贯彻落实海洋生态红线制度。严守生态红线，首先要守住环境质量底线，严厉禁止滨海生态环境污染，着力解决最突出的环境问题，保护海域生物生存环

---

① 国务院：《国务院关于加强滨海湿地保护严格管控围填海的通知（国发〔2018〕24 号）》，2018，http：//www. gov. cn/zhengce/content/2018 - 07/25/content_5309058. htm。

② 国务院：《自然资源部关于进一步明确围填海历史遗留问题处理有关要求的通知》，2019 年，http：//www. gov. cn/xinwen/2019 - 01/08/content_5355787. htm。

境;其次要守住资源利用上线,城市的发展要有规划、有节制,要切实转变之前蔓延式的开发利用,确保滨海面积不再减少,全面提升湿地保护与修复水平;最后要建立最严格的生态环境保护制度和监管制度,可在地理信息系统(GIS)技术的支持下,构建生态红线数空间据库,完善生态红线的划定,分类设立"限制区"与"禁止区",完善海域用途监管,动态监管红线区内的生态状况。

此外,还要加强用海监督工作,指导沿海城市定期开展监测与调查,定期开展对城市生态保护执行情况的评价工作,充分掌握全市、重点区域、重点单位用海动态变化;建立沿海地区动态监管体系和预警预报系统,形成海岸线分类保护、海域海岛动态监管、海洋综合执法、海洋环境分析防范等管理体系;加强海洋综合管理执法队伍建设,加大联合执法力度,建立上下顺畅、协调统一的海洋资源管控体系,落实严格的责任追查制度,建立生态保护专项资金追踪和实行领导干部责任追究机制,并及时向社会公布。

(三) 加强生态损害赔偿和生态修复

作为海洋生态保护的重要内容,生态修复对于具有重要生态功能的地带或生态敏感脆弱区有着重要的意义,生态修复方案的制定要优先保护重要物种的生存地,修复原有生态系统的本来面貌;其次,修复工作要分区分类开展,以破坏严重的地区以封禁为主,辅以人工修复;最后,在需要生态移民的地带,要合理部署人口集中安置,最大限度减弱人类生活给生态带来的压力。大多数全球海洋中心城市在发展过程中侵占了沿海地区或海洋生物的栖息场所,在其未来发展中必须将生态修复纳入重要城市规划,以保障沿海城市生态的完整性。

为使生态环境监测监督更加科学有效,全海洋中心城市要积极对接国际技术与国际标准,提高对环境监测评估的资金支持力度,提高生态监测数据的精确性,增进电子化信息技术,利用大数据建设全能的监管信息平台。使用地理信息系统对生态损害行为及时定位,加大追偿、追责力度,明确民事刑事责任。只有各个主体都承担好自己的责任,履行好自己的义务,沿海城市生态环境才能可持续健康发展。

二、做好城海和谐，推动全球海洋中心城市协调发展

（一）从"向海索地"走向"陆海统筹"

城市空间蔓延是城市发展过程中出现的一个重大问题，是经济快速发展、城市化进程加速的产物，产生了一系列的负面影响，如人均服务设施成本增加、无节制的土地消耗、开敞空间损失等。伴随着人口的持续增长和经济的快速发展，我国城市化进程已经进入加速发展的阶段。东部沿海地区城市用地快速扩展，沿海城市的城市化进程逐渐脱离了循序渐进的原则，城市用地的紧张催生了大规模的围填海活动，导致滨海湿地大面积减少，自然岸线锐减。陆地与海洋是一个有机的整体，海洋经济是陆域经济向海洋的延伸发展，陆域经济是海洋经济的依托与保障，两者相辅相成。沿海城市的扩张给海洋生态带来威胁，而海洋生态的恶化会极大地限制城市经济的发展，因此促进全球海洋中心城市海陆产业协同发展、实现城海和谐是必然选择。

坚持陆海统筹发展理念，必须加强陆海产业的匹配度，打破陆海不同行业以及不同部门之间的固有边界，实现产业政策和生态保护政策的有效衔接，激发陆海联动的绿色协同效应。推动全球海洋中心城市陆海协调发展，还要逐步建立人、陆、海和谐共存的价值观，以统筹发展为原则，将各项规划纳入新一轮国土空间规划，合理编制海洋功能区规划与无居民海岛保护和利用规划，同时完善海岸线专项规划，围绕"立足区域特色、提升空间价值、统筹空间发展"的总体目标，加强基础设施建设和海洋生态保护力度，构建"陆—海—岛"有机融合、协同发展的新格局。此外，要进一步严格落实海洋生态红线制度，严格管控为城市项目扩建而填海用海，设立项目准入机制，防止严重影响海洋生态环境的用海项目进入，并探索制定和实施海域排污总量控制制度，确保海洋资源环境承载能力与海洋经济发展需求相适应，为绿色用海、绿色增长提供资源环境屏障。

（二）从"陆海分割"走向"城海融合"

城市可以成为使文化与自然相融合的极佳的工具。理查德·瑞吉斯特在《生态城市：建设与自然平衡的人居环境》一书中指出，生态城市建设的目的

是为保护、探究和抚育地球上的各种生命的活动提供服务。因此，生态城市首先要提供一个健康的、可以让人创业的、美丽的环境，其次是满足人类个人和集体的需求与愿望的功能。这一观点为全球海洋中心城市和谐发展提供了思路。城市依赖海洋为其提供食物和资源，而沿海居民又从城市得到工具、文化信息。从当前世界沿海城市的生态化建设的经验来看，生态化的城市建设能够减轻对自然的压力，紧凑和多样性是人与自然平衡原则的一种体现，在生态城市建设的过程中，必须为自然生物创造良好的生存环境，以保存其多样性和自然特征。

在经济发展的过程中，沿海城市往往是人类活动最频繁的聚集地，尤其是对于发展中国家，经济驱动导致城市在发展过程中并未与海洋文化充分融合，产业布局也大多处于"陆海分割"状态。综合性的城市有助于恢复和保持复杂的海洋生态系统，而这需要城市的建设必须给其他生物留下空间，保存其多样性和自然特征；在尊重城市自然历史风貌的基础上规划城市生态功能区，控制城市规模，用绿色保护带将人类环境与其他生物必要的生存环境进行分离，实现绿色海洋的功能和样式的多样化；将海洋生态与沿海渔村发展充分融合，发挥土地置换权的作用，有效抑制陆域经济过度蔓延。为适应城市经济发展的需求，在城海融合规划中要为未来城市发展留有空间，全力开创港、产、城、海融合发展新局面，催生更多与海洋生态保护有关的新产业、新业态、新模式，让海洋发展在全球海洋中心城市建设及腹地经济发展中发挥更大的引领带动作用。

三、发展绿色港口，保证"碳中和"目标如期实现

（一）使用清洁能源驱动港口绿色发展

工业革命使生态平衡遭到了严重破坏，引发了全世界对于全球变暖等严重后果的深度思考。世界气象组织（WMO）和联合国环境规划署（UNEP）在意识到潜在的全球气候问题后，于 1988 年建立了政府间气候变化专门委员会（IPCC），这是世界范围内第一次对低碳达成共识（王海波，2009）。我国在面对全球环境问题时一直积极努力承担大国责任。船舶和港作机械排放的硫氧化物和颗粒物会对港口居民的健康构成较大的威胁。虽然我国在港口经济发展的

过程中存在着种种历史问题，比如高耗能行业能源的利用率偏低、节能减排缺乏有效激励机制、小港口预见性缺失并缺乏节能降耗的积极性等，但近几年人们也逐渐意识到港口节能降耗的紧迫性和重要性。

绿色港口的实现首先需要构建绿色的运输通道，推进海铁联运模式发展，采用更加低碳化的运输方式；其次要推进港口机械"油改电"，引进发达国家的岸电供电技术，增加节能设备，同时还要发展风电、水电、生物发电等新能源技术，继续扩大新能源的装机容量；最后要加强对港区排放的监管，做好港区污水规范处置的监督工作，严格港区危险废物标准化管理，并建立完备的应急响应机制，全面推进清洁用能体系改革，以能源结构改革实现节能降碳。

（二）推动城市温室气体排放清单的编制工作

2010 年，我国城市碳排放量占全国总量约 60%，2030 年将升至 80%（张宁、赵玉，2021）。城市是温室气体的最大贡献者，对温室气体的控制首先要跟踪城市温室气体的排放量，这样才能保证减排政策的精准性与有效性。当前，对温室气体的监测可以分为两种。一种是利用仪器手段，对大气中的温室气体进行物理监测和测量。另一种是利用数理估算方法，对人为驱动的温室气体相关排放数据分门别类地进行收集和计算。IPCC 为各国提供了一个科学而统一的清单编制标准，当前国际上针对温室气体清单制定的较为权威的方法是《2006 年 IPCC 国家温室气体清单指南》。

全球海洋中心城市温室气体清单编制工作最大的障碍来自海洋层面数据的缺失。未来，应通过队伍建设、资金机制、准则确立等方法逐步建立适用于海洋城市的温室气体清单方法学体系，丰富温室气体清单研究方法，为未来气候排放提供参考与依据。同时，要努力提高企业温室气体清单编制与通报的频率，确保清单的透明度，使企业能通过碳交易手段实现温室气体减排和投资回报的最大化，从而获得更多的环境效益、社会效益与经济效益。此外，需要进一步发掘城市降低碳排放的潜力，深度发掘海洋碳汇应对气候变化的价值，构建海洋碳汇交易市场，增加碳汇的排放抵消比例，进一步激活市场对碳汇的需求。

（三）打造碳中和背景下城市零碳发展

习近平主席在第七十五届联合国大会一般性辩论上提出了中国将提高国家

自主贡献力度，采取更加有力的政策和措施，二氧化碳排放力争于 2030 年前达到峰值，努力争取在 2060 年前实现碳中和的战略目标。伴随碳中和成为全球主要经济体的共识，进一步调整全球能源转型防线、通过技术变革及创新实现全球经济长远可持续发展成为各个经济主体后续碳减排政策的重心。城市作为碳排放的主要来源，需要更深层次的探索实现碳中和的具体方案。全球海洋中心城市的建设需要更具针对性地实施综合能源规划，以实现城市低碳目标。此外，海洋拥有巨大的碳汇潜力，这能进一步推动沿海城市碳中和目标的实现。

全球海洋中心城市率先实现零碳的重要步骤是实现能源系统的转型。能源是贯穿于城市生产生活等各项经济社会活动的核心要素。沿海城市因其海洋资源丰富，在能源结构转型与能源利用效率提高方面具有一定的优势，海洋中心城市的建设为实现能源清洁、高效利用带来新的机会。新的城市用能规划要基于终端需求和节能减排目标，重视需求侧，在关注传统能耗较大的部门同时，关注新能源的开发与利用，充分考虑各种能源的替代性与阶梯利用。此外，可以通过产业结构调整与空间布局优化，鼓励城市多引进绿色低碳新兴项目，合理地利用海域与陆地空间，建立近零碳的经济结构。同时，要倡导零碳家庭，鼓励绿色出行、合理规划绿色建筑等，以最大限度降低家庭用能，加大余废资源的有效利用，提升可再生能源占比，构建灵活互动的用能体系。

四、打造典范城市，发展服务海洋绿色经济的创新链

（一）激活内生动力，政府与市场协同发力

全球海洋中心城市战略地位日益突出，对我国沿海城市建设而言既是机遇也是挑战。打造有中国特色的全球海洋中心城市，需要谋求更多元化的海洋城市绿色发展，政府与市场要协同发力，加大沿海经济资源的整合力度，打造一批具有鲜明特色的高竞争力产业集群，从高维度层面推进海洋资源发展一体化。政府要制定科学有为的决策来引导全球海洋中心城市绿色发展。政府作为城市环境建设主导力量，要积极配合国家对绿色城市发展的激励政策，完善人们生活环境全产业链的引导和服务职能，积极推进绿色城市示范和生态城市示范区的规划建设，扶植和引导各新区绿色发展；要加强城市绿色发展各领域的交流与合作，积极应对城镇化各阶段的挑战，通过国际合作、资源共享等方

式，加强国内外各区域以及政府组织、民间机构、企业及各种力量在城市绿色发展方面的科技合作、知识创新、技术交流与共享，推动绿色环境建设；要坚持建立科学的评价指标体系和动态监测制度，不断优化创新资源配置，以建立企业创新小气候，营造全域创新大生态。

企业要加快建立与城市生态保护与绿色发展目标、定位、任务相适应的治理结构，积极响应国家优惠政策，通过大数据资源学习各个国家全球海洋中心城市建设的先进经验，并与其他国家全球海洋中心城市进行深度国际合作，同时加强国内不同企业机构等社会力量的创新技术交流，进一步为城市海洋经济绿色发展提供更有针对性的指导政策；以城市生态文明示范区作为生态创新理念的实践与合作平台，完善创新体制机制，完善人才政策体系和评价激励机制，充分激发创新和创造动力与活力；改造、升级海洋传统产业模式，创新和研发适宜的生态技术与产品，更好地满足全球海洋中心城市生态建设需求，创造更好、更安全、更可持续的城市环境。强有力政府能够有效降低市场的突发性问题，提高企业绿色创新的积极性，同时企业创新也能激发海洋经济的内生动力，升级海洋城市发展模式。通过协同发力，使政府与市场形成一个完整而协调的有机体，共同推进全球海洋中心城市的绿色发展。

（二）贯通产学研用，培育海洋双创人才

全球海洋中心城市的建设给城市的绿色生态发展带来了契机。沿海城市拥有世界上最丰富的风力资源、太阳能资源、水电资源，而丰富的可再生能源成为推动绿色能源技术革命的天然要素。随着民众消费意识的日益提升，沿海城市也有望成为全球最大的绿色产品和技术的消费市场，使绿色创新充满商机。全球海洋中心城市需具备完整的产业链，在产业选择上，要设立严格的项目准入清单，吸引更多的绿色创新企业，使城市成为全球创新资源集聚的洼地。这要求全球海洋中心城市的发展必须秉承绿色生态理念，但在实际操作过程中，城市转型对传统行业的淘汰是一个漫长且复杂的过程，而新兴产业的技术扶持、人员配备、配套设施、开发资金无法快速且完全匹配供给。

我国的海洋科技发展主要由浙江、福建、广东、山东和天津等地合力推动，这些地方致力于建设国际一流的综合性海洋科技研究中心和海洋院校，以科教融合为理念，共同将扶持海洋经济的知识技术转化为生产力，为建设绿色

海洋城市提供强劲的保障。但在科研和产业结合上仍暴露出许多不足，比如应用创新欠缺，核心技术、关键共性技术仍不成熟，人才资源配备不够，与创新团队未形成有效合作等。这要求全球海洋中心城市在建设过程中要充分对接国内外高校、科研院所与团队，共同建设高水平创新合作平台，让科研和产业结合得更加紧密。此外，在与国外先进技术交流方面也要制定相应的人才培养和人才引进政策，建立健全海洋科技高精尖人才的发展机制，形成由海洋科技创新人才、海洋业务专业人才、海洋城市规划人才、海洋科技产业人才与海洋科技管理人才相结合的专业结构完善、年龄结构合理的高素质海洋科技队伍，为我国海洋城市发展提供强有力的智力支撑。

第四节　宁波舟山全球海洋中心城市
生态文明建设的新布局

一、美丽滨海

（一）修复生态海岸线，提升城市品质

浙江省是海洋经济先导区、国家重要海洋科创高地、长三角对外开放的海上门户、世界级港口群的核心港区和国际航运中心的重要组成部分，同时也是滨海旅游度假胜地，拥有丰富的海岛历史文化。海岸线是滨海经济发展的重要生命线。就整个浙江省而言，岸线总长达到了 6910 千米，包括大陆岸线 2414 千米、海岛岸线 4496 千米，海岛总数达 3820 个（王琪、刘彬、相慧，2019）。浙江省滨海资源类型丰富，且点多线长，修复生态海岸线就显得尤为重要。随着滨海经济的高速发展，对海滨资源的开发和利用强度不断加大，但前期海岸线资源开发并没有一个统一而科学的管理模式，导致对海岸线的保护缺少针对性和重视，对海岸线的无序利用也日渐加剧。

蓝色海湾整治行动是我国重大海洋工程之一，是海洋领域生态文明建设的重大举措，而滨海湿地修复工程是蓝色海湾整治行动重点工程。舟山积极响应国家号召，在 2016 年 11 月争取到中央海岛和海域保护资金支持，由此按下了

蓝色海湾整治的启动键，修复项目由海洋生态环境提升、滨海及海岛生态环境提升、生态环境监测及管理能力建设等三大类 21 项工程项目共同组成。海洋环境治理需要整体性思维，针对部分地区进行综合整治修复，不仅提升了海岸环境现状，也推进了整个海洋的生态环境治理工作。因此，浙江省需要进一步加强对海岸线的分类保护和整治修复，调动各方专家对经济效益与生态系统协调发展进行专项研究。对海岸线整治修复不仅能有效提升海岸带生态功能，还可以打造一批海岸生态景观和亲水岸线，有利于建设良好的品质城市和美丽渔村风貌，进一步凸显宁波和舟山"蓝色引领"战略优势，把宁波和舟山建设成为生态功能完善、宜业宜居宜游、整洁美丽的品质之城，进一步提升人民生活幸福指数，从而推动宁波舟山全球海洋中心城市的综合实力。

（二）体现滨海特色，突出亲海魅力

"城在海中、海在城中"是舟山的特点。舟山独特的区位和环境条件使其成为天然良港，并跻身世界四大渔场之一，同时也是我国最大的近海渔场，被誉为"中国渔都"。与此同时，舟山以突出的地域风貌，众多的岛屿、大海、港湾、海礁、沙滩，极大地彰显了海岛地方特色，形成了极具特色的海洋资源。另外，舟山素有"海天佛国"之称，佛教文化已在舟山有 1000 多年的历史，形成了各式各样的海洋民俗文化，使舟山成为东海民俗的代表性区域。独特的自然、人文条件意味着整个舟山具有鲜明的特色和亮点，有助于加快提升海洋经济实力、海洋创新能力、海洋港口硬核力量、海洋开放水平和海洋生态文明，为打造成为"重要窗口"、高质量发展建设共同富裕示范区提供重要支撑。

宁波是国家级服务型制造城市，产业侧重使得宁波"临海而不亲海"，无法拥有舟山的碧海蓝天。宁波可借助长期以来与国际深入接轨的优势，引入发达国家海洋中心城市的风向潮流，逐渐酝酿一个绝佳的东海度假胜地与国际级经济交流合作中心，最大程度地体现其海滨特色。同时，也要全面启动专项提升城乡风貌整治行动，加快推进一批城乡风貌整治提升标志性成果建设，打造最具滨海特色的风貌样板区。

（三）提升滨海旅游承载力

滨海旅游业是旅游业的重要组成部分，同时也是海洋经济的支柱产业（万学新，2020）。但滨海旅游业的快速发展致使旅游资源的资源利用和环境保护出现了矛盾，并逐渐激化（张俊、林卿、傅颜颜，2021）。"旅游承载力"成为保护与利用的一项重要的工具（魏宁宁等，2019）。设置恰当的滨海旅游业的承载力，可解决诸多滨海旅游业的问题。承载力这一概念具有宽泛性，需要综合考虑多个方面，但针对滨海旅游业的管理目标来说，想要合理发展滨海旅游业，最重要的是提高对环境要素的关注度。宁波、舟山在滨海旅游业的开发建设中最关注的也是环境问题，需要正确认识游客的环境属性偏好，将管理资金用到最需要的地方，有针对性地对滨海旅游地带进行改善，提升旅游地的承载力。

滨海旅游承载力的提升需要推进以下几项工作。首先，强化海洋生态涵养修复。通过清理近岸废旧构筑物、拆除废旧码头、整治修复海岸线、生态湿地恢复，进行海岛生态公园建设，加快城市有机更新。其次，提升海岸景观。要做到有效供给与环境保护齐头并进，使宁波、舟山彻底从环境质量堪忧的工业岸线地区逐渐转变为兼具生产、景观、生态、休闲功能的高质量岸线地区，使吃、住、行、游、购、娱齐头并进，由此实现"水清、岸绿、滩净、湾美、岛丽"的生态建设目标。

二、美丽港湾

（一）推进临港绿色新兴产业崛起

浙江地处我国经济最发达的长三角地区，已深度融入长三角经济一体化，区域周边交通便捷，在国际海运方面区位优势明显，在深水岸线和港口资源优势方面也具有得天独厚的条件，是国际航运的战略通道，在国外区域合作条件方面也具有相对优势。宁波、舟山的临港工业快速成长，在地区经济发展中发挥着越来越重要的作用。舟山利用其得天独厚的条件，为海洋经济带来了飞速发展。由国务院批准设立的舟山海洋综合开发区给战略性的海洋新兴产业发展带来新机遇。其中，舟山高新技术产业园区充分发挥自身优势，坚持创新发展理念，培育了一批海洋特色新兴产业，同时不断完善产业发展生态，已经成为全市新兴产业发展和科技创新的重要板块。整个舟山都紧紧围绕着海洋工程、高端传播电子装备和港航物流服务这些重点新兴产业，大力发展绿色经济。宁波是全国重要的船舶工业基地、长三角战略物资中转储备基地，拥有船舶产业集群、大宗物资加工产业集群、临港石化产业集群等特色优势产业集群，海洋绿色产业持续稳中向好（Zhou and Guan，2019）。虽然我国对于海洋新能源的开发利用起步较晚，尚未形成规模开发，但舟山拥有丰富的风能资源（其风能资源大约占浙江省风能资源的1/3）；此外，宁波和舟山还可依托浙江省大力扶持生物医药产业重大战略，发展海洋生物医药产业。

（二）聚焦临港传统工业减碳降耗

自哥本哈根气候峰会后，"低碳"成为各个国家高度关注的全球性环境问题，大多数国家都对其经济模式给全球带来的气候变化进行了反思，从而在全球范围内引发了各个行业减碳降耗的热潮。我国减排目标的实现需要各省（区、市）的共同努力。浙江省要努力把率先实现碳达峰、碳中和作为"十四五"发展规划的标志性成果来抓，进一步推动减污降碳协同增效，促进区域经济社会发展全面绿色低碳转型。宁波和舟山要结合发达国家城市的低碳发展经验，对产业进行深入研究，要高度重视传统工业的可持续发展，努力探索未来减碳降耗的发展趋势，大力发展低碳降耗技术的自主创新力。以往城市在发展的过程中常把产业结构和低碳经济分开，但宁波和舟山要将二者结合起来，在全球可持续发展的背景和趋势下，坚持推动传统工业向现代化工业低碳转型，全力推动新型临港产业减排降耗，使用低碳技术，依托工业电子信息平台，加强社会低碳信息服务系统，为传统临港工业的低碳发展注入新动力，形成绿色循环；提高临港资源的利用能力，临港的工业企业延伸产业链，大力提高技术水平，从而提升产品品质，提高产品附加值。推动临港传统产业向生态、低碳、循环的方向发展。

（三）激活海岸经济，打造蓝色港湾

沿海城市的经济活动区域大多都从陆地延展至海洋，并且对海洋经济的依赖性日趋加重，很多发达国家都将海洋经济作为未来经济发展的重要方向。我国也越来越重视海洋经济。在全球海洋经济迅速发展的大背景下，宁波、舟山也将重点发展海岸经济，主动顺应全球海洋中心城市建设的要求与趋势。要把海洋经济发展好，就要先行先试，走出具有自己特色的海岸经济之路。海岸经济要冲破海洋与陆地的边界，结合地域地形特点，释放海岸经济消费潜力，创造多元的场景、丰富的业态，探索商业与文化、旅游业的跨界新融合，聚焦价值，以实现"无界生态"。

宁波和舟山要为绿色发展注入金融力量，把发展绿色金融作为全力贯彻落实新发展理念的重要举措，致力于从机制、产品和能力等方面完善绿色金融体系，引导金融资源向生态环保产业转移。此外，在金融机构建设方面也要加大力度，大力支持深化绿色金融改革，健全绿色金融服务体系，积极吸取发达国家金融建设经验，借鉴发达国家先进的绿色金融模式，激活宁波和舟山的海岸经济，打造蓝色金融港湾。在这方面，需要有明确的政策支持，从金融产品到金融服务，再到金融投资渠道等，这样才能为宁波和舟山的海岸经济发展提供强大的金融支撑。

三、美丽渔场

（一）加速推进渔场修复振兴

舟山渔场作为我国的第一大渔场，面积广阔，光照充足，台湾暖流和沿岸寒流交汇于此，养分上浮，为鱼类成长提供了营养保障，渔业资源丰富。但随着当地对舟山渔场渔业资源开发强度的增大以及渔场环境的变化，舟山渔场呈现凋敝的景象。近几十年来，大规模过度捕捞，加上没有科学规范的管理模式来约束捕捞行为，导致污染事件频发，振兴修复舟山渔场任务繁重。制定相应计划，振兴舟山渔场，对于舟山以后的发展极为重要。振兴渔场对保护舟山渔场海洋环境资源、防止海洋污染、提高舟山渔民的食品安全、推动舟山经济社会环境可持续发展等都起到推动作用。

振兴舟山渔业的首要任务是防止渔业资源再度恶化，要科学地制定舟山渔业发展计划，运用先进技术手段来修复舟山海洋生态环境，加速推进舟山渔场环境污染整治工程、渔场生态保护工程以及渔业恢复工程的实施进度。此外，要致力于构建科学的渔场资源环境保护机制，开发智能化的实时在线水质监测系统，对整个舟山渔场的海洋环境进行随时监测，避免渔场因各种原因引起的环境污染问题的再度发生。同时，要加大渔业相关技术的提升和渔业装备的升级，追加对于海洋科技创新的资金投入，在海洋渔业经济得到大力发展的同时，通过科技创新使整个舟山的渔场资源得到最大化利用，让舟山渔场的修复振兴工作能够有序进行，渔场能够健康可持续发展。另外，还要创新一批切实可行并具有前瞻性的政策，从而推动全球海洋渔业圈的健康和谐发展。

（二）构建舟山渔场常态化绿色治理机制

海洋渔业一度为沿海城市带来了可观的经济收益。也正因如此，多年以来近海居民都从事高强度的渔业捕捞和开发，而对资源过度开发利用的后果就是经济效益越来越低。要解决这个问题，需要沿海城市积极开展海洋渔业资源的管理保护工作，为新时期海洋渔业的可持续发展探索常态化的绿色治理机制。

舟山作为我国海洋渔业的重要生产基地，也一直致力于寻求渔场常态化绿色治理机制，为渔业资源的可持续发展做出努力。在资源管理方面，舟山建立了"条块结合、属地负责、综合执法、合力推进"的工作机制；在环境保护方面，严格控制陆源排放，以及渔业养殖废物污染和海洋船舶所造成的油污污染；在执法过程中，秉承严格要求，坚持长效治理，在强执法联动上下功夫，严格执行伏季的休渔政策，全面开展地区三级联动、海陆空三位一体的休渔专项联合执法，实现了伏季回港休渔率100%、休渔网具离船率100%（陈豪荣，2019）。

政策需要在大众接受与配合的情况下才能顺利推行。除采取一系列有效的管理手段外，还需要渔民的支持与参与。政府相关人员需要对渔民进行更深入的走访调查和分类指导，组织开展渔民的教育培训工作，组织渔民合作，鼓励渔民组建专业协会，逐渐形成有组织的自我发展的规范模式，并不断加强渔民对海洋渔场生态的保护意识。此外，要加快渔业养殖转型，大力发展优质高效的生态水产养殖，发展精深加工，延长渔业产业链，使渔业不局限于第一产业，从而有效提高包括沿海城市土地、海域、水资源在内的资源综合利用效率。

四、美丽牧场

（一）因海制宜，打造海上的"绿水青山"

海洋牧场分为增殖型海洋牧场、生态修复和保护性海洋牧场、休闲观光型海洋牧场和综合型海洋牧场。对于舟山来说，海洋牧场以政府牵头的公益性海洋牧场为主（李忠义等，2019）。2019年中央一号文件明确表明了对海洋牧场建设的高度重视，并对如何科学有效管理海洋牧场、有效推动海洋牧场建设，以及如何调整升级产业结构都做出了阐述。舟山群岛地理位置优越，在发展海洋牧场方面具有绝对优势。为改变海洋荒漠化的现状，舟山因海制宜，在海洋牧场的建设过程中摸索出了一条可持续发展的道路，让传统的海洋牧场转型成为集多种功能作用于一体的多元化海洋牧场。随着大力建设海洋牧场，舟山从单一的捕鱼转换为由各种企业、个体、工厂组成的经济综合体，职业种类和机遇也越来越多，完成了从传统渔业到现代渔业的升级和转型，形成了海洋牧场建设推动人们消费需求、人们消费需求又加强海洋牧场建设的良性循环。

海洋牧场在使海洋变"良田"的同时，也在改变着海洋环境。海洋牧场本身也是一个生态系统，通过筛选适宜的海洋生物种类进行规模化增养殖，能对海水质量起到修复与调控作用，且在创造经济效益的同时，还将渔业资源的保护和增殖有机结合，对改善海洋环境具有一定的贡献。此外，海洋牧场以构建多业态的复合渔业为特色，致力于"全链式"的现代渔农业融合发展体系。通过建立健康的海洋生态系统，使资源、环境、生态、生产处于一个良好的平衡状态，成为海洋中的"绿水青山"。

（二）提升海洋牧场的养殖承载力

相对于陆地资源利用率日趋饱和，还有很多海洋资源没有被完全有效利用。在坚持生态保护与绿色发展的前提下，对海洋牧场资源进行合理开发，增强海洋牧场的养殖承载力，可以对全球海洋牧场的可持续发展和人类的生存发展带来无限动力。舟山地区的海洋牧场海水养殖渔产品种类丰富，因其优越的地理位置以及宜人的气候，整个海洋牧场的自然条件优越，非常适合鱼虾生活。舟山市持续跟进海洋牧场的建设步伐，打造了两大省级高新科技特色产业园区（刘坤等，2019），让有能力的高新海洋牧场养殖企业示范带头，以点带面，提高海洋牧场的产业化组织程度；同时，建造人工渔礁，吸引更多的岩礁鱼类，生物多样性得到了大幅改善，海洋牧场的养殖鱼类品质也得到了提升（梁振林等，2020）。

海洋牧场养殖承载力的提升需要增强整个舟山海洋牧场养殖的产业化程度，继续打造一批发展潜力巨大的龙头企业。这些龙头企业通过市场优势和资源优势，优化舟山整个海洋牧场的养殖环境，能有效合理调控育苗供应商、周边渔民产业链的利益分配，从而带动中小渔类企业共同致力于海洋牧场建设，更好地平衡海洋牧场的经济效益、社会效益和环境效益。此外，还要引入智慧海洋牧场养殖技术。智慧海洋牧场在传统养殖技术和海洋牧场环境技术的基础上加入了信息网络技术。通过网络技术连接物联网，导入云计算后，对获得的信息做出智能化分析处理，为海洋牧场的养殖业建设提供可靠的技术保障（王恩辰、韩立民，2015）。智慧海洋牧场的引入是海洋牧场建设中的一次大变革，能够实现海洋综合渔业信息共享，更好地促进舟山渔民对海洋牧场环境的修复以及海洋渔业的可持续发展，为海水养殖承载力提供了更加科学的监测控制方式，能优化海洋牧场生产要素组成、生产流程和最终产品质量，为经营者及海洋牧场所依托海域的生态环境带来更好的效益。

（三）借助海洋牧场营造海洋生态圈

海洋不是人类的私产，人类只能经营这种资产，而不能破坏。海洋环境遭受的破坏大多数是不可逆的，即使可以修复，也要付出巨大的时间和资金成本。在进行海洋牧场建设的同时，必须秉承对大自然的尊重和敬畏之心，坚持可持续发展原则，不可违背自然规律。当前海洋牧场的建设已经不局限于传统的渔业第一产业，人们对海洋牧场生态修复与资源增殖越来越重视，并结合沿海城市发展渔业第三产业的优势，海洋牧场的后续产业链条的延伸趋势明显。通过建设生态、智慧的现代高标准海洋牧场，不但能保障粮食安全，还能推动传统养殖、捕捞、初级加工业转型，延长海洋渔业经济产业链，同时辐射海洋装备制造业、海洋医药、海洋能源等第二产业和第三产业的发展，形成产业联动，共同推进海洋渔业朝着绿色、协调与可持续方向发展。当前，舟山海洋牧场面临着开发程度不足、模式相对落后、技术薄弱、缺少管理经验等问题。要改变这一局面，需要继续坚持可持续发展原则，将生态发展理念贯穿海洋牧场建设工作的始终，以海洋渔业生态修复为目标，结合不同海域区块的实际情况，制定科学合理的监督体系与评价指标；健全产业链，推动海洋第二产业和第三产业共同发展，促进海洋牧场整体转型升级；利用水上空间，重视海洋文化价值，更好地从产业结构整体进行布局，向综合型、休闲旅游型海洋牧场方向迈进。浙江省的近海生态圈纳入海洋牧场建设开启了新的经济增长点，也让海洋牧场营造的生态圈能够辐射整个沿海地区。

第八章　全球海洋中心城市建设的
资源保障及可持续性

全球海洋中心城市建设离不开对海洋资源的可持续开发与利用。这其中既包括传统意义上的海洋生物资源、海洋矿产与能源资源，还包括地理区位上所包含的海岛与海岸线资源。本章分类阐述了宁波和舟山在海洋生物资源、海洋矿产资源以及海岛与海岸线资源等各类海洋资源方面的禀赋优势、具体利用途径和现行的保护举措。在此基础上，总结归纳了宁波舟山全球海洋中心城市建设中海洋资源的优势，以及海洋资源开发利用存在的问题和挑战。最后，以海洋碳汇资源利用为例，探讨了海洋资源利用的制度创新。

第一节　海洋生物资源保障及可持续性

海洋生物资源是指生活在海洋中有生命的、能自行增殖和不断更新的特殊海洋资源，具有其自身特有的生物学属性和变化规律。海洋生物资源的主要特点是通过生物个体和种下群（subpopulation）的繁殖、发育、生长和新老替代，使资源不断更新，种群获得持续补充，并通过自我调节来达到一定数量上的相对稳定（付秀梅，2018）。在适宜的条件下，种群数量将迅速增多；在不利条件下（包括不合理的捕捞），种群数量将急剧减少，资源趋于衰落（傅秀梅、王长云，2008）。此外，海洋生物资源还具有流动性（洄游性），除了少数的底栖和固着性水生生物外，绝大多数海洋生物都在水中漂动，定时、定向在定区域内周期性地洄游移动。这种特性是鱼类群体获得较好的生存条件和繁衍环境的重要习性，也是区别于其他自然资源最重要的特征之一（傅秀梅，2008）。

一、海洋生物资源的禀赋优势

广阔的海域为宁波和舟山带来了十分丰富的海洋生物资源。在浮游植物方面，根据908专项调查结果（见表8.1），宁波—舟山海域共检测出浮游植物341种，是浙江近海浮游植物种类分布最高的海区。在时间变化上，种类数最多的时节为夏季，其次为冬季。网样细胞总丰度不高，与浙江近海其他海域相比处于中等水平，年平均值为7.36×10^6个/立方米。水样细胞总丰度较高，总体上仅次于杭州湾，年平均值为447.2×10^6个/立方米。网样硅藻和网样甲藻丰度与浙江近海其他海域相比居中，年平均值分别为6.55×10^6个/立方米和70.57×10^6个/立方米。水样硅藻丰度位居浙江近海第二，年平均值为428.45×10^6个/立方米。水样甲藻丰度在浙江近海居于首位，年平均值达到6.07×10^6个/立方米。

表8.1　　　　　宁波—舟山海域各浮游植物种类季节分布　　　单位：$\times 10^6$个/立方米

类别	春季	夏季	秋季	冬季	平均值
种类数	103	224	159	196	341（全年）
网样细胞	2.6	26.68	0.12	0.042	7.36
水样细胞	106.28	1667.02	9.38	6.13	447.2
网样硅藻	0.06	26.02	0.09	0.05	6.55
网样甲藻	2.74	270.14	8.66	0.75	70.57
水样硅藻	51.15	1647.17	10.24	5.25	428.45
水样甲藻	9	13.62	1.47	0.2	6.07

资料来源：908专项调查。

如表8.2所示，在浮游动物方面，宁波—舟山海域浮游动物总生物量春季最多，达到1222.87毫克/立方米；冬季最少，仅为47.2毫克/立方米。浮游动物在该海区分布较均匀，分别在杭州湾以外近海区和舟山以南近海区出现生物量高值区。浮游动物总个体密度最高值同样出现在春季，平均值为984.34毫克/立方米。受人类活动影响，近岸区明显低于近海区，密度高值区主要分布在舟山以外的近海区。

表 8.2　　　　　　　　宁波—舟山海域浮游动物季节分布

类别	春季	夏季	秋季	冬季
总生物量（毫克/立方米）	1222.87	317.44	217.83	47.2
总个体密度（个/立方米）	984.34	446.03	247.16	13.5

资料来源：908 专项调查。

如表 8.3 所示，在大型底栖生物方面，宁波—舟山海域生物组成较为简单，多毛类动物和软体动物是该海域大型底栖动物的主要类群。在生物种数方面，多毛类动物总计 108 种，占 46.6%；软体动物总计 56 种，占 24.1%。在生物密度方面，多毛类动物年均值为 107 个/平方米，占 66.5%；软体动物年均值为 15 个/平方米，占 9.3%。

表 8.3　　　宁波—舟山海域大型底栖生物种数、密度和生物量总体情况

类型	多毛类动物	软体动物	甲壳动物	棘皮动物	其他类动物
生物种数（种）	108	56	31	18	19
生物密度（个/平方米）	107	15	23	10	7
生物量（克/平方米）	2.94	4.64	2.05	13.47	3.71

资料来源：908 专项调查。

如表 8.4 所示，在整体的生物多样性方面，一是宁波—舟山海域浮游动物生物多样性指数最高，从季节角度来看，夏季高于春季；从地区分布角度来看，象山港海域最高，杭州湾海域其次，舟山近岸海域最低。二是宁波—舟山海域浮游植物生物多样性指数居中，从季节角度来看，夏季高于春季；从地区分布角度来看，杭州湾海域最高，舟山近岸海域其次，象山港海域最低。三是宁波—舟山海域大型底栖生物多样性指数最低，从季节角度来看，春季高于夏季；从地区分布角度来看，象山港海域最高，舟山近岸海域其次，杭州湾海域最低。

表 8.4　　　　　2017 年宁波—舟山主要海域春夏季生物多样性指数

海域	浮游植物		浮游动物		大型底栖生物	
	春季	夏季	春季	夏季	春季	夏季
杭州湾	2.46	1.83	1.77	1.93	0.15	0.28
象山港	0.42	2.00	2.05	2.29	2.16	1.29

续表

海域	浮游植物		浮游动物		大型底栖生物	
	春季	夏季	春季	夏季	春季	夏季
舟山近岸海域	1.63	1.31	1.32	1.86	0.77	0.78
均值	1.50	1.71	1.71	2.03	1.03	0.78

资料来源：《2017 年浙江省海洋环境公报》和《2017 年舟山市海洋环境公报》。

二、海洋生物资源的利用途径

（一）海洋水产品的初级生产和精深加工

食物蛋白的营养价值主要取决于氨基酸的组成，而海洋生物富含易于消化的蛋白质和氨基酸，尤其是海洋中鱼、虾、贝、蟹等生物的蛋白质含量丰富，富含人体所必需的 9 种氨基酸，其中赖氨酸含量比植物性食物高出许多且易被人体吸收，故极受人们的青睐。有资料统计，人类摄入的动物蛋白海洋水产品约占 20%。因此，海洋水产品是海洋生物资源利用最直接，也是最显而易见的一个途径。

海洋水产品可被定义为通过海洋渔业活动（主要是捕捞或养殖）、初级加工或精深加工（或工业化加工）获得的预期供人食用的海洋水生动物、植物及其产品。海洋水产品加工利用是海洋商业捕捞和海洋水产养殖的延伸，是连接海洋水产养殖和海洋高附加值渔业产品市场的桥梁。随着生活水平的显著提高，消费水平也随着饮食偏好的变化而不断提高，人们对优质食品，特别是优质海洋水产品的需求越来越高。海洋水产品需求呈现多样化、便利化、营养化、安全化、个性化的特点。

依据对海洋水产原料加工程度的不同，海洋水产品加工可分为初级生产和精深加工两种方式。海洋水产品的初级生产是指，通过海水养殖或海洋捕捞，以及清洗、分选、去壳、去内脏、去鳞、去尾、切割、装盘、包冰、包膜、冷却、冷冻、冰鲜、装箱、包装、标识、运输、存储等初级加工活动而获得的供人食用的海洋水生动物、植物及其产品（刘新山、张红、吴海波，2015）。海洋水产品的初级生产仅对海洋水产原料进行简单或初级处理，其制品仍保留原始海洋水产品形体特征和生鲜风味特征，如冻全鱼、冻鱼块、成鱼、日晒鱼干等。海洋水产品的精深加工则是指，按一定要求改变海洋水产原料固有的形体特征或规格分布，或同时借助某些技术手段修饰改变其本体风味特征。海洋水产品的精深加工可进一步细分为海洋水产品的精加工和海洋水产品的深加工。海洋水产品的精加工是指，按一定技术要求或操作规程，对海洋水产原料进行质量控制（包括定向精度分割、表面修整、精选去杂、组分或风味修饰改变等）与安全控制（包括重金属、微生物、寄生虫、鱼刺等有害物质的脱除等）。这类产品仍保留海洋水产原料的组织（肌纤维）形态特征，如脱脂黄鱼、烤鳗、休闲食品、鱿鱼干、鱼粉、鱼罐头、冷冻鱼糜等。海洋水产品的深加工产品是指，通过物理、化学或生物加工技术改变海洋水产原料的基本形态与组分，并以其组织（肌纤维）的初始形态发生改变或消失为特征，如发酵鱼酱油、水产蛋白肽、壳聚糖、鱼糜制品、褐藻胶、富含 DHA 和 EPA 的精炼鱼油、南极磷虾油等产品（李婉君，2018）。

图 8.1 展示了 2000～2019 年宁波—舟山海洋水产品产量的时间变化趋势。从图中可以发现，舟山市海洋水产品产量高于宁波市，2000～2019 年舟山市海洋水产品产量总体呈现上升的趋势。具体分阶段来看，2000～2009 年，舟山市海洋水产品年产量为 120 万～140 万吨；2009～2015，舟山市海洋水产品产量逐年攀升，年产量达到近 180 万吨；2015～2016 年，舟山市海洋水产品

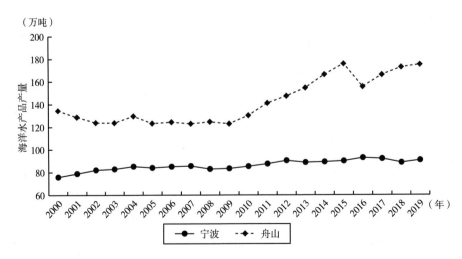

图 8.1　2000～2019 年宁波和舟山海洋水产品产量变化情况

资料来源：笔者根据中国知网年鉴平台的数据整理。

产量出现下降2017~2019年，舟山市海洋水产品转变下降趋势，重新攀升，年产量再次达到近180万吨。与舟山市相比，宁波市海洋水产品产量较低，2000~2019年海洋水产品产量的变化趋势较为平稳，基本在80万~100万吨之间波动变化，但整体呈现略微上升的态势。

（二）海洋生物医药研制

由于海洋环境独特的高压、盐度、光照和地质形态的相对变化，海洋生物必然要有特定的组织结构来维持自身的基本生命活动。因此，与陆地生物相比，海洋生物中蕴藏着大量结构新颖、生理功能独特的生物活性物质及基因，海洋生物因而成为新型药物和其他具有独特药用价值的生物活性物质的重要源泉，同时也为研究新的结构与功能的关系提供了理想的模型。利用海洋生物制造或改造产品、改良动植物或开发特殊用途微生物的科学称为海洋生物技术。借助不同的分子和生物技术，人类已经能够阐明许多适用于水生和陆生生物的生物方法。

数千年来，世界各地的文化都将海洋视为治疗人类疾病的潜在宝藏。围绕海洋药物的神秘感一直延续到现代。了解海洋生物的生理和生化特征有助于鉴定具有生物医学重要性的天然产物，众多海洋生物物种中包含着丰富且重要的医学元素。比如，藻类和微藻可以被用作功能性食品成分的生物活性化合物的来源。

我国是最早将海洋生物用作药物临床应用的国家之一，距今已有2000多年的临床应用历史。现代海洋药物的研究在国际上兴起于20世纪60年代，而我国则起始于70年代。人们研究的海洋药用生物资源已远远超越古人，原来不为人们所知的许多动植物种类逐步被发现具有药用价值，比如腔肠动物（珊瑚等）、海绵动物、被囊动物、软体动物、棘皮动物，甚至微藻、微生物等物种。随着研究的不断深入，涉及的海洋生物逐渐向远海、深海、极地、高温、高寒、高压等常规设备和条件难以获得的资源和极端环境资源方面扩展。随着生命科学及其相关学科的飞速发展，海洋药物的研究与众多学科相互渗透融合。生物技术、分离纯化技术及分析检测技术的长足发展与进步推动了人类对海洋药用生物的认识、研究及综合开发利用，亦使得海洋药物的研究开发步入飞速发展的新阶段。

20 世纪 70 年代以来，我国海洋生物制药研究已经获得了质的飞跃，尤其是从 90 年代开始，其研究程度与广度明显改善，在海洋制药的众多方面都出现了可喜的进步。比如，中山大学从南海区域的海藻、珊瑚等生物中提取获得了百余种新化合物，同时还发现了生理活性的一系列新化合物，这些化合物可以有效地治疗心血管疾病，预防肿瘤的产生，对人体机能进行调节。目前，我国已经鉴定完成海洋天然产物 2000 余种，新化合物 200 余种，并且已经有 10 余种海洋药物在获得国家批准后上市，其中包括角烯、河豚毒素等。同时，全新的一批抗肿瘤、抗艾滋病、防治心脑血管的海洋药物已经被发现并正在研制当中。

宁波和舟山作为浙江沿海海洋生物资源丰富的地区，其海洋生物医药产业发展十分迅速，尤以宁波为典型。统计数据显示，2019 年宁波市海洋生物医药业产值高达 103480.3 万元，占浙江省的 67.36%，居浙江省首位；舟山市海洋生物医药业产值也达到了 29640 万元。宁波和舟山海洋生物医药业产值合计占三省的比重高达 86.65%。图 8.2 展示了宁波和舟山海洋生物医药业的产值年变化情况。从图中可以发现，2010～2019 年宁波市海洋生物医药业产值总体呈现上升的趋势，从 2010 年的 64159 万元上升到 2019 年的 103480.3 万元，上升率高达 61.3%；同期，舟山市海洋生物医药业产值低于宁波市，从时间变化来看，总体上增长并不明显，其中 2011 年和 2015 年出现明显下降，2018 年达到最高值，海洋生物医药业产值达到了 67591.7 万元。

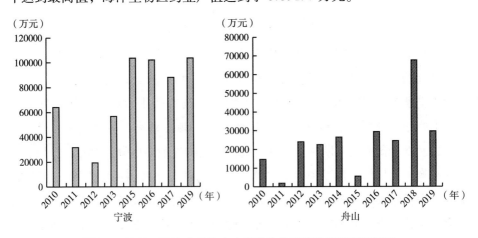

图 8.2　2010～2019 宁波和舟山海洋生物医药业产值变化情况

资料来源：笔者根据历年《浙江自然资源与环境统计年鉴》整理。

(三) 海洋休闲渔业开发

近年来，随着经济社会发展和人民生活水平提高，我国的产业结构正不断转型升级。海洋休闲渔业作为一种典型的融合了第一产业、第二产业和第三产业的海洋渔业产业形态，有效地提高了沿海渔业资源利用效率，帮助沿海居民进一步实现了"靠海吃海"的美好心愿。

有关海洋休闲渔业的许多定义有一个共同的特征，即与其不构成的内容有关。例如，欧盟委员会将海洋休闲渔业定义为以非商业捕捞为目的的所有海洋捕捞活动；联合国粮农组织认为，海洋休闲渔业是指对海洋水生动物（主要是鱼类）的捕捞，这些动物不构成满足基本营养需求的个人主要资源，通常不在出口、国内或黑市上出售或以其他方式交易。国内学者则从产业的角度出发，认为海洋休闲渔业是利用海洋渔业资源、陆上渔村村舍、渔业公共设施、渔业生产器具和渔产品，结合当地的生产环境和人文环境而规划设计相关活动和休闲空间，为民众提供体验渔业活动并达到休闲、娱乐功能的一种产业。它是一种将休闲娱乐、观光旅游、文化、餐饮等行业与海洋渔业有机结合为一体的新型第三产业，是以海洋渔业产业为基础，重点开发旅游功能，用于满足游客的休闲需求的活动。海洋休闲渔业既能拓展海洋渔业发展的空间、开辟海洋渔业新领域，又可以提高海洋渔业的社会、生态和经济效益。海洋休闲渔业的开发大致可以分为五类：（1）以海钓活动和海钓基地建设为中心的休闲海钓类；（2）以特色餐饮、渔家乐和渔业文化为载体的滨海旅游类；（3）以生态网箱、渔业综合体和特色渔业养殖等为媒介的生态化精细养殖类；（4）以观赏鱼产业和相关娱乐活动为主题的观赏娱乐类；（5）以水族馆、海洋主题公园、博物馆和科教馆等为场所的科普教育类（姬厚德，2020）。

海洋休闲渔业可对鱼类种群产生重大影响，甚至改变海洋生态系统的结构、功能和生产力。这可以通过多种不同的机制实现，包括高种群开发，通过改变种群结构而带来人口效应的选择性收获，以及通过改变群落结构而造成的生态效应、栖息地破坏、意外捕获和释放鱼类疾病、引入非本地物种等。越来越多的证据表明，在海洋渔业资源衰退的背景下，海洋休闲渔业能够产生一定的影响，需要将海洋休闲渔业纳入种群评估和管理措施当中。

三、海洋生物资源的保护举措

(一) 海洋伏季休渔制度

1995 年，在总结以往经验教训的基础上，经报请国务院同意，农业部向各沿海省（区、市）人民政府发布了《关于修改〈东、黄、渤海主要渔场渔汛生产安排和管理的规定〉的通知》，规定北纬 27°至北纬 35°海域，每年 7 月 1 日至 8 月 31 日禁止拖网渔船作业（桁杆拖虾作业除外）和帆张网渔船作业。该文件的发布标志着伏季休渔作为一项国家制度被正式确定了下来。1998 年，农业部发布的《关于在东、黄海实施新伏季休渔制度的通知》规定，北纬 35°以北海域，每年 7 月 1 日至 8 月 31 日禁止拖网和帆张网渔船作业；北纬 26°至北纬 35°海域，每年 6 月 16 日至 9 月 15 日禁止所有拖网（桁杆拖虾暂时除外）和帆张网作业；北纬 24°30′至北纬 26°海域，拖网和帆张网渔船每年休渔两个月。1999 年，农业部发布的《关于在南海海域实行伏季休渔制度的通知》规定，北纬 12°以北的南海海域（含北部湾），每年 6 月 1 日至 7 月 31 日禁止所有拖网（含拖虾、拖贝）、围网和掺缯作业。至此，我国伏季休渔制度扩展和覆盖到了渤海、黄海、东海和南海全部四个海区（不包括北纬 12°以南海域）。

自 1998 年以来，根据资源变动状况和渔业生产实际，休渔时间和休渔作业类型历经调整，最近一次的调整是在 2013 年和 2017 年，其中 2013 年的东海海区伏季休渔制度调整如表 8.5 所示。2017 年，农业部在进行了大量调研、深入了解情况和反复征求意见的基础上，制定了新的伏季休渔制度。新的制度调整幅度较大，主要变化内容包括三个方面。一是统一了休渔的开始时间。所有海区的休渔开始时间统一为 5 月 1 日 12 时。二是休渔类型统一和扩大。首次将南海的单层刺网纳入休渔范围，即在我国北纬 12°以北的四大海区，除钓具外的所有作业类型均要休渔；首次要求为捕捞渔船配套服务的捕捞辅助船同步休渔。三是休渔时间延长。总体上各海区休渔结束时间保持相对稳定，休渔开始时间向前移半个月到 1 个月，总休渔时间普遍延长一个月；各类作业方式休渔时间均有所延长，调整后，最少休渔三个月。

表 8.5　　　　　　**2013 年东海海区伏季休渔制度调整情况**

休渔海域	休渔时间	休渔作业类型
北纬 35°至 26°30′的黄海和东海海域	6 月 1 日 12 时至 9 月 16 日 12	除钓具外的所有作业类型
	5 月 1 日 12 时至 7 月 1 日 12 时	灯光围（敷）网
	6 月 1 日 12 时至 8 月 1 日 12 时	桁杆拖虾、笼壶类和刺网
北纬 26°30′至"闽粤海域交界线"的东海海域	5 月 16 日 12 时至 8 月 1 日 12	除钓具外的所有作业类型
	5 月 1 日 12 时至 7 月 1 日 12 时	灯光围（敷）网
	6 月 1 日 12 时至 8 月 1 日 12 时	桁杆拖虾、笼壶类和刺网

（二）海洋渔船"双控"制度

海洋渔船"双控"制度的实施起源于 1987 年初在局部海域开始实施的"控制渔场总马力数"的"单控"政策。1987 年 4 月 1 日，国务院批转原农牧渔业部《关于近海捕捞机动渔船控制指标的意见》，由国家确定全国海洋捕捞渔船数量和主机功率总量——"双控"政策，然后经各省（区、市）最终分解下达到各县（区、市）贯彻执行，明确要求各地海捕渔船总数及总马力严格控制在下达的指标范围内，海洋捕捞渔船"双控"制度自此开始确立。此后，农业部分别于 1992 年、1996 年和 2003 年经国务院批准下达了"八五"期间、"九五"期间和 2003～2010 年的海洋捕捞强度控制的目标任务。2011年，《农业部关于"十二五"期间进一步加强渔船管理控制海洋捕捞强度的通知》明确提出"十二五"期间继续实施海洋捕捞渔船数量和功率总量控制制度，而且全国及沿海各省、自治区、直辖市海洋捕捞渔船数量和功率总量"十二五"末不突破《关于 2003—2010 年海洋捕捞渔船控制制度实施意见》确定的 2010 年实际控制数——20.7928 万艘渔船和 1296.2642 万千瓦。2013年，国务院发布的《国务院关于促进海洋渔业持续健康发展的若干意见》（国发〔2013〕11 号）中进一步强调坚持"控制近海"的生产方针，并明确提出要严格控制并逐步减轻海洋捕捞强度，指明了现阶段我国近海捕捞业的发展方向。

2017 年，农业部根据党中央、国务院的总体部署，研究出台了"十三五"期间海洋渔船"双控"管理目标，明确提出到 2020 年全国压减海洋捕捞机动渔船 2 万艘、功率 150 万千瓦，除淘汰旧船再建造和更新改造外，不新造、进口在我国管辖水域生产的渔船。通过压减海洋捕捞渔船船数和功率总量，逐步实现海洋捕捞强度与资源可捕量相适应。

（三）海洋限额捕捞试点

海洋限额捕捞是保护海洋渔业资源的一项重要手段。为贯彻落实中共中央、国务院印发的《生态文明体制改革总体方案》和《国务院关于促进海洋渔业持续健康发展的若干意见》要求，经国务院批准，2017年1月12日农业农村部（原农业部）印发了《进一步加强国内渔船管控、实施海洋渔业资源总量管理的通知》，决定在部分省份开展限额捕捞试点。2017年，浙江、山东两省先后开展限额捕捞试点。2018年，试点工作扩大到辽宁、福建和广东三省。

浙江省选取宁波和舟山所处的浙北渔场作为试点区域，梭子蟹作为试点品种，组织制定并出台了《浙北渔场梭子蟹限额捕捞试点工作方案》《限额捕捞试点资源监测方案》《定点交易及配额管理办法》《试点渔船监督工作方案》等多个试点工作方案和办法。山东省选取东营市作为试点区域，海蜇作为试点品种。广东省选取珠江口海域作为试点区域，白贝作为试点品种。福建省和辽宁省则分别选取了厦漳海域和大连市普兰店区部分海域作为试点区域，并分别选取梭子蟹和中国对虾作为试点品种。表8.6展示了各试点地区的具体情况。

表8.6　　　　　　　　　　海洋限额捕捞试点具体情况

试点省份	试点区域	试点品种	具体工作
浙江	浙北渔场	梭子蟹	组织制定并出台了《浙北渔场梭子蟹限额捕捞试点工作方案》《限额捕捞试点资源监测方案》《定点交易及配额管理办法》《试点渔船监督工作方案》等多个试点工作方案和办法，明确了试点工作的方向
山东	东营市	海蜇	坚持"统一领导、社会协同、群防共治、稳妥推进"的工作原则，全面统筹部署，优化试点流程，健全管护制度，强化执法监管
广东	珠江口海域	白贝	以南海水产研究所为技术支撑单位，完成珠江口海域历年贝类资源调查资料收集整理工作；建立渔获物统计和上报、入渔渔船管理、定点交易及核查制度；完成拖贝渔船近3年来的捕捞信息采集工作；确定试点渔船具体配额及作业区域等事项后，按照有关规定申请入渔《专项（特许）渔业捕捞许可证》（简称"专项证"）。试点期间严格执行渔捞日志制度、渔获物运船或定点交易制度、配额管理制度，并加强执法监督管理，确保试点工作顺利进行

续表

试点省份	试点区域	试点品种	具体工作
福建	厦漳海域	梭子蟹	根据试点海域笼壶作业历史调查数据及近几年捕捞产量，综合确定最大可捕捞量；制作并发放渔捞日志，要求入渔渔船必须如实填报渔捞日志，建立渔捞日志制度。龙海市海洋与渔业局确定入渔渔船名册、发放限额捕捞试点专项许可证及标志旗，确定定点交易场所及交易辅助船。根据试点实施方案总体要求，龙海市海洋与渔业局明确本辖区试点渔船具体限额及作业区域等事项后，开展捕捞限额试点。试点渔船根据试点方案，严格执行渔捞日志制度、渔获物定船或定点交易制度、限额管理相关措施。漳州市、龙海市海洋与渔业执法机构加强执法监督管理，确保试点工作顺利进行。同时，收集东山海域笼壶作业渔捞日志，比较分析试点海域与未进行限额捕捞试点区域的差别
辽宁	大连市普兰店区部分海域	中国对虾	由辽宁省海洋与渔业厅牵头，组织领导小组成员单位按照分工对试点海域开展资源调查，确定试点海域对虾资源总量及年度可捕量，制定限额捕捞试点项目配套管理制度措施，筛选试点渔船，确定单船配额，为试点渔船发放专项捕捞许可证。提前组织参与试点工作的观察员、渔业行政执法人员及渔民进行培训等，做好试点项目实施前的各项准备工作。在组织实施阶段，由辽宁省海监渔政局牵头，领导小组成员单位按照分工共同开展限额捕捞试点工作的具体实施。跟踪监测试点品种资源情况，严格执行定点交易制度、渔捞日志制度、观察员制度、配额管理等相关制度措施，并加强执法监督管理，确保试点工作顺利进行

资料来源：《开展海洋限额捕捞试点 推动渔业资源总量控制——五省海洋限额捕捞试点工作情况介绍》，载于《中国水产》2018 年第 9 期，第 2 ~ 4 页。

第二节　海洋矿产与能源资源保障及可持续性

海洋矿产资源包括有金属矿物资源（金属砂矿、滨海基岩、大洋海底多金属结核等）、非金属矿产资源（非金属砂矿、海底煤炭、磷灰石和海绿石、岩盐等）。海洋能源合起来就是包裹整个海洋、上下立体的可利用的能源。除海底的各种化石能源（煤、石油、天然气），还包括海洋中所蕴含的可再生的自然能源，主要是潮汐能、波浪能、海流能、海水温差能和海水盐差能，以及海洋上空的风能、海洋表面的太阳能，以及海洋生物质能等。海洋矿产与能源资源作为支撑海洋经济发展的重要动力，是全球海洋中心城市建设中不可缺少的海洋资源种类。

一、海洋矿产与能源资源的禀赋优势

宁波—舟山海域矿产资源主要包括各类海砂和矿石。其中，崎头洋海域海砂以中粗砂为主，可作为建筑用砂，且分布面积较大。滨海砂矿主要有巨山冷峙错石砂矿和舟山桃花岛独居石矿。其中，桃花岛独居石矿为海进型滨海砂矿。杭州湾南岸的矿主要分布在舟山群岛的普陀山东部、朱家尖岛南沙村、桃花岛沙角岙，均系全新统海积（或风积）细砂（局部为中细砂），粒径一般约为 0.2 毫米，局部含少量黏性土或矿石，其中石英含量达 75% 以上。

舟山的海洋矿产资源尤为丰富。《2020 浙江自然资源与环境统计年鉴》数据显示，2019 年舟山海洋矿业产量为 13853.3 万吨，占浙江省的比重高达 94.38%，可以说浙江省的海洋矿业产量基本上全部来自舟山海域。图 8.3 展示了舟山 2010～2019 年海洋矿业产量的变化趋势。从图中可以看出，舟山海洋矿业产量整体呈现上升的态势，其中 2017 年和 2018 年海洋矿业产量相对较高，分别为 38642.9 万吨和 36114.6 万吨。

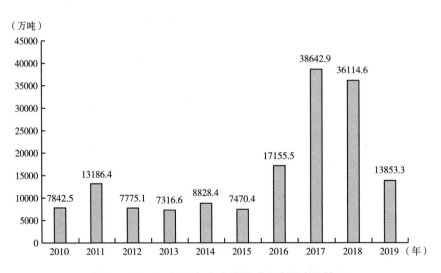

图 8.3　2010～2019 年舟山海洋矿业产量变化情况

资料来源：笔者根据历年《浙江自然资源与环境统计年鉴》整理。

在海洋能源方面，宁波东南约 350 千米处的春晓油气田是我国在东海大陆架盆地西湖凹陷中开发的一个大型油气田，探明的天然气储量达 700 亿立方米以上，此外还有大量的石油资源。海洋石油总公司以及石油化工集团负责对春晓油气田进行资源开采。宁波象山港是浙江省沿海潮汐能资源较富集的区域之一，如以西泽断面为坝址建潮汐电站，可装机 60.4×10^4 千瓦，年发电量达 16.6×10^8 千瓦时。

在海洋风能资源方面，宁波和舟山所处的浙江省有较强的海洋风能发电能力。如图 8.4 所示，2005～2013 年浙江省测得的海洋风能发电能力逐年攀升，在 2013 年达到了 59.53 万千瓦。宁波市象山海上百万风电基地的 1 号风电场是浙江省 5 个海上百万风电基地规划之一。该风电场位于檀头山岛东侧海域，中心点距离檀头山岛约 11 千米，原规划总装机容量 15 万千瓦、总投资约 30 亿元。根据最新评估，其总装机容量可增加到 25 万千瓦、总投资约 50 亿元。

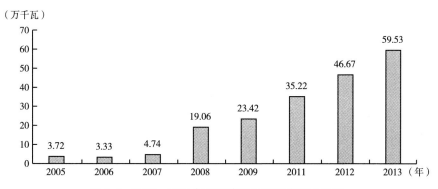

图 8.4 2005～2013 年浙江海洋风能发电能力变化

资料来源：笔者根据历年《浙江自然资源与环境统计年鉴》整理。

二、海洋矿产与能源资源的利用途径

（一）海滨砂矿开采

砂矿是海洋中一类相对易于开采的重要矿产资源类型。海滨砂矿是指，在海滨地带因河流、波浪、潮汐和海流作用，使重矿物碎屑聚集而形成的次生富集矿床，亦称为"海砂"。它既包括现处在海滨地带的砂矿，也包括在地质时期形成于海滨，后因海面上升或海岸下降而处在海面以下的砂矿。海滨砂矿主要分布在沿海大陆架地区，主要矿种包括金属矿物中的钛铁矿、金红石、锆石、磁铁矿（钛磁铁矿）；稀有金属矿物中的锡石、铌钽铁矿；稀土矿物中的独居石、磷钇矿；贵金属矿物中的砂金、金刚石、银、铂；非金属矿物中的石英砂、贝壳、琥珀等。滨海砂矿的经济价值明显，在工业、国防和高科技上均有重大应用价值。比如，可从中海滨砂矿提炼有用金属或非金属成分的砂矿，作为工业原料。已探明具有工业价值的矿种主要为钛铁矿、金红石、磁铁矿、钛磁铁矿、锡石、锆石、独居石、磷钇石、铌钽铁矿、金、铂、石英砂、砾石、贝壳、金刚石和琥珀等。再如，可从中海滨砂矿选取粗砂和中砂粒径的组分用于大型工程项目建设和填海造陆，用细砂组分养护滨海沙滩等旅游景观，作为工程建设材料（张金鹏、万荣胜、朱本铎，2014）。

宁波—舟山海域现有舟山瑞昌采砂有限公司、舟山向往石桥采砂装运工程有限公司和宁波镇海永大船务有限公司 3 个单位在此开采，各单位的海滨砂矿开采情况如表 8.7 所示。

表 8.7　　　宁波—舟山海域现有大型海滨砂矿开采公司情况

公司名称	开采区	开采用海面积（公顷）	年开采量（吨）
舟山瑞昌采砂有限公司	峙头洋海砂开采区	24.7	1500×10^4
	螺头水道海砂开采区	32.1	500×10^4
舟山向往石桥采砂装运工程有限公司	螺头水道海砂开采区	33.1	250×10^4
宁波镇海永大船务有限公司	峙头洋海砂开采区	—	3000×10^4

（二）海洋化石能源开采

海洋化石能源是一种天然的碳氢化合物或其衍生物，包括海底煤田、石油和天然气资源，属于不可再生的一次能源。海底石油是埋藏于海洋底层以下的沉积岩及基岩中的矿产资源之一。海底石油的开采过程包括钻生产井、采油气、集中、处理、贮存及输送等环节。海上石油生产与陆地上石油生产不同的是，其要求海上油气生产设备体积小、重量轻、高效可靠、自动化程度高、布置集中紧凑。海底石油的开采始于 20 世纪初，但在相当长的时期内仅发现少量的海底油田，直到 20 世纪 60 年代后期，海上石油的勘探和开采才获得了突飞猛进的发展。现在全世界已有 100 多个国家和地区在近海进行油气勘探，40多个国家和地区在 150 多个海上油气田进行开采，海上原油产量逐日增加，日产量已超过 100 万吨，约占世界总量的 25%。

海底煤矿是一种很重要的矿产，它的开采量在已开采的海洋矿产中占第二位，仅次于石油。一些发达国家常年开采海底煤矿。英国是世界上最早在海底开采煤矿的国家，从 1620 年至今已有三百多年的历史，仅海底采出的煤就占英国采煤总量的 10%。日本也是海底采煤量较多的国家，占全国采煤总量的 30%。从海底采的煤有褐煤、烟煤和无烟煤。世界上已探明的海底最大煤田是英国诺森伯兰海底煤田。另外，有些国家也在海底发现了大型煤田。比如，我国渤海湾和台湾沿岸也发现了较大规模的海底煤田。

近年来，一种被称为海底可燃冰的新型海洋化石能源备受关注，它是继煤、石油和天然气后，人类发现的又一种新型的能源。就外表而言，它酷似冰，是一种透明的结晶，且极易燃烧，燃烧产生的能量比煤、石油、天然气产生的都多得多，而且燃烧以后几乎不产生任何残渣或废弃物。海底可燃冰实际上是海底海洋天然气水化物，是由天然气和水在低温与高压情况下生成的固态笼型化合物。它作为一种高能量密度资源，蕴藏资源总量巨大，主要存在于海底和陆地永冻土区域，其中海洋天然气水合物约占天然气水合物总量的 95% 以上。天然气水合物开采方法主要有注热法、注化学制剂法、二氧化碳（CO_2）置换法、降压法、固态流化法等。

（三）海洋可再生能源发电

海洋可再生能源是指，海洋中所蕴藏的风能、潮汐能、潮流能（海流能）、波浪能、温差能、盐差能等，具有总蕴藏量大、可永续利用、绿色清洁等特点。发展海洋可再生能源是确保国家能源安全、实施节能减排的客观要求。海洋可再生能源是一种储量丰富的清洁能源。海洋可再生能源的开发利用可以实现能源供给的海陆互补，减轻沿海经济发达、能耗密集地区的常规化石能源供给压力。多种能源共同维护和保障我国能源安全和经济社会可持续发展，亦将有利于发展低碳经济和实现节能减排目标。

我国发展海洋可再生能源已有一定的技术基础。据统计，我国近海可安装风电约 2 亿千瓦，海上风电年利用小时数长，风速高且稳定，单机能量产出较大。国家计划 2020 年前在江苏南通、盐城，以及上海、山东鲁北等海域重点建设几个百万千瓦级大型风电基地，在其他海域重点建设数十个 10 万千瓦级的海上风电场。我国潮汐能利用技术基本成熟，达到国际先进水平。波浪能、潮流能等技术研发和小型示范应用取得进展，开发利用工作尚处于起步阶段，但已有较好的技术储备，未来有较大的发展潜力。我国独立研发和建设的装机容量为 3900 千瓦的江厦潮汐试验电站具备设计和制造单机容量为 2.6 万千瓦低水头大功率潮汐发电机组能力。此外，我国还先后建设了 70 千瓦漂浮式、40 千瓦坐底式两座垂直轴的潮流实验电站和 100 千瓦振荡水柱式、30 千瓦摆式波浪能发电试验电站；启动了 500 千瓦至兆瓦级的波浪能独立电力系统和并网电力系统示范工程建设；近海波浪能和潮流能试验场一期工程已经列入计划并启动了相关建设工作；温差能技术完成了实验室原理试验研究，正在进行温差发电的基础性试验研究。

　　宁波和舟山的海洋电力发电能力在浙江省具有举足轻重的地位。据统计，2019 年，宁波海洋电力年发电量达到了 103480.3 万千瓦时，占浙江全省海洋电力发电量的 67.36%；舟山的海洋电力年发电量也达到了 29640 万千瓦时，两地的总和占全省海洋电力年发电量的比重高达 86.65%。图 8.5 展示了 2010～2019 年宁波和舟山的海洋电力年发电量变化情况。从图中可以发现，宁波海洋电力年发电量逐年攀升，在 2011～2016 年攀升速度十分迅速，2016～2019 年攀升速度有所放缓，但仍处于不断上升的趋势。舟山海洋电力年发电量在 2010～2013 年逐年攀升，在 2013～2019 年呈现波动上升的变化趋势，其

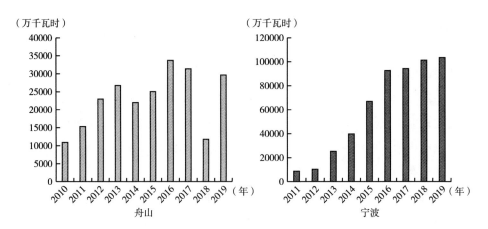

图 8.5　2010～2019 年宁波和舟山海洋电力年发电量变化情况

资料来源：笔者根据历年《浙江自然资源与环境统计年鉴》整理。

中在 2018 年有明显下降，但在 2019 年又迅速回升。总体来看，与初期相比，舟山海洋电力年发电量整体呈现上升态势。

三、海洋矿产与能源资源的保护举措

作为自然资源的一种，海洋矿产与能源资源所具备的有用性和稀缺性特征共同决定了海洋矿产与能源是有价值的。作为理性的经济人，在海域无偿使用的前提下，海域使用主体不会倾向于为维护海洋矿产与能源的再生产能力去追加劳动，导致海洋矿产与能源价值无法在海域经济活动中得以体现，进而会催生海洋矿产与能源无价值理念，而海域使用主体为了通过生产海域产品获取利益，会重新选择无偿使用海域。这样的恶性循环的最终结果就是海洋矿产与能源衰退，甚至枯竭。

打破这一恶性循环的关键在于实行海域有偿使用制度。一方面，海域有偿使用会使得海洋矿产与能源价值被囊括进海域产品的现实价值中，从而提升海域使用主体生产海域产品的原材料成本。海域使用主体为了获取更高的收益，会通过技术创新、工艺改进和加强管理等多种方式，减少海洋矿产与能源的消耗，提高海洋矿产与能源的使用效率。另一方面，海域使用主体在实现了其开采海洋矿产与能源的劳动价值外，还会产生由海洋矿产与能源价值所带来的剩余价值，进而为维护海洋矿产与能源的再生产能力而追加劳动，促使海洋矿产与能源有价值的理念深入人心。而海洋矿产与能源使用者要想继续通过生产海域产品获取利益，就必须要为使用海洋矿产与能源"付费"。

1993 年，第 48 届联合国大会要求各国把海洋综合管理列入国家发展议程，号召沿海国家改变部门分散管理方式，建立多部门合作，社会各界广泛参与的海洋综合管理制度。为了加强对海域的综合管理，1993 年 5 月，财政部和国家海洋局联合颁布《国家海域使用管理暂行规定》，明确指出海域属于国家所有，对使用国家海域从事生产经营活动的，实行海域使用证制度和有偿使用制度。该规定还对海域有偿使用制度所涉及的海域使用金及其征收做了规定，并将海域使用金划分为海域出让金、海域转让金和海域租金三种类型。该规定是我国在中央层面颁布的第一部专门针对海域使用综合管理的行政规章。它的出台也标志着我国的海域有偿使用制度开始进入探索阶段。

2001 年 10 月，第九届全国人民代表大会常务委员会第二十四次会议通过

了《海域使用管理法》，自 2002 年 1 月 1 日起施行。该法明确了海域的国家所有权，并且规定单位和个人使用海域，必须依法取得海域使用权。该法还专门设有"海域使用金"一章，规定国家实行海域有偿使用制度，单位和个人使用海域应当按照国务院的规定缴纳海域使用金。《海域使用管理法》的出台标志着我国海域有偿使用制度正式确立。自此，我国的海域有偿使用制度进入了有法可依的时代。

除了实施海域有偿使用制度外，在海洋矿产和能源资源开发过程中，一方面可以引进新型海洋化探和生态监测技术手段，不断加强海洋高科技的研究和利用，以海洋地质工作为先导，提升海洋地质矿产资源勘探水平（吴美仪，2018），完善开采海洋矿产与能源的技术和设备及相关的环境影响评价技术指标，加强环境评价和资源量评价环节的认证。另一方面，也有必要从国家层面上编制海洋矿产与能源开采的总体规划，加快海洋矿产与能源资源开发的管理，严格执行海洋矿产与能源开采的海域使用论证制度、海洋矿产与能源开采环境监测制度。此外，可以通过技术革新和政策引导，逐步减少近岸海洋矿产与能源开采活动，将海洋矿产与能源开发的重点转移到深水区域，并在充分认识海洋矿产与能源勘探和开采所产生环境影响的基础上，开发利用浅海海洋矿产与能源，实现保护海洋环境，促进海洋经济、资源与环境的协调发展（张金鹏、万荣胜、朱本铎，2014）。

第三节　海岛与海岸线资源保障及可持续性

海岛是指四面环海水，并在高潮时高于水面的自然形成的陆地区域，包括有居民海岛和无居民海岛。海岸线是海洋与陆地的分界线，更确切的定义是海水向陆到达的极限位置的连线由于受到潮汐作用以及风暴潮等影响，海水有涨有落，海面时高时低，所以海岸线时刻处于变化之中。实际的海岸线应该是高低潮间无数条海陆分界线的集合，它在空间上是一条带，而不是一条地理位置固定的线。海岛与海岸线资源是全球海洋中心城市建设中重要的资源，不仅是滨海旅游业开发所依赖的重要物质基础，更是海洋港口建设不可缺少的自然条件。

一、海岛与海岸线资源的禀赋优势

宁波—舟山海域分布着大量的海岛。其中，舟山市面积大于 500 平方米的海岛总数高达 1383 个，占全省总量的 45.2%，居全省第一；宁波市面积大于 500 平方米的海岛总数为 527 个，占全省总量的 17.2%。浙江十大海岛中有 9 个位于宁波—舟山海域，包括舟山本岛、岱山岛、六横岛、南田岛、金塘岛、朱家尖岛、衢山岛、桃花岛和高塘岛。表 8.8 列出了宁波和舟山面积大于 10 平方千米的海岛，其中舟山海域有 16 座，宁波海域有 6 座。

表 8.8　　　　**宁波和舟山面积大于 10 平方千米的海岛**　　　单位：平方千米

城市	海岛及其面积
舟山	舟山（476.16）、岱山（104.97）、六横（93.66）、金塘（77.35）、朱家尖（61.81）、衢山（59.79）、桃花（40.37）、大长涂（33.56）、秀山（22.88）、泗礁（21.35）、虾峙（17.00）、登步（14.51）、册子（14.20）、普陀山（11.85）、长白（11.10）、小长途（10.92）
宁波	南田（84.38）、高塘（39.11）、大榭（28.37）、梅山（26.90）、花岙（12.62）、檀头山（11.03）

资料来源：周航主编：《浙江海岛志》，高等教育出版社 1998 年版。

如表 8.9 所示，在各区县海岛陆域和滩涂面积分布方面，舟山市定海区的海岛陆域面积最大，为 530.83 平方千米，其中丘陵山地面积略高于平地面积。在滩涂面积方面，舟山市普陀区的面积最大，为 69.77 平方千米。宁波市象山县无论是在海岛陆域面积还是滩涂面积方面，均居于领先地位，分别为 182.39 平方千米和 51.64 平方千米，陆域面积中丘陵山地面积约为平地面积的两倍。

表 8.9　　　　**宁波和舟山各区县海岛陆域和滩涂面积分布统计**　　单位：平方千米

城市	区（县）	陆域面积			潮间带滩（涂）地
		总面积	丘陵山地	平地	
舟山	嵊泗	67.95	62.2	5.75	18.27
	岱山	269.1	165.18	103.92	57.4
	定海	530.83	315.86	214.97	37.61
	普陀	388.82	243.1	145.72	69.77
	小计	1256.7	786.35	470.35	183.06

续表

城市	区（县）	陆域面积			潮间带滩（涂）地
		总面积	丘陵山地	平地	
宁波	镇海	0.18	0.18	0	0.01
	北仑	60.93	22.73	38.21	16.84
	鄞州	0.03	0.03	0	0.12
	奉化	7.52	6.59	0.92	6.67
	宁海	3.01	2.45	0.56	1.83
	象山	182.39	121.49	60.91	51.64
	小计	254.07	153.47	100.6	77.11

资料来源：周航主编：《浙江海岛志》，高等教育出版社1998年版。

如表8.10所示，在海岛岸线方面，舟山市普陀区的海岛岸线总长最长，达838.59千米，其次为岱山县，长度达到717.01千米。两个区（县）岸线主要种类均为岩质岸线，长度分别为620.5千米和584.79千米。宁波市象山县的海岛岸线总长遥遥领先其他区（县），达到575.94千米，占宁波全市的75.92%。在岸线种类上，与舟山类似，主要为岩质岸线，长度为492.7千米。

表8.10　　　　　　宁波和舟山各区县海岛岸线分布统计　　　　　单位：千米

城市	区（县）	海岛岸线总长	岩质岸线	人工岸线	砂砾质岸线	泥质岸线
舟山	嵊泗	471.35	431.39	29.66	10.17	0.13
	岱山	717.01	584.79	113.39	12.07	6.76
	定海	416.63	214.10	194.85	2.22	5.46
	普陀	838.59	620.50	192.09	25.60	0.40
	小计	2443.58	1850.78	529.99	50.06	12.75
宁波	镇海	3.87	3.87	0.00	0.00	0.00
	北仑	92.98	36.33	56.22	0.26	0.18
	鄞州	1.33	1.33	0.00	0.00	0.00
	奉化	44.12	37.68	3.91	0.00	2.54
	宁海	40.36	35.66	4.36	0.00	0.34
	象山	575.94	492.70	76.44	4.68	2.12
	小计	758.60	607.56	140.93	4.94	5.18

资料来源：周航主编：《浙江海岛志》，高等教育出版社1998年版。

二、海岛与海岸线资源的利用途径

（一）发展滨海旅游业

随着经济的快速发展，人们的精神需求增加，旅游逐渐成为放松和休闲的重要方式之一，其中滨海旅游日益受到青睐。滨海旅游业是指，以利用海岸带、海岛及海洋景观资源为依托而开展的旅游经营和服务活动，是海洋经济的一个重要组成部分（杜权、王颖，2020）。在众多海洋细分产业中，滨海旅游业占有绝对的主导地位，是海洋经济的支柱产业，在沿海区域经济发展中起重要作用。滨海旅游业的发展也会成为一种推力，推动其他海洋产业的发展，从而从整体上带动海洋经济增长。

凭借丰富的海岛和岸线资源，宁波和舟山的滨海旅游业发展十分迅速（见图8.6）。2017年，宁波和舟山的滨海旅游国内游客数分别为10910万人次和5473万人次，占浙江全省的15.16%和7.6%，两市合计占浙江全省的22.76%。在时间变化上，宁波和舟山的滨海旅游国内游客数均出现明显上升，其中宁波从2004年的2010万人次上升到2017年的10910万人次，上升率高达442.79%，舟山也从2004年的825万人次上升到2017年的5473万人次，上升率为563.39%。

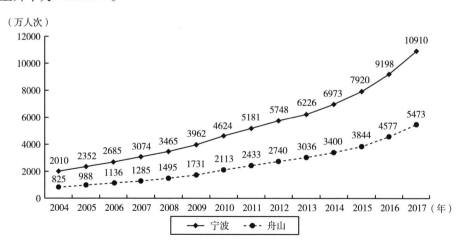

图8.6　2004～2017年宁波和舟山的滨海旅游国内游客数

资料来源：笔者根据历年《中国海洋统计年鉴》整理。

（二）建设海港

港口是位于海、江、河、湖、水库沿岸，具有水陆联运设备和条件以供船舶安全进出和停泊的运输枢纽。港口是水陆交通的集结点和枢纽，是工农业产品和外贸进出口物资的集散地，也是船舶停泊、装卸货物、上下旅客、补充给养的场所。海港则是港口的一类，通常位于海岸或海湾内，也有离开海岸建在深水海面上的。

位于东海之滨的宁波—舟山港是我国深水岸线资源最丰富的地区。宁波港的进港航道水深达 18.2 米以上，25 万吨级以下船舶可以自由进出，25 万～30 万吨级超大型船舶可以候潮进港。而依托我国最大的群岛舟山群岛的舟山港更是拥有世界罕有的建港条件，水深 15 米以上的岸线达 200.7 千米，水深 20 米以上的岸线达 103.7 千米，穿越港区的国际航道能通行 30 万吨级以上的巨轮。《中国海洋统计年鉴》的数据显示，2018 年 1 至 11 月，宁波—舟山港累计完成货物吞吐量 10.02 亿吨，同比增长 7.4%，继 2017 年成为全球首个超 10 亿吨大港后，再度突破 10 亿吨，年货物吞吐量已经连续十年位居全球港口第一。2017 年，宁波—舟山港完成集装箱吞吐量 2460.7 万标准箱，连续 3 年位居全球第四。2018 年 12 月 10 日，宁波—舟山港年集装箱吞吐量首次突破 2500 万标准箱，实现历史性新跨越。宁波港、舟山港两港融合"1 + 1 > 2"发展效应已充分显现。回眸两港一体化实施推进的十多年来，宁波—舟山港始终朝着习近平总书记提出的发展成为全国之最甚至世界之最的目标砥砺奋行，创造了世界港口发展史上的奇迹，成为名副其实的世界第一大港。

在码头长度变化方面（见图 8.7），2007～2018 年宁波—舟山港口码头长度不断增加，从 2007 年的 56278 米增加到 2018 年的 92503 米，港口码头利用率不断提高。在泊位变化方面（见图 8.8），2007～2018 年宁波—舟山港口泊位基本维持在 600 个以上，虽然没有明显增长，但是万吨级泊位数明显上升，且呈现逐年递增的趋势，从 2007 年的 84 个增加到 2018 年的 178 个，增加了近一倍，这表明宁波—舟山港口泊位层级不断提升，港口运输能力不断加强，海洋交通运输业不断发展。与浙江省其他地区相比，宁波—舟山港口在码头长度和泊位数上均有明显优势，2018 年宁波—舟山港口码头长度为 92503 米，而嘉兴、台州和温州分别仅为 12068 米、14401 米和 16785 米，均不及舟山—

宁波港口的 1/5。2018 年宁波—舟山港口泊位数占全省的一半以上，其中近 3/4 的万吨级泊位更是集中在宁波—舟山港口。

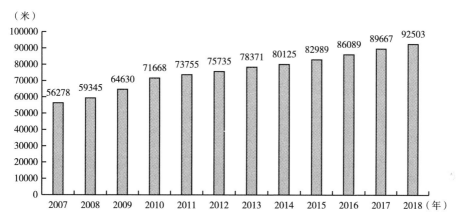

图 8.7　2007～2018 年宁波—舟山港口码头长度变化情况

资料来源：笔者根据历年《中国海洋统计年鉴》整理。

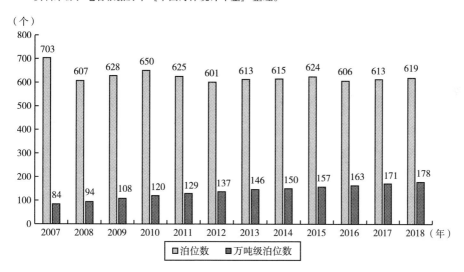

图 8.8　2007～2018 宁波—舟山港口泊位变化情况

资料来源：笔者根据历年《中国海洋统计年鉴》整理。

（三）设立海洋保护区

海洋保护区是潮间带或潮下带环境的一部分，包含其上覆水域、鱼类区系、动物区系，并且已通过法律或其他有效手段予以保留和保护的区域。海洋保护区被越来越多地用于海洋综合管理。设立海洋保护区是保护海洋生物多样性、减少海洋生物量下降和渔业崩溃风险、增强生态功能以及减轻人类活动（如过度捕捞、石油开采、采砂和废水排放）等负面影响的有效途径。

海洋保护区根据保护要求被赋予了不同的名称，如完全保护区、禁止开采海洋保护区；严格禁止开采生物和非生物资源（包括渔业、水产养殖、水上运输和工业开发）的海洋区域的一部分，以及允许不同程度开发的部分保护区，如多用途海洋保护区、海岸公园或栖息地/物种管理区。多用途海洋保护区旨在实现多种目标，包括生物多样性保护、文化遗产保护、加强资源的可持续利用，并由不同程度的保护场所组成。多用途海洋保护区允许适度的经济活动。全球海洋的 0.08% 和国家管辖下总海洋面积的 0.2% 已被确定为完全保护区。世界自然保护联盟（International Union for Conservation of Nature，IUCN）建议，到 2012 年，每个海洋栖息地的 20% ~ 30% 应指定为完全保护区。多用途海洋保护区的覆盖范围远远超过了完全保护区。包括美国、菲律宾、澳大利亚和中国在内的许多国家已经建立了多用途海洋保护区。

在我国，完全保护区被称为海洋自然保护区，多用途海洋保护区被称为海洋特别保护区或者国家级海洋公园。截至 2019 年，浙江全省已建 17 个海洋保护区，保护区总面积 4131.82 平方千米，其中宁波和舟山合计 7 个，总计 3064.69 平方千米，占比高达 73.76%。在宁波和舟山的海洋保护区中，海洋自然保护区 2 个，分别为五峙山列岛海洋自然保护区和韭山列岛国家级海洋生态自然保护区；海洋特别保护区 4 个，分别为浙江普陀中街山列岛海洋特别保护区、嵊泗马鞍列岛海洋特别保护区、渔山列岛国家级海洋生态特别保护区和舟山东部省级海洋特别保护区；国家级海洋公园 1 个，为宁波象山花岙岛国家级海洋公园。其中，舟山东部省级海洋特别保护区面积最大，达 1689.32 平方千米。宁波和舟山的海洋保护区建设具体情况如表 8.11 所示。

表 8.11　　　宁波和舟山海洋保护区建设情况（截至 2019 年）

保护区	所在地级市	保护类型	面积（平方千米）	保护区级别
五峙山列岛海洋自然保护区	舟山	海洋生物物种	5	省级
韭山列岛国家级海洋生态自然保护区	宁波	海洋和海岸生态系统	484.78	国家级

续表

保护区	所在地级市	保护类型	面积（平方千米）	保护区级别
浙江普陀中街山列岛海洋特别保护区	舟山	海洋生物物种	218.4	国家级
嵊泗马鞍列岛海洋特别保护区	舟山	海洋生物物种	549	国家级
渔山列岛国家级海洋生态特别保护区	宁波	海洋和海岸生态系统	57	国家级
宁波象山花岙岛国家级海洋公园	宁波	海洋和海岸生态系统	44.19	国家级
舟山东部省级海洋特别保护区	舟山	海洋和海岸生态系统	1689.32	省级

资料来源：笔者根据《浙江自然资源与环境统计年鉴—2020》整理。

三、海岛与岸线资源的保护举措

随着沿海地区经济社会的加速发展，海洋资源环境承载能力不断下降，沿海地区民众日益增长的美好生活需要和海岛地区经济、社会发展和生态保护不平衡不充分之间的矛盾日益突出，主要表现在部分有居民海岛基础设施建设较为滞后，抵御自然灾害能力较弱，居民生活与生产条件艰苦，海岛地区经济社会发展与大陆差距明显，海岛对海洋经济发展贡献不足。部分海岛水土流失、虫害、外来物种入侵等情况较为严重，生物多样性降低，海岛资源环境承载能力下降。基于生态系统的海岛集约节约开发利用模式尚未形成；无居民海岛开发产业单一，形式较为粗放，对海岛资源环境的保护与海岛资源独特性的发挥体现不强，开发利用偏重经济效益，资源开发综合效益较低。

海岸线污染可大致分为固体废物污染、水体污染、石油污染等。固体废弃物污染是以废弃的塑料制品、泡沫制品以及木制品为代表的人类生产生活垃圾。海岸线垃圾具体可分为陆源垃圾和海上垃圾。海岸附近的居民或游客随手丢弃以及内陆城区垃圾入河残留于海岸线，从而造成海岸线污染，称为陆源垃圾污染。洋流运动带来远海垃圾，经过潮汐和海风作用，堆积于海岸线，称为海上垃圾污染。水体污染包括没有经过良好处理的黑臭排污，以及生产生活废水经过海滩直排海洋造成的污染。其中，海水富营养化问题突出。由于海水富营养化，藻类和微生物灾害时有发生，影响动植物生存，破坏水域生态平衡。石油污染主要是海底油井开采过程中溢漏以及油船运输泄漏事故造成。

海岸线污染严重影响了海滨美学价值。岸线自然景观被破坏，海岸泡沫、海面漂浮的垃圾影响居民以及游客观感体验，甚至弥漫着令人难以接受的味道。除了影响美学价值，海滨的经济价值也大大降低。当然，首当其冲的还是滨海旅游业，其次是近海滩涂养殖以及捕捞业等。对生态环境带来的危害也不容小觑。污染物直接影响动植物生存，破坏生态平衡；有害物质通过呼吸和食用进入海洋生物体内，通过食物链影响人类以及其他生物，危害人体健康。

（一）建立海岛与海岸线分类保护体系

海岛分类保护是浙江省出台的一项针对海岛保护的创新举措。浙江省海岛分类保护体系将海岛划分为有居民海岛和无居民海岛两类，并沿用《浙江省重要海岛开发利用与保护规划》和《浙江省无居民海岛保护与利用规划》的海岛分类保护体系基本架构，分别对有居民海岛和无居民海岛进一步分类。

根据海岛资源环境保护要求和经济社会发展需求，有居民海岛按整岛主导功能定位分为综合利用岛、港口物流岛、临港工业岛、清洁能源岛、滨海旅游岛、现代渔业岛、海洋科教岛、海洋生态岛 8 个二级类；无居民海岛分为特殊保护类和一般保护类 2 个二级类、6 个三级类。各类型定义如表 8.12 所示。

表 8.12　　　　　浙江省海岛分类保护体系

一级类	二级类	三级类	定义
有居民海岛	综合利用岛		陆域腹地较大、资源禀赋较好、人口分布集中、城市（镇）依托较强，在海岛及周边海域生环境保护的基础上，综合开发利用和发展产业、对周边具有较强辐射带动能力的海岛
	港口物流岛		具有优越的地理区位条件、深水岸线资源和一定陆域腹地空间，在海岛及周边海域生态环境保护的基础上，适度发展集装箱或大宗商品储运、中转等港口物流功能，辅以国际贸易、金融与信息服务、分拨配送、增值加工、博览展示等功能的海岛

续表

一级类	二级类	三级类	定义
有居民海岛	临港工业岛		具有较好的建港条件和充裕的后方腹地空间，在海岛及周边海域生态环境保护的基础上，适度发展临港型的石油化工产业、重型装备制造业、船舶修造产业、大宗物资加工等工业，兼备一定的生产和生活服务功能的海岛
	清洁能源岛		具有较好的核能、风能、海洋能等能源资源基础或发展条件，在海岛及周边海域生态环境保护的基础上，适度开展能源开发利用或清洁能源利用技术示范性研究，并有良好基础设施接入条件的海岛
	滨海旅游岛		具有优美的滨海自然景观、良好的生态环境、深厚的人文底蕴等海洋旅游资源条件，在海岛及周边海域生态环境、旅游资源保护的基础上，适度发展滨海观光、休闲度假、海洋文化、海鲜美食、休闲海钓、滨海体育、海洋生态等特色滨海生态旅游业，兼备一定的生产和生活功能的海岛
	现代渔业岛		具有良好的渔业发展基础，在海岛及周边海域生态环境、渔业资源保护的基础上，适度发展现代海洋捕捞、海水生态养殖、水产品加工贸易等功能，辅以海洋生物资源保护，兼备一定的生产和生活功能的海岛
	海洋科教岛		在海岛及周边海域环境生态保护的基础上，适度从事海洋科研、教育、试验等功能的海岛，一般为海洋类高校或科研机构、观测试验基地所在地的海岛
	海洋生态岛		以保护海岛及其周边海域的海洋生态环境、海洋生物与非生物资源功能为主的海岛
无居民海岛	特殊保护类	国家权益海岛	包括领海基点保护范围内的无居民海岛，以及其他具有重要政治、经济利益的无居民海岛
		自然保护区内海岛	位于已建或待建的自然保护区内的无居民海岛。海岛及周边海域具有典型的海洋生态系统、高度丰富的海洋生物多样性，以及珍稀濒危动植物物种集中分布地等
		海洋特别保护区内海岛	位于已建或待建的海洋特别保护区内的无居民海岛，海岛及周边海域具有典型海洋生态系统和重要生态服务功能
		其他重要保护海岛	位于海洋自然保护区和海洋特别保护区之外，但海岛及周边海域具有重要自然景观、历史文化遗迹、生物资源及代表性的自然生态系统等，需要重点保护的无居民海岛
	一般保护类	保留类海岛	以保护为主，不具备开发利用条件的无居民海岛
		限制开发类海岛	在保护海岛及周边海域生态环境的基础上，充分考虑海岛自身资源优势，结合当地经济社会发展的需要，经论证允许适度开展限制性开发利用活动的无居民海岛

资料来源：《浙江海岛保护规划（2017—2022年）》。

根据划分标准，宁波和舟山的有居民海岛分类保护总体布局中滨海旅游岛数量最多（57 个），港口物流岛紧随其后（41 个）。数量最少的是清洁能源岛和现代渔业岛，均为 4 个。具体的布局如表 8.13 所示。

表 8.13　　　　　　　　　**宁波和舟山有居民海岛分类保护总体布局**

海岛分类	城市	数量（个）	涉及海岛
综合利用岛	舟山	8	舟山岛、泗礁山岛、大洋山岛、岱山岛、金塘岛、小干马峙岛、鲁家峙岛、六横岛
港口物流岛	宁波	2	梅山岛、穿鼻岛
	舟山	39	北鼎星岛、连槌山岛、马迹山岛、小黄龙岛、小洋山岛、唐脑山岛、大山塘岛、小山塘北岛、蒲帽山岛、小衢山岛、黄泽山岛、双子山岛、扁担山岛、钥匙山、衢山岛、琵琶栏岛、鼠浪湖岛、大竹屿岛、大长涂山岛、大西寨岛、峙中山岛、富翅岛、册子岛、中钓山岛、外钓山岛、隔壁山岛、西蟹峙岛、吞山岛、东白莲山岛、大双山岛、小双山岛、牛山岛、野佛渡岛、汀子山岛、佛渡岛、走马塘岛、凉潭岛、悬山后门山岛、外青山岛
临港工业岛	宁波	3	大榭岛、外神马岛、里神马岛
	舟山	20	东垦山岛、西垦山岛、大鱼山岛、小鱼山岛、小长涂山岛、小峧山岛、江南山岛、大峧山岛、长白岛、大菜花山岛、小鬐果山岛、鱼龙山岛、横档山岛、大王脚山岛、梁横山岛、蚂蚁岛、西白莲山岛、湖泥山岛、虾峙岛、金钵盂岛
清洁能源岛	宁波	2	高塘岛、南田岛
	舟山	2	官山岛、葫芦岛
滨海旅游岛	宁波	7	白石山岛、横山岛、铜山岛、崇巇岛、铜钱礁岛、对面山岛、檀头山岛
	舟山	50	大戢山岛、金鸡山岛、徐公岛、滩浒山岛、白节山岛、下三星岛、鱼腥脑岛、对港山岛、山外山岛、东寨岛、小龟山岛、小板岛、秀山岛、大鬐果山岛、甘池山岛、里钓山岛、大鹏山岛、小竹山岛、大五奎山岛、盘峙岛、东蟹峙岛、西岠岛、凤凰岛、小盘峙岛、皇地基岛、王家山岛、大馒头山岛、东岠岛、松山岛、刺山岛、大猫岛、小猫山岛、普陀山岛、洛迦山岛、柱子山岛、柴山岛、羊峙山岛、白沙山岛、朱家尖岛、后门山岛、登步岛、悬鹁鸪山岛、西峰岛、桃花岛、大铜盘岛、悬山岛、台门对面山岛、砚瓦山岛、笔架山岛、大蚊虫岛
现代渔业岛	宁波	2	外峙岛、东门岛
	舟山	2	大黄龙岛、圆山岛

海岛分类	城市	数量（个）	涉及海岛
海洋科教岛	舟山	4	长崎岛、小摘箬山岛、摘箬山岛、西闪岛
海洋生态岛	宁波	3	南韭山岛、花岙岛、北渔山岛
	舟山	16	花鸟山岛、西绿华岛、东绿华岛、东库山岛、大盘山岛、张其山岛、壁下山岛、柱住山岛、嵊山岛、枸杞岛、浪岗中块岛、黄兴岛、青浜岛、庙子湖岛、西福山岛、东福山岛

资料来源：《浙江海岛保护规划（2017—2022年）》。

在重点保护的有居民海岛中，宁波和舟山共有48个，占浙江全省的68.57%。其中，舟山市重点保护的有居民海岛数量最多，为39个，占浙江全省的比重高达55.71%。宁波和舟山涉及重点保护的有居民海岛具体如表8.14所示。

表8.14　　　　　　　　　宁波和舟山重点保护有居民海岛布局

城市	数量（个）	涉及海岛
宁波	9	崇巇岛、白石山岛、横山岛、铜山岛、南韭山岛、檀头山岛、南田岛、花岙岛、北渔山岛
舟山	39	花鸟山岛、西绿华岛、东绿华岛、大戢山岛、东库山岛、大盘山岛、张其山岛、壁下山岛、柱住山岛、金鸡山岛、嵊山岛、枸杞岛、泗礁山岛、徐公岛、白节山岛、浪岗中块岛、秀山岛、黄兴岛、青浜岛、庙子湖岛、西福山岛、东福山岛、普陀山岛、洛迦山岛、柴山岛、羊峙山岛、白沙山岛、朱家尖岛、后门山岛、登步岛、悬鹁鸪山岛、西峰岛、桃花岛、六横岛、悬山岛、台门对面山岛、砚瓦山岛、笔架山岛、大蚊虫岛

资料来源：《浙江海岛保护规划（2017—2022年）》。

除了对海岛进行分类保护外，遵循国家统一规定，宁波和舟山也对海岸线实施分类保护与利用。根据海岸线自然资源条件和开发程度，可分为严格保护类、限制开发类和优化利用三个类别，具体如表8.15所示。

表8.15　　　　　　　　　海岸线分类保护规则

保护与利用类别	界定范围	保护与利用要求
严格保护类	自然形态保持完好、生态功能与资源价值显著的自然岸线	按生态保护红线有关要求划定，由省级人民政府发布本行政区域内严格保护岸段名录，明确保护边界，设立保护标识。除国防安全需要外，禁止在严格保护岸线的保护范围内构建永久性建筑物、围填海、开采海砂、设置排污口等损害海岸地形地貌和生态环境的活动

续表

保护与利用类别	界定范围	保护与利用要求
限制开发类	自然形态保持基本完整、生态功能与资源价值较好、开发利用程度较低的海岸线	严格控制改变海岸自然形态和影响海岸生态功能的开发利用活动，预留未来发展空间，严格海域使用审批
优化利用类	人工化程度较高、海岸防护与开发利用条件较好的海岸线	集中布局确须占用海岸线的建设项目，严格控制占用岸线长度，提高投资强度和利用效率，优化海岸线开发利用格局

资料来源：《海岸线保护与利用管理办法》。

（二）海洋生态保护红线制度

红线的概念源于城市规划，指的是禁区。红线是法定的、强制性的，任何建筑物或构筑物不得超过建筑物红线。国外没有生态保护红线的概念，这是我国生态保护领域的一项制度创新。海洋生态保护红线制度产生于我国政府对重大海洋生态问题的认识的背景之下。海洋生态保护红线制度以最严格的海洋生态保护体系保护国家海洋生态健康和生态安全底线，并与海洋功能区划和海洋主体功能区划一起完善我国海洋空间规划体系。一旦划定，海洋生态保护红线将成为一条不可逾越的空间保护线，将实施最严格的环境准入和控制措施，并将成为我国构建海洋生态安全框架的基础。

海洋生态保护红线是指具有特殊重要生态功能、必须严格保护的海洋生态空间，包括极其重要的生态功能区、生物多样性保护、沿海生态稳定等敏感脆弱生态区。海洋生态保护红线制度是我国海洋空间开发与保护格局的重要组成部分，也是统一实施海洋空间利用控制和生态保护与恢复的重要依据。我国高度重视海洋生态保护红线体系的建立，在重要的海洋生态保护战略中对海洋生态保护红线工作提出了明确要求。比如，2011 年《国务院关于加强环境保护重点工作的意见》明确提出在重要生态功能区、陆地和海洋生态环境敏感区、脆弱区等区域划定生态红线。2016 年，修订后的《海洋环境保护法》将海洋生态保护红线制度纳入其中，规定国家在重点海洋生态功能区、生态环境敏感区和脆弱区等海域划定生态保护红线，实行严格保护。

（三）生态岛礁工程

生态岛礁是指生态健康、环境优美、人岛和谐、监管有效的海岛。生态岛礁工程是为建设生态岛礁而采取的整治修复行动和保护管理措施，以保障海岛生态安全，维护海洋权益，改善人居环境，是海洋强国和生态文明建设的重要举措之一。开展生态岛礁工程建设，旨在维护国家海洋权益，保护和修复海岛生态环境，创新海岛开发利用模式，创造优良的海岛生态、生产、生活空间与条件，打造生态健康、环境优美、人岛和谐、监管有效的生态岛礁。

宁波和舟山所处的东海大陆架区毗连长江三角洲经济区和浙江海洋经济发展示范区，涵盖舟山群岛新区。该区域的海岛数量约占全国总数的一半，海洋生产力最高，拥有世界著名渔场，珍稀濒危和特有物种众多。在该区域的生态岛礁工程实施规划如表8.16所示。

表8.16　　　　　　　东海大陆架生态岛礁实施"十三五"规划

类型	涉及海岛
生态保育类工程	九段沙、韭山列岛、南麂列岛
生态景观类工程	中街山列岛、西门岛、洞头岛
宜居宜游类工程	枸杞岛、大嵛山
科技支撑类工程	花鸟山岛、东绿华岛、舟山石化基地与宁德核电所在海岛

资料来源：《全国生态岛礁工程"十三五"规划》。

第四节　全球海洋中心城市建设的资源利用制度创新

宁波和舟山海洋资源丰富，海洋科技创新能力提升速度快，依托港口优势，其海洋经济发展势头强劲，为全球海洋中心城市建设提供了坚实的基础。然而，宁波和舟山在海洋资源利用过程中存在资源开发强度过大的问题，尤以渔业资源为典型，此外受海洋生态环境损害的影响，宁波和舟山海洋资源的可持续利用面临挑战。因此，需要借助全球海洋中心城市建设的契机，进行制度创新，将市场机制引入资源利用，促进海洋资源的最优配置和合理利用。

一、资源保障的总体评价

（一）海洋经济发展实力强劲

依托丰富的海洋资源，宁波和舟山基本形成了以打造世界一流强港为引领、以建设现代海洋产业体系为支柱、以推进海洋科教创新为动力、以提升海洋治理能力为保障的良好发展格局。根据地市年鉴数据显示，2020 年宁波市海洋经济总产值达到5384.3 亿元，实现海洋生产总值1674 亿元，占全市地区生产总值比重为13.5%，占浙江全省海洋生产总值比重约18%。2019 年舟山市海洋经济增加值905.5 亿元，比上年增长10.5%，增速比浙江全省平均水平快4.1 个百分点，海洋经济增加值占 GDP 的比重为66.5%，居浙江全省首位（其他各地的占比均未超过18%），与2018 年相比，比重提高了0.8 个百分点。

（二）港口优势明显

宁波和舟山具有优越的海洋区位优势。宁波和舟山位于我国长江发展轴和沿海发展轴交汇处，是长江经济带重要的出海通道，是紧邻亚太国际主航道的重要出口。浙江全省可规划建设万吨级以上泊位的深水岸线主要集中分布于宁波—舟山港一带，是我国建设深水港群的理想区域（王志文，2020）。宁波—舟山港迈入世界一流强港行列，2021 年完成货物吞吐量12.24 亿吨，连续13 年位居世界首位；完成集装箱吞吐量3108 万标箱，全球排名第三。依托港口发展，海洋交通运输业已经成为两地海洋经济发展的优势产业，海铁联运、江海联运等多式联运服务体系不断完善，服务水平不断提升。

（三）海洋科技创新能力提升速度快

宁波和舟山海洋产业新旧动能加速转化，海洋新兴产业加快发展。宁波市国家级海洋经济发展示范区建设成效显著，海工装备、滨海旅游、渔港经济等六大功能片区加快建设。宁波市拥有中科院宁波材料所、宁波大学、宁波海洋研究院、中电科（宁波）海洋电子研究院等18 家涉海科研机构，拥有3 家国家企业技术中心、15 家省级重点实验室和工程技术中心、20 家市级认定企业技术中心。依托海洋科技创新，舟山的海洋渔业结构逐年优化。"十三五"期间，通过科技创新，改变养殖模式，推进水产养殖绿色发展，在养殖面积不断缩小的背景下，养殖产量逐年增加，捕养产业结构逐年优化，捕养产量比由"十二五"期末的91.5∶8.5 提高到2020 年的83.6∶16.4。

二、资源利用存在的问题

(一) 海洋生物资源开发利用强度大

海洋生物资源虽然是可再生资源，但是由于长期酷渔滥捕，严重地损害了生物资源的再生过程，致使生物资源结构严重失调，许多优质生物种类受到破坏或消失、资源量锐减（李加林，2000）。随着工业化、城镇化的推进，宁波市传统养殖生产区域受到挤压，养殖发展空间逐年萎缩；部分重要渔业水域丧失渔业功能；近海渔业资源逐渐枯竭，"东海渔仓"陷入无鱼窘境。舟山市除浮游动物外，浮游植物、底栖生物的多样性指数普遍较低。舟山渔场渔业资源种类的生物量在 2015 ~ 2019 年总体呈下降趋势，渔获个体越来越小，资源质量不断下降。随着沿海产业带和城镇建设的进一步扩大，大量国家级工程（如岱山鱼山石化等）用地需求大，围海造地强度大，造成自然海岸线缩短、湾体缩小、湿地生态功能退化。

(二) 海洋生态环境不容乐观

受海洋资源开发强度不断加大的影响，宁波—舟山海域受到不同程度的污染。宁波市每年对所辖海域的海洋环境进行调查、检测。历年的《宁波市海洋环境公报》显示，宁波市近岸和近海海域海洋污染程度一直比较严重，没有得到缓解，近十年以来海水水质符合第Ⅳ类和劣Ⅳ类海水水质标准的海域面积在大多数年份都超过了 50%，个别年份甚至超过了 70%。海洋生态系统不断退化，由于大肆捕捞、高密度养殖、岸线平直化、电厂温排水、陆源排污等因素，宁波海域生态系统承载力下降，海洋食物网结构异化，海洋生态系统整体处于亚健康状态（毛利丹，2016）。2020 年舟山近岸海域水质劣Ⅳ类占比 26.4%，主要超标指标为无机氮和活性磷酸盐，其中本岛附近水质最差，66.7% 为劣Ⅳ类海水。近岸海域近五年富营养化指数整体呈下降趋势，但仍处于中度富营养化状态。

三、资源利用制度创新：以海洋碳汇为例

全球变暖已经成为当今全人类共同面临的重大挑战之一。为积极应对这一

问题，习近平主席在第七十五届联合国大会一般性辩论上做出重要承诺：二氧化碳排放力争于 2030 年前达到峰值，努力争取 2060 年前实现碳中和。要实现"碳达峰、碳中和"目标，我国必须按下减碳的加速键。基于生态系统的碳汇是一种安全、稳定和高效的碳中和途径。海洋生态系统是地球上最大的活跃碳库，储存了地球上 93% 的二氧化碳，每年清除约 30% 的人类排放的二氧化碳。与陆域碳汇相比，海洋碳汇具有固碳量大、碳循环周期长、固碳效果持久的优势。现有研究和理论分析发现，全球中、高纬度的陆架边缘海总体表现为大气二氧化碳的碳汇，而低纬度的陆架边缘海总体表现为碳源。宁波和舟山所处的东海海区大约位于北纬 23°~33°，不仅具有纬度优势，而且受东亚季风与太平洋黑潮的共同作用，是世界上最宽广的大陆架之一。据估算，东海每年可从大气中吸收约 3000 万吨的二氧化碳，是我国四大海区中碳汇强度最大的海区，这也使得东海成为研究海洋碳汇问题的典型区域（Wang et al.，2005）。

（一）海洋碳汇的固碳机制

作为地球上最大的活跃碳库，海洋在气候变化中扮演着举足轻重的作用。海洋碳汇是一种利用海洋生物及海洋活动吸收清除大气中的二氧化碳，并将其固定在深海中的过程、活动和机制。海洋固碳主要通过生物泵、溶解度泵、碳酸盐泵三种渠道实现。

生物泵是指，通过浮游植物、光合藻类生物、浮游动物、微生物等海洋生物，将大气二氧化碳转变为颗粒有机碳，经由海洋表面，通过沉降作用带入深层海底并分解储存的过程。然而，由生物泵导致的颗粒有机碳向深海的输出效率并不高，绝大部分在沉降途中被降解呼吸，又转化成了二氧化碳。溶解度泵是通过水流涡动、二氧化碳气体扩散和热通量等一系列物理反应实现海洋中的碳转移过程。尤其是在低温、高盐区域，海水的密度更高，受到重力的影响，把海气交换吸收的二氧化碳传递到深海，进入千年尺度的碳循环。碳酸盐泵则是指海洋微生物在生长和新陈代谢活动过程中，通过诱导产生碳酸盐沉淀的过程，具体表现为一种矿化机制，如海底叠层岩、冷泉碳酸盐等。综合来看，海洋固碳中的生物泵和碳酸盐泵更偏向于一种生物化学过程，主要依赖于一系列海洋生物，而溶解度泵则更偏向于一种物理过程，主要依赖于海洋水文环境。但无论是哪一种机制，都需要良好的海洋生态系统作为支撑。

(二) 海洋碳汇的测算比较

在自然科学研究领域，学者们对于海洋碳汇能力的测算大多通过实地检测的方式进行。由于在大陆和海洋交界处的海—气界面上存在明显的二氧化碳交换作用，而该位置的二氧化碳交换作用是决定全球海洋碳汇能力的关键因素，因此衡量海洋碳汇能力较为普遍的是通过基于非色散红外法的船舶连续走航观测获得海—气界面二氧化碳分压（pCO_2）数据，以及通过分压数据进一步计算所得的海—气界面二氧化碳通量（FCO_2）。这些研究成果不仅见于全球维度的海洋测算，还分散在不同海域中，如北海、太平洋东南部海域、大西洋、墨西哥湾、中国东海等。而在社会科学领域，有学者认为实地检测的方式模型差异性过于明显，因此提出通过生物量来对地区的海洋碳汇能力进行测算，研究的基础数据大多来自各类海洋渔业统计数据。这类研究较多地集中于国内，在概念定义上更加偏向于海水养殖碳汇或海洋渔业碳汇。在海洋渔业中，贝类和藻类养殖具有较高的固碳能力，对近海碳循环及抵消碳排放具有重要贡献，因此此类研究大多基于统计年鉴中的贝类和藻类数据，通过构建相应的核算方法和核算系数来完成。

综合来看，自然科学领域和社会科学领域的学者在海洋碳汇能力测算方法上各有利弊。实地检测的方法所得数据虽然直接、客观，但容易受检测时间段内气温、风速、海水溶解度等气候和水文因素的影响，且操作难度大，成本高。借助海洋生物碳汇量来评价地区的海洋碳汇能力虽然易操作、成本低，且不容易受气候和水文因素影响，但在测算过程中的系数设定受研究者主观因素影响大，且单纯通过海洋生物碳汇量表征海洋碳汇过于片面。

图 8.9 展示了 2004～2018 年宁波—舟山海域海—气界面二氧化碳通量变化情况。从图中可以发现，无论是宁波还是舟山，历年的海—气界面二氧化碳通量均为正值，且均超过了 $1 mmol \cdot m^{-2} \cdot d^{-1}$，表明宁波—舟山海域表现出海洋的碳汇，而非碳源，具有较强的海洋碳汇能力。从时间变化来看，宁波—舟山海域海洋碳汇能力呈现先上升后下降的"倒 U 形"变化趋势，海洋碳汇能力在 2010～2013 年到达峰值，海—气界面二氧化碳通量超过 $2.2 mmol \cdot m^{-2} \cdot d^{-1}$。

（mmol·m^{-2}·d^{-1}）

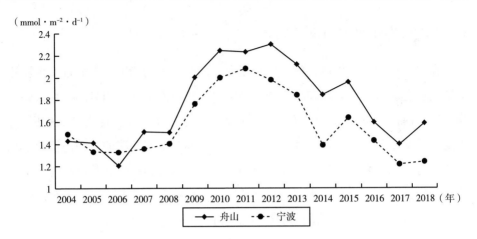

图 8.9　2004 ～ 2018 年宁波—舟山海域海—气界面二氧化碳通量变化情况

资料来源：自然资源部第二海洋研究所和浙江大学共同开发的海洋遥感在线分析平台（SatCO$_2$）。

（三）海洋碳汇的交易制度创新

早在 20 世纪 30 年代，制度经济学派的代表人物康芒斯（Commons，1936）就在其代表作《制度经济学》中将交易在经济学范畴中进行了明确的界定和分类。他认为，交易是所有权的转移，是个人与个人之间对物的所有权的让与和取得。他同时还指出，交易可以分为三种类型：买卖的交易、管理的交易和限额的交易。新制度经济学家威廉姆森和马斯腾（Williamson and Masten，2002）认为，交易之发生，源于某种产品或服务从一种技术边界向另一种技术边界的转移，由此宣告一个行为阶段的结束，另一个行为阶段的开始。碳汇交易是将能够产生碳汇的生态产品通过碳信用转换成温室气体排放权，以获得生态补偿的市场化手段。通过碳汇交易，能够实现生态保护行为的货币化激励，并保障减排行为能够始终发生在边际效益最大的区域。

海洋碳汇交易是碳配额交易的一个重要补充。通过将海洋碳汇交易纳入碳排放交易体系，可完善国内碳排放交易市场，推动国内海洋碳汇能力建设，使我国碳实力得到进一步提高，并随着国际碳排放谈判格局的变化，进一步将海洋碳汇交易推向国际范围。与碳配额交易的方式不同，海洋碳汇交易需要建立在由国家推出的统一基金的基础上。在配额交易中，交易主体是产生碳排放的生产企业。通过事先确定配额，企业基于各自生产中的排放情况，选择进行交易的价格与交易对象，而海洋碳汇的交易需要对相应项目实际产生效果进行较长时间的追踪和估计。

由于海洋碳汇的发展方式可以分为 3 种，因此交易的主体也相应分为三类。（1）原有的生产企业。这些企业向海洋的排放影响了海洋的碳汇，可以通过减少排放来促进海洋生态改善、增加海洋碳汇。此类主体采用的方式是配额式的，交易规则类似于碳配额交易。（2）海洋环境管理主体。该类主体是为了保护滨海湿地、海床环境的监管单位，通过所保护生态恢复的效果来反映其所发挥的作用。通过计算生态系统的碳汇能力增长来度量生态保护行动的碳汇总量，其基础在于对所保护生态系统的碳汇能力增长，交易方式应采取类似于清洁发展机制的方式进行。（3）海洋养殖主体。该类主体通过养殖产品的生物特性，增加海洋碳汇总量，此类主体的交易方式应该采用信用转让方式进行。将三类主体与当前碳排放市场中企业主体间碳配额的换算关系进行设计，构建起海洋碳汇市场交易的基本框架。然而，碳汇市场与碳配额市场间的"换汇"需要由一个具备信用的统一主体完成，所以需要建立统一的基金；然后，由该基金发起对三类主体的种子补贴，从而维持两个市场对碳排放的贡献，使相对价格能够维持在合理水平（赵云、乔岳、张立伟，2021）。

海洋碳汇交易的顺利开展离不开海洋碳汇交易平台建设。作为市场化配置海洋碳汇的媒介和场所，海洋碳汇交易平台本身不直接参与交易，而是应该具备开放性、独立性和公平性的特征。应明确自身在提供海洋碳汇交易场所、办理海洋碳汇交易事务、提供海洋碳汇交易信息、代理海洋碳汇交易活动等方面的基本职责。通过海洋碳汇交易平台的构建，能够降低海洋碳汇交易成本，促成交易双方交易的达成。比如，在信息公开机制方面，发布多样化和便利化的海洋碳汇交易信息，最大限度地吸引不同的主体参与竞争，提高海洋碳汇交易的竞争性和公平性。同时，及时准确和规范地向社会公开各类海洋碳汇交易信息，做到交易过程透明，并接受社会监督，避免交易过程产生的一系列腐败行为。此外，通过制定合理的海洋碳汇市场交易规则，严格执行海洋碳汇交易市场准入制度，提高海洋碳汇交易市场准入门槛，筛选优质的主体参与海洋碳汇交易。同时，规范海洋碳汇市场交易程序，确保海洋碳汇市场交易行为的高效进行。总之，通过构建海洋碳汇交易平台，做到在独立的市场中介组织、规范的交易程序、开放的信息公开和健全的竞争机制等方面的建设与创新。

（四）海洋碳汇的保险制度创新

参考森林碳汇保险的概念，海洋碳汇保险可以理解为将海洋保险与碳汇质押、碳汇融资进行有机融合，把碳排放权转化为经济价值，为海洋生态产品价值实现提供了新路径。不同于传统海洋保险将保险对象认定为各类海洋资源，海洋碳汇保险的创新之处在于聚焦海洋的碳汇功能，通过保险有效防止诸如碳汇渔业养殖企业受到价格极端下跌的波动的影响，从而保障海洋产业产生的富余价值、生态环保价值、碳汇恢复期间耗损、固碳能力修复成本以及碳排放权交易价值。可以说，海洋碳汇保险是保险行业提升碳汇渔业养殖企业经营海洋积极性，提高海洋固碳能力，助力我国碳达峰、碳中和目标实现的一次大胆且有益的尝试。

海洋碳汇保险以碳汇损失计量为补偿依据，将因赤潮、风暴潮等合同约定灾因造成的海洋固碳量损失指数化，当损失达到保险合同约定的标准时，视为保险事故发生，保险公司按照约定标准进行赔偿。这与传统的海洋综合保险有显著的不同。一是保险标的不同。传统海洋保险的保险对象是各类海洋资源的物化经济价值，而海洋碳汇保险则着眼于海洋所带来的碳汇富余价值。二是保险金额确定方法不同。传统海洋保险确定保险金额的核心在于海洋资源本身的成本，而海洋碳汇保险的最终目的则是保障海洋产业产生富余价值、生态环保价值、碳汇恢复期间耗损、固碳能力修复成本以及碳排放权交易价值。三是被保险人（受益人）不同。传统海洋保险的被保险人（受益人）大多数为海水养殖户，而海洋碳汇保险的被保险人（受益人）则为政府或海洋产业主管部门。四是赔款用途不同。海洋碳汇保险赔款可被政府用于对灾后海洋碳汇源救助、碳源清除、海洋资源培育及加强海洋生态保护修复等有关费用支出。

第九章 全球海洋中心城市治理能力和治理体系现代化

关于全球海洋中心城市治理诸问题的研究，一方面，要借鉴已有的关于治理理论的研究成果；另一方面，要结合海洋中心城市问题本身，从实践出发，发现问题、总结规律。全球海洋中心城市治理能力和治理体系现代化建设的主要特征包括以下几个方面：第一，坚持以法治为核心的治理能力和治理体系现代化构建；第二，充分体现海洋特色；第三，全球海洋中心城市治理归根结底还是城市治理；第四，充分协调区域发展的综合性因素。全球海洋中心城市治理能力和治理体系的内容包括以下几个方面：第一，规范公共权力；第二，公共政策要从根本上体现人民的意志和人民的主体地位；第三，现代意义上的治理就是法律之治，即法治；第四，有效维护社会稳定和社会秩序；第五，全球海洋中心城市治理是一个有机整体；第六，改革创新是全球海洋中心城市治理活力所在。在秉承法治理念的基础上，从具体实践出发，从中总结规律，抽象出背后的理论，这无论是对全球海洋中心城市治理能力和治理体系现代化构建本身，还是对治理能力和治理体系现代化构建，都有着重要的理论和现实意义。

第一节 全球海洋中心城市治理能力和治理体系的内涵及外延

全球海洋中心城市是一个新理念、新命题，关于什么是全球海洋中心城市以及如何治理全球海洋中心城市，似乎没有统一的答案。对此方面的研究才刚刚起步。然而，关于治理理论的相关研究已经较为成熟，尤其是在城市治理、地方治理、区域治理以及国家治理等方面已经取得了较为可观的研究成果。这些前期理论探索对展开全球海洋中心城市治理研究有着重要的理论意义。因此，一方面，关于全球海洋中心城市治理诸问题的研究要借鉴已有的关于治理理论的研究成果；另一方面，要结合海洋中心城市问题本身，从实践出发，发现问题、总结规律。

一、全球海洋中心城市治理能力和治理体系的重要内涵

从管理走向治理是人类社会发展的必然趋势，是文明进程发展的体现。

从治理理论而言，"治理本身并不构成一种目标，它只是达成一系列目标的方法或机制，而这些目标应该被相关行动者单独设定。治理并不能保证这些目标被成功实现，但它相较于诉诸公权力的强制力或私人竞争的传统方法更加适合当前的需要。最重要的是，治理并不能独自发挥作用，它的实施必须跟国家和市场机制相结合"（施密特，2016）。换言之，治理只是一个手段，并非终极目标，而且这样的目标设立是为了当前社会的发展需要。更为重要的是，这些社会发展需要的达成离不开国家和市场的有机契合。"治理从一产生就不是单向度的，而是采取互动的方式。治理组织的产生不是来自授权，而是来自协商，是由成员平等协商产生的。组织内部的议事规则、办事程序又经成员协商约定。决定事项的过程由于通过了彻底的民主协商，成员的意见能够得到充分的表达，具有非常灵活的利益表达机制，能够更好地体现公开、公平和公正"（程杞国，2001）。尤其是在高度发达的海洋城市，更应该注重社会组织以及行业组织的自治能力建设，以此来提高社会的活力。

治理这一概念充斥着学术研究和现实实践的方方面面，如国家治理、社会治理、地方治理、行业治理，等等。然而，必须承认当前所讨论的治理都将其假定为一种管理或者一种技术，将治理问题视为一种手段或者方法。但是，一个成熟的社会的运行有其自身的规律和规则（李连江等，2018）。这样的理论自觉应用到全球海洋中心城市治理同样适用。全球海洋中心城市具有强烈的涉海性和国际性，并且因为高度发达的市场经济和港口贸易，必然带来较其他地区和地方社会发展更佳的发展格局。当然，这也会带来更多的社会治理问题，需要政府和社会做出回应。

把握治理理论的首要前提是要理解治理的精神，而理解治理的精神则必须厘清治理背后的理论渊源。当前，关于治理理论渊源，主要有两大理论流派：一种是以极端自由主义为代表的当代西方哲学和政治思潮；一种是以公共选择

理论为代表的当代西方经济学理论（李凤华，2003）。不同的治理理论渊源，必然会产生不同的治理理论。从当前全球海洋中心城市建设的现实情况来看，"公共选择理论"较为符合目前中国发展的现实。需要注意的是，治理只是一种手段，而非目的，其既能产生好的结果，也能带来坏的结果。此外，治理也无法解决所有的社会问题，在特定的议题之下，治理必然会有一个优先顺位关系。治理所带来的效果必然会受到市场和政府的双重影响。脱离市场和政府的双重影响而单独存在的治理是不存在的。同时，也应该注意到，治理所带来的效果永远无法脱离其所在的政治环境（施密特，2016）。

全球海洋中心城市是一个全新的理论研究命题。"关于全球海洋中心城市的研究总体较少，更多是以世界海洋城市、全球航运中心城市、港口城市、海滨城市等相关概念为研究对象，探讨涉海城市的绿色发展、基础设施建设、产业布局和合作模式等问题"（钮钦，2021）。而且，"国内外对'全球海洋中心城市'的概念并没有一个统一的界定，更耳熟能详的是全球城市、国家中心城市、区域中心城市等，以及一定城市功能界定的概念，如国际金融中心、国际航运中心城市等"（周乐萍，2020）。在此基础上，讨论什么是全球海洋中心城市治理能力和治理体系现代化也是一个全新的命题。

因此，在正式开始探论全球海洋中心城市治理诸问题时，应当对全球海洋中心城市进行定义。那么，什么是全球海洋中心城市呢？"全球海洋中心城市这一概念源自 2012 年挪威海事展、奥斯陆海运机构联合发布的《世界领先的海事之都报告》，报告对世界范围内 30 个知名海洋城市进行了排名，迄今为止共发布了三期，国际影响力日益扩大"（杨明，2019）。而"我国学者将全球领先的海事之都译为全球海洋中心城市，并被全国海洋经济发展'十三五'规划文本采纳"（杨明，2019）。也有研究指出，"全球海洋中心城市早已不单单是一个国际航运中心城市，而将更多的经济功能、科技功能和其他服务功能涵盖在内，其内涵更具系统性、包容性和拓展性"（钮钦，2021）。此外，还有研究将全球海洋中心城市狭义地定义为"海洋属性的全球中心城市"。"全球海洋中心城市可以看作是全球海洋发展系统的中枢或世界海洋城市网络体系中的组织结点，全球城市、中心城市和海洋城市的合集，既具有全球城市的国际影响力和对外开放度，中心城市的区域规模效应和辐射带动力，同时也具有海洋城市的特有属性"（周乐萍，2020）。综合这些观点来看，全球海洋中心城市可以认为是有海洋属性的城市，其不仅仅要最大限度地利用涉海资源的综合开发，更为重要的是坚持海陆统筹，发展海洋经济。

因此，在此基础上的全球海洋中心城市治理应该在原先城市治理基础上充分考虑涉海因素。关于全球海洋中心城市治理能力和治理体系的现代化，不仅仅是出于海洋城市的发展现实需求，将其治理体系和治理能力提高到一个更高的维度，更为重要的是全球海洋中心城市治理能力和治理体系还具有国家的战略属性，即其治理诸问题也要充分体现国家的政策导向和意志。总之，全球海洋中心城市治理既是其本身发展所必然的要求，也是国家治理体系和治理能力现代化的重要表现。

党的十八大报告提出"建设海洋强国"的战略目标，党的十九大报告进一步提出"加快建设海洋强国"的发展战略，经略海洋在新时代被提升到前所未有的战略高度。《中共中央关于制定国民经济和社会发展第十四个五年规划和二〇三五年远景目标的建议》提出，"坚持陆海统筹，发展海洋经济，建设海洋强国"；"提高海洋资源、矿产资源开发保护水平"；"完善资源价格形成机制"，等等。在国家层面，已经将海洋经济发展、海洋战略发展提高到了一个更高的维度。海洋经济的发展、涉海洋城市建设、港口建设、海洋生态资源保护等一系列问题也都被进一步提上了日程。随之而来的海洋城市治理问题的研究也被提上议程。

全球海洋中心城市治理应当具备治理所应该有的特点。全球海洋中心城市治理应该以法治为核心。一方面，全球海洋中心城市治理需要法治；另一方面，全球海洋中心城市治理不是单纯依靠法律就能实现有序治理。全球海洋中心城市治理需要政府和个人的有序共同参与。全球海洋中心城市治理的关键是始终如一贯彻法治精神，即如何运用法律制度让生活在全球海洋中心城市的所有人都参与到治理中来，这是全球海洋中心城市的核心问题。关注全球海洋中心城市治理这一命题，从宏观上而言，应在探寻全球海洋中心城市治理的理据的基础上，对其理论进行逻辑建构；从微观上而言，要针对全球海洋中心城市治理过程中所遇到的问题，探寻出一条可行的路径。

二、全球海洋中心城市治理能力和治理体系的主要特征

全球海洋中心城市治理能力和治理体系现代化是在国家治理能力和治理体系现代化之下的一种地方或区域的治理能力和治理体系现代化，应当具备国家治理能力和治理体系现代化的所有特性。因此，全球海洋中心城市治理能力和

治理体系现代化建设的主要特征应该从以下几个方面去把握：第一，必须始终坚持以法治为核心的治理能力和治理体系现代化构建；第二，必须充分体现海洋特色；第三，全球海洋中心城市治理归根结底还是城市治理；第四，必须充分协调区域发展的综合性因素。

现代化进程逐渐推进，市场经济逐步发展，国际化进程进一步推进，区域经济一体化正在逐步形成，这是全球海洋中心城市治理产生的背景。而仅仅关注正式规则和制度，不足以精确理解规则和制度与全球海洋中心城市运行之间的关系。因此，需要以更为广阔的视野来看待规则和制度与全球海洋中心城市之间的关系。

全球海洋中心城市治理能力和治理体系现代化关注的是以法律之治在全球海洋中心城市层面的具体落实。应当承认，随着社会转型和经济转轨，全球化、国际化进一步推进，传统的政府管理和社会治理模式面临着巨大挑战。在社会治理过程中，"社会治理法治化成为检验国家治理体系科学完善与治理能力现代化的重要标志之一"（徐汉明，2014）。社会治理法治化建设，"一方面有助于改进社会治理方式，激发社会组织活力，提高社会治理法治化水平，从而完善国家治理体系，培育有序的公共秩序，实现国家治理结构由'强政府、弱社会'向'强政府、强社会'转型；另一方面也有助于优化'法治中国'建设的模式与路径，进一步确立'法治'在社会主义市场经济、民主政治、先进文化、和谐社会、生态文明'五位一体'建设中的保障性地位，形成国家、政府、社会建设以'法治'为基本导向的新型合作共治发展模式"（徐汉明，2014）。具体到全球海洋中心城市治理，亦是如此。

要理解全球海洋中心城市治理能力和治理体系现代化建设中的法治，关键是要理解政府、市场以及社会三者之间的关系。当前，人们所讨论的治理在一定程度上是指政府的治理。而政府的治理本质上又包含政府自身的自我治理以及对公共事务的治理两个方面。政府的自我治理实质上就是政府内部的自我治理，通过自我改革、自我完善，不断调整其自身的治理机制，以适应社会的发展。政府对公共事务的治理实质上就是政府作为一方治理主体对社会公共事务的治理，其本质是要较为妥善地处理好政府、社会及市场三者之间的关系（石佑启、杨治坤，2018）。时至今日，虽然对政府与社会、市场的关系的探索一直没有停止，但也必须承认这样的探索和思考并没有改变"大政府"的这一根本存在。虽然政府的改革实践一直在推进，行政法治的呼声也越发强烈，但政府的行政权力在诸多方面依然需要法律进一步做出明确的刚性规定（杨海坤，2015）。

　　市场经济的发展以及社会的进步需要通过政府改革，调整其职权，以适应社会转型的新发展格局。上至中央政府、下至基层政府，这样的政府改革思路应该是非常明确的。中央政府制定了较为明确的改革方案，稳健推进改革，然而地方政府的改革如何进行则需要进一步探讨的问题。这背后的问题是多方面的，事关地方政府的执政能力和执政水平（杨雪冬等，2009）。这背后蕴含的是如何处理法治与市场之间的关系。"要从制度层面合理划分政府与市场的边界，不能笼统地说政府管得多还是管得少，而是要根据具体的领域进行合理区分"（陈朋，2016）。应较为妥善地处理好政府与市场之间的关系，进一步明确政府权力与市场自治的边界。"在现代政治生活中，法治是公共权力正常运行的基本保障，也是实现地方政府治理规范化和制度化的必由之路。为保证公共权力始终在法治轨道上运行，不仅需要以实体法规范地方政府权责，还需要以程序法约束地方政府行为，进而以法律形式确定各级地方政府权力清单，确保依法行政。在现实治理中，地方政府应遵循法律程序行使职权、履行职责，强化法治思维，培育法治文化"（张会龙，2015）。通过法律对政府的权力进行有效限制，是当下法治国家、法治政府建设的共识。让政府的权力真正受到法律的约束，依法办事，也是全球海洋中心城市治理能力和治理体系现代化的目标。

　　在全球海洋中心城市治理问题上，权力与监督是一种等量关系，有怎样的监督体系，就有怎样的全球海洋中心城市治理。从理论上而言，有多大权力，就应当接受多大的制约。让施政者在法治的约束下进行活动是行政法治的本质体现，因为只有法治保障的政府行政，才是稳定的政府行政，才能更好地做到为人民服务。落实到全球海洋中心城市层面，就是让政府在法治的约束下进行活动。这也契合构建法治不仅仅需要制度保障，而且还需要法治人才的积极作为的理念。相比较而言，最为根本的依然是制度。没有制度作为保障的法治，仅仅依靠人的法治，不能脱离人治的本质。法治国家、法治政府的构建依然需要制度作为保障。[①] 总之，法治政府建设需要通过有效的制度来保障权力行使

---

　　① 参见江平：《法律人参政并非"天然"法治》，载于《新京报》，2005 年 8 月 21 日，收录于《法治天下——江平访谈录》，法律出版社 2016 年版，第 276 页。

过程中的"人"和"权力"受到应有的监督。

　　全球海洋中心城市治理诸问题能够得到有效和妥善解决的关键是政府依法行政。在全球海洋中心城市法治具体化过程中,妥善处理政府的权力,准确处理政府、市场、社会三者之间的关系,是实现全球海洋中心城市治理能力和治理体系现代化的重要内容之一。

　　全球海洋中心城市是"具有全球城市地位,拥有一定海洋特色的城市,且海洋特色对区域具有较强的影响力"(周乐平,2019),具有雄厚的航运发展基础,在全球的海洋经济发展、海洋科技创新和海洋专业化服务中处于绝对领先地位,凭借自身强大的城市综合实力和优良的营商环境,在全球城市网络中具有强大集聚度、辐射力和主导性(钮钦,2021)。全球海洋中心城市的特色和优势是因为海洋以及海洋资源开发而带来的资源优势和经济优势。也正因为这些优势的存在,才使得涉海城市具有活力。全球海洋中心城市既要聚集资源,成为区域海洋经济的增长极,又要对所在城市群和海洋经济区域产生辐射带动作用,成为区域协调发展的动力源。但从发展现状来看,现已规划的全球海洋中心城市在辐射带动能力方面尚有较大提升空间(钮钦,2021)。因此,全球海洋中心城市治理应该充分展示其"地方性"的优势,比如港口建设、物流建设、海洋资源的开发与利用,等等。那么,在制定相关政策和制度的时候,就应该充分考虑这一系列"地方性"特色。

　　以港口建设为例。现代化意义上的港口建设是全球海洋中心城市的灵魂。"港口发挥着城市与世界联结的纽带作用,港口支撑着地域经济活力。在国际竞争力上,大城市应成为人流、物流方面的国际性交通网络的要冲。在大城市圈,强化中心空港和国际港口软硬方面功能,提高其接近性和便利性"(曹前满,2012)。港口的建设与全球海洋中心城市的发展具有密切的正相关关系。应构建数字化港口、绿色港口,提高港口的综合治理能力。有研究指出,"绿色港口建设需要政府、行业、公众的共同参与,'市场失灵'呼唤政府规制,需要政府从港口规划、港口建设施工、港口运营进行多角度、全方位的监督和引导,'绿色成本'呼唤政府的相关激励政策的支持,行业层面需要制定绿色化标准,调整产业结构,加强技术攻关,公众需要提高绿色生态意识,支持绿色生态行业,并监督政府、行业的绿色生态建设"(刘翠莲、郁鄑兰,2011)。基于此,港口建设要唤起政府、市场、行业自治组织以及个体的共同参与,提升港口的综合实力以及国际影响力。

要充分体现海洋特色和海洋优势，归根结底就是要发展涉海经济，而发展涉海经济就需要有一个完备的市场经济体制秩序，而完备的社市场经济体制秩序需要法律规则的有效规制。要进行有效规制，则需要法律制度做出进一步的回应。要制定有效的法律制度加以制约，则需要体现涉海"地方性"特色。

从法学角度而言，法律实践需要依靠"地方性"基础。"在法律人类学的视角里，法的普适性始终是存在偏差的，法律是建立在特定的语境之下的一种本土化资源，具有时代性和地方性，而地方自治之所以必要，并且在历史上成为一种自生自发的人类共同体管理自己的方式，其最显而易见的原因就是地方的特殊需要和偏好"（徐祖澜，2016）。正如孟德斯鸠（1961）所阐释："法律应该和国家的自然状态有关系；和寒、热、温的气候有关系；和土地的质量、形势与面积有关系；和农、猎、牧各种人民的生活方式有关系。法律应该和政体所能容忍的自由程度有关系；和居民的宗教、性癖、财富、人口、贸易、风俗、习惯相适应。"没有实践可能性的法律，只是文本中的法律，没有现实的意义。这也正如瞿同祖（2012）所强调的，"法律是社会产物，是社会制度之一，是社会规范之一。它与风俗习惯有密切的联系，它维护现存的制度和道德、伦理等价值观念，它反映某一时期、某一社会的社会结构，法律与社会的关系极为密切。因此，我们不能像分析学派那样将法律看成一种孤立的存在，而忽略其与社会的关系。任何社会的法律都是为了维护并巩固其社会制度和社会秩序而制定的，只有充分了解产生某一种法律的社会背景，才能了解这些法律的意义和作用。"因此，对于全球海洋中心城市建设，在制定地方性规则制度的时候，应当发挥海洋地方性的优势，从全球海洋中心城市建设的海洋实践出发。

第二节　全球海洋中心城市治理能力和治理体系现代化的目标路径

进入新时代以来，国家治理能力和治理体系现代化取得了重大成绩。通过健全和完善国家治理法律规范、法律制度、法律程序和法律实施机制，形成科学完备、法治为基的国家治理体系，使中国特色社会主义制度更加成熟、更加定型、更加管用，并不断提高运用社会主义法治体系有效治理国家的能力和水平（张文显，2014）。实质上，在构建治理能力和治理体系现代化的过程中，一项重要的工作是法治的进一步完善。没有法治作为基础，治理能力和治理体系现代化转型也就无从谈起。进入新时代以来，"中央层面的法治建设成就光彩夺目，如依法治国方略的确立，中国特色社会主义法律体系的形成。相比之下，地方法治建设的形势却不容乐观。地方法治建设仍存在诸多乱象，面临不少困难，甚至举步维艰。只有真正重视地方法治，加快推进地方法治建设，法治国家的理想才有可能实现"（黄文艺，2012）。全球海洋中心城市法治实践就是要在坚持国家法治统一的基础上，从全球海洋中心城市的具体实践出发，根据自身的海洋特色，制定相关制度规章，契合全球海洋中心城市的治理。

一、全球海洋中心城市治理能力和治理体系现代化的目标

全球海洋中心城市治理能力和治理体系现代化的目标应该以实现全球海洋中心城市的善治为愿景。"善治是政府与公民对社会生活的共同治理，是社会治理的最佳状态。善治意味着，即使政府不在场或政府治理失效，社会政治生活也依旧井然有序。从这个意义上说，没有高度发达的社会自治，就难有作为理想政治状态的善治"（俞可平，2012）。从这个层面而言，全球海洋中心城市治理能力和治理体系现代化不仅仅要强调政府的依法行政，同时也要激活社会自我治理的活力。虽然随着智能化、信息化的推进，政府的技术治理能力在进一步加强，其社会治理能力也在进一步提升，但是政府的职能和权力是有边界的，不能解决所有的社会问题。实现社会的有效治理，必然要发挥社会的自治功能。更何况作为法律之治基础的法律规则具有滞后性，在面对高速发展的全球海洋中心城市时，未必会做出非常及时有效的反应。在这种情况下，全球海洋中心城市治理不能仅仅依靠政府，而是要发挥全球海洋城市的社会活力，让更多的社会共同体成员积极参与到具体的治理事务当中。

善治包括善政、社会共治和社会公共利益最大化。善政是在法治框架下，政府的权力受到法律的合理规范、制约，依法行政而实现廉洁、高效的政通人和的政府管理状态。显然，善治既表现为政府代表人民管理公共事务的权力因受到法律约制而不能任意而为，即权力被关进笼子里，受人民群众的监督；也

表现在法律平等上，即政府与社会其他主体一样，既不能居于法之上，也不能处于法之外。国家权力预设在法律的框架内，表现为执政为民，推行惠及百姓的各项公平政策和制度，实现和维护好人民群众的普遍利益（王淑芹，2015）。李克强总理在《2015 年国务院政府工作报告》中指出，"大道至简，有权不可任性"。在具体的行政过程中，政府应当恪守行政法治原则，权力的行使应当受到应有的制约和监督。此外，政府还要转变管理职能，更好地服务于市场经济的发展。

　　全球海洋中心城市治理能力和治理体系现代化需要实现从人治理念到法治理念的转变，从管制理念向服务理念的转变，从权力本位理念向责任本位理念的转变，从封闭政府理念向透明政府理念的转变，从政府本位理念向社会本位理念的转变，等等。这些转变必须共同服务于实现善治的总体目标，有利于建构法治型政府、服务型政府、责任型政府、民主治理型政府和合作性政府的具体目标（丁宇，2011）。从法学理论研究角度来看，善治的"最终目的是实现人民生活幸福、社会和谐有序以及国家长治久安"（王利明，2015），善治的"本质特征就在于它是政府与公民对公共生活的合作管理，是政治国家与市民社会的一种新颖关系，是两者的最佳状态"（俞可平，1999）。俞可平指出，"法治贯穿于善治的整个过程当中和各个方面。善治作为公共利益最大化的治理活动和治理过程，需要具有各种要素，法治本身就是要素之一。除了法治以外，善治还包括公正、参与、责任、稳定、回应、透明、协商等要素，而善治的任何一个要素都离不开法治。"此外，他还强调，"没有基本的法律规范和制度机制，善治的每一个要素都有可能发生性质的改变，危害公共治理，甚至导致恶治和劣治，最终损害公共利益……法治是善治的前提，没有法治便无善治，也就没有国家治理的现代化"（俞可平，2016）。同理，推进全球海洋中心城市治理能力和治理体系现代化，"关键是实行良法善治，把法治理念、法治精神贯穿到政治、经济、文化、社会和生态建设之中。要达到建设法治中国的目的，需要把法治作为一种与人治相对立的治国方略，强调依法治理，不仅要求具备依法办事的制度安排及运行机制，而且强调法律至上、制约权力、保障权利、程序公正、良法之治等精神和价值"（王利明，2015）。在全球海洋中心城市善治过程中，要始终贯彻法治的原则与理念，实现政府依法执政、公正司法、社会的有序治理。

二、全球海洋中心城市治理能力和治理体系的内容

全球海洋中心城市治理能力和治理体系的构建并非无根之木、无水之源，其取决于海洋城市的经济发展水平以及经济发展状态。进一步而言，全球海洋中心城市治理能力以及治理体系完全取决于具体的海洋中心城市的现实发展。"治理理论与治理实践的兴起无法遮蔽其背后的结构性局限，而法治本身也不是万能的，存在自身限度。政府治理与法治需要互动共进、协同发展。如何在政府治理现代化与法治化进程中有效规避治理与法治的各自短板，建立具象的治理制度系统，以法治建设促进政府治理能力的提升，以法治思维与法治方式破解政府治理难题，将是政府治理与法治有机结合的一个长期深耕的过程"（石佑启、杨治坤，2018）。基于这样的认识，应当从以下几个方面对全球海洋中心城市治理能力和治理体系的内容进行把握：第一，规范公共权力；第二，公共政策要从根本上体现人民的意志和人民的主体地位；第三，现代意义上的治理就是法律之治，即法治；第四，有效维护社会稳定和社会秩序；第五，全球海洋中心城市治理是一个有机整体；第六，改革创新是全球海洋中心城市治理活力所在。

（一）规范公共权力

《中共中央关于全面推进依法治国若干重大问题的决定》强调，要"把法治建设成效作为衡量各级领导班子和领导干部工作实绩重要内容，纳入政绩考核指标体系。把能不能遵守法律、依法办事作为考察干部重要内容，在相同条件下，优先提拔使用法治素养好、依法办事能力强的干部"。这也正是全球海洋中心城市治理中政府公权力规范所面临的现实问题。根据现实的情况来看，虽然地方政府所拥有的职权是法定的，但是实质上这样的职权规定并不是确定的，有较大的自主性。对全球海洋中心城市而言，发展市场经济、强化涉海因素在经济发展中的功用是其首要义务。对基于经济发展基础而展开的全球海洋中心城市治理，一方面要尊重经济发展规律，另一方面要巩固发展成果。这就需要政府的治理、社会的治理以及市场的治理有一个较为明确的制度安排，对公共权力更加合理地进行配置。

规范公共权力，就需要较为准确地定位政府职能的重要性。"合理界定政

府、市场、社会各自的领域，发挥政府、市场、社会的不同作用。政府职能是有限的，这意味着政府权力也是有限的。通过法律对政府进行规制，逐步走向法治政府，意味着用一种制度化的形式约束政府权力，防止政府权力的扩张与任性，以在政府与社会、市场和公民之间建立起行政权力—相对人权利的平衡结构，实现规制政府权力和保障公民权利与自由的目标追求"（石佑启、杨治坤，2018）。因此，在全球海域中心城市治理中，规范公共权力就需要制定一套行之有效的制度规范，让政府、市场、社会有一个较为准确的定位。

张文显（2008）指出："法治的本真意义主要不是依法治民，而是依法治权；依法治国的'国'首先是国家机器意义上的'国'，其次才是国度意义上的'国'。马克思主义经典作家认为，国家是政治机器，是代表统治阶级管理社会的公共权力。因此，依法治国首先是依法治权、依法治官。在古往今来的一切国家中，对法治的威胁和危害主要不是来自公民个人，而是来自公共权力和官员。"这样的论断也恰如其分地印证了费孝通（1998）所诠释的观点，"法治的意思并不是说法律本身能统治，能维持社会秩序，而是说社会上任何人的关系是根据法律来维持的。法律还得靠权力来支持，还得靠人来执行，法治其实是'人依法而治'，并非没有人的因素"。从本质上而言，"法律作为一种理念，是指法治观念、法治意识。有没有正确的法律意识至关重要。法律是要靠人去执行的，当有明确的法律制度安排，由于执行的人缺乏正确的法治观念，好的制度也能变坏；当没有明确的法律制度安排时，由于执行的人有正确的法律意识，仍然可以按法治原则来处理好事务"（江平，2005）。结合全球海洋中心城市治理，其关键在于"人"，在于执法者树立正确的法治观，依法而治。也正如陈景辉（2019）的论断，"法治这个概念通常针对的是国家/政府，因为只有它才有可能拥有专断权力。对于其治下的国民而言，政府所拥有的权力事实上显然超过国民个人以及所有类型的团体，如果不存在法治所提供的拘束，那么政府的权力就必然是专断的，于是限制政府针对其国民的专断权力就成为法治最通常的意义"。因此，在全球海洋中心城市治理过程中，规范公共权力的关键是规制政府权力，让政府有所为，有所不为。

（二）公共政策要从根本上体现人民的意志和人民的主体地位

政府是社会发展到一定程度的产物，现代意义上的政府的存在是为了更好地实现社会共同体及其成员的利益。正如王建勋（2011）所述，"如果法律只是反映了一个共同体中部分成员的意志，那么其他成员就是被统治的对象，就是他治情形下的臣民，而不是自治情形下的主人"。这也是现代化政府存在，以及拥有的重要价值的彰显（孙红军，2016）。全球海洋中心城市的治理是其社会共同体成员共同的事业，要体现社会共同体成员的共同利益。在这个过程中，政府所起的作用是提供更多的公共服务和社会福利，不仅要实现社会的共同体利益，还要保障个体的权益。

全球海洋中心城市的发展不仅仅是经济的发展、科技的进步以及国际地位的提升。全球海洋中心城市建设的一项不可或缺的内容就是人文关怀，而体现人文关怀的核心就是在制度的设计和政策的制定上体现人民的意志和人民的主体地位，实现人的价值。

政府在行政决策过程中应该有所为，亦有所不为。其本质要求是，政府不能越权。法无授权即禁止，这是公权力行使的基本准则；法无禁止即可为则是私权利保护的基本准则。公权力是法律制度既定的，不能越权行事（崔克亮、马玉荣，2014）。从理论上而言，在社会治理过程中，政府不应该过多地干预社会治理。政府的主要作用是提供必要的行政服务，同时保障社会治理有序推进。从治理理论上而言，政府的作用是守成，而不是创新，更多的社会管理、公共决策应该由政府、社会和个人共同完成。虽然治理离不开政府，但是治理的重要主题以及利益的代表一定是人民。

一个正常的社会在坚持主流价值观的前提下，一定是多元、开放且包容的，体现多元主体的价值和利益。社会的发展不可能一成不变，也不可能不存在问题。尤其是全球海洋中心城市更应该坚持开放包容的发展格局，坚持以人为本的发展理念，从人民的实际利益出发。经济的发展、社会治理能力和治理水平的提升在一定程度上就是为了让人们更好地生活。

（三）现代意义上的治理就是法律之治，即法治

在讨论全球海洋中心城市治理体系和治理能力现代化时，无论怎样强调法治都不为过。因为对全球海洋中心城市建设而言，无论是发展港口贸易还是发展海洋绿色经济，一个根本性的问题就是要发展市场经济，而发展市场经济的一个重要前提就是要有一个良好的市场环境，而良好的市场经济体系的建立就

需要以法治为准则的规则之治。一个客观事实是，坚持法治能提高治理绩效；反之，治理绩效会下降，因此在地方治理的基础制度框架下，首要之举就在于构建有助于促进地方治理法治化的制度体系（陈朋，2016）。地方法治建设的相关研究表明，法治的发展水平与经济发展有着必然的联系。"法治政府建设的水平与地区的经济发展之间存在较强的正相关关系。市场经济高度发达，社会的整体法治意识更高……由于社会对政府依法行政的要求更高，自然会促进政府法治水平的提升"（王敬波，2017）。海洋中心城市的发展，本质上就是发展特色涉海经济，暗含着法治的建构。因此，可以认为，全球海洋中心城市的发展本就蕴含了法治建设的特质，而以其发展为基础的治理体系和治理能力的现代化构建坚持法律之治，也应当是势在必行的一种治理理念和治理内涵。

法治问题涉及权力和利益两个核心问题。法治的根本问题在于正确处理权力和权利之间的关系。简政放权，减少政府手中的权力，赋予市场更多的权利（刘锐，2013）。法治政府的构建需要厘清权力的边界，不能存在权力的绝对化，政府应当有所为，亦有所不为。在现有体制之下，推进行政法治构建，高度依赖于政府自身的自律，利用其所拥有的权力来限制其权力。

（四）有效维护社会稳定和社会秩序

理想的政府"应该是有效履行公共管理和公共服务职能的'强政府'"。[①]现代意义上的政府是非营利性社会组织，提供公共服务是其天职所在，但也应该认识到其局限性。正因如此，应当将政府的权力限制于宪法和法律之下。现代意义上法治政府的透明、公开、公正、公平、高效、协调、廉洁等所有价值观念不仅体现了法治政府的价值谱系，而且也符合我国的特殊法治国情。[②]

王建勋（2011）认为，"如果法治意味着建立一个自由而公正的社会秩序，仅仅满足这些形式要件还是不够的，它还要求法律必须合乎正义，保护个人的自由和权利"。结合全球海洋中心城市治理诸问题而言，全球海洋中心城市的治理应该立足于构建一个自由、公正、有序的社会治理秩序。"唯有加强

---

①　燕继荣：《从"行政主导"到"有限政府"——中国政府改革的方向与路径》，载于陈明明主编《共和国制度成长的政治基础（复旦政治学评论第七辑）》，上海人民出版社2009年版，第29页。

②　参见李春成：《中国政府管理改革的影响因素和路径选择》，载于陈明明主编《共和国制度成长的政治基础（复旦政治学评论第七辑）》，上海人民出版社2009年版，第62页。

制度建设才能从根本上推动地方治理主体沿着规范有序的治理规则应对各种纷繁复杂的公共事务"（陈朋，2016）。对政府而言，通过制度建设，规范政府行政职能履行的规范化，就应该主动将自身的权力受制于宪法和法律。在短时间内，可能会出现因为严格依法办事而拘泥于规范本身，降低行政效率；但从长远看，依法行政下的政府会杜绝行政权力滥用，从而真正构建起依法而治的法治政府。

然而，也应该充分意识到，不能简单地认为全球海洋中心城市治理面临的所有问题单纯依靠法治就能够解决。因为任何一套规则皆有其适用的边界，现实的情况已经决定了需要各种社会规范有效地调整社会关系，才能维持社会秩序。全球海洋中心城市治理更多的是要遵守社会发展自身的内在规则。在此基础上，"根据整个社会中的经济要求、法律界限和主导思想体系，人们可以设想和实践某种法律的和社会的组织形式"（孟德拉斯，1991）。全球海洋中心城市的治理能力和治理体系现代化进程应当关注其治理实践。

较之一般的城市治理，全球海洋中心城市治理一方面具有高度的涉海性和国际性，另一方面具有高度发达的市场经济。这在给海洋城市带来新的发展契机的同时，也给其治理带来了新的挑战和使命。社会秩序的构建是人类活动的必然结果，是人为拟制的规制秩序。一套行之有效的社会秩序，其制定并非凭空捏造，而是有其特有的地方性基础（李连江等，2018）。强调地方性基础，在一定程度上就是在说明法律制度在规制社会行为中的有限性。对于全球海洋中心城市的现代化治理，必须充分认识到社会多元治理机制建构的重要意义。依法而治是治理的核心、前提及底线。社会治理的规范和方法甚多，法律只是其中之一。构建全球海洋中心城市治理的本质是在"以人为本"的前提下，给予全球海洋中心城市社会及其共同体成员更多的自由；同时，对依法行政、转变政府职能等制约权力的法律规制提出更高的要求，即认识到权力的边界。法律作为社会权利救济的途径之一，是保护权利的底线。在一个有序的社会中，调整社会关系的地方性社会规范甚多。因此，全球海洋中心城市治理的方式和手段应该是多元的，只要不违背宪法和法律，所存在的调整社会关系的规范都应该被尊重，并应尽可能发挥其调整社会的功用。

（五）全球海洋中心城市治理是一个有机整体

从自下而上的视角来看，全球海洋中心城市治理是一项治理的事业，关注的是全球海洋中心城市共同体的治理实践，关心的是共同体内每个成员的生产和生活。从自上而下的视角来看，全球海洋中心城市的治理是国家治理的重要组成部分，即国家治理能力和治理体系现代化格局下的涉海重要城市的治理实践。全球海洋中心城市的治理不仅仅是配套制度的完善、治理现代化的问题，更重要的是地方政府和社会发挥海洋优势，创新治理模式和发展格局的能动过程。值得注意的是，"任何国家都不可能走完全抛弃民族文化传统的全盘西方化道路"（罗荣渠，2013）。外来制度之所以能够在本土生根发芽，那是因为"比之来自外部世界的影响，根植于本土环境及相应的知识资源的'内部动力'带有更为根本的性质——归根结底，外部世界的影响也是要通过这种内部动力而起作用"（孔飞力，2013）。面对全球海洋中心城市治理这一问题时，更为重要的是要从全球海洋中心城市治理所面临的问题出发，回应并丰富现有的理论，最终构建契合中国实际的法学理论，即理论与实践相契合是全球海洋中心城市治理解释的基本框架。

（六）改革创新是全球海洋中心城市治理活力所在

习近平同志指出，在新时代，"把制度建设和治理能力建设摆到更加突出的位置，继续深化各领域各方面体制机制改革，推动各方面制度更加成熟、更加定型，推进国家治理体系和治理能力现代化"[①]。在全球海洋中心城市治理中，通过改革改变当下发展所面临的实际问题，谋取全球海洋中心城市治理的新局面，是政府的一个重要行政举措。从实质上来看，全球海洋中心城市治理的政府改革与创新是在解决问题的思维下展开的治理和发展创新。这也根植于社会问题本身，是对治理能力和治理体系现代化的能动性回应（范逢春，2017）。然而，这样的改革创新必然是困难重重，不可能是一帆风顺。

从地方政府治理创新的现实情况来看，地方政府的治理创新改革不仅仅需

[①] 习近平：《关于〈中共中央关于坚持和完善中国特色社会主义制度 推进国家治理体系和治理能力现代化若干重大问题的决定〉的说明》，载于《人民日报》，2019 年 11 月 6 日，第 4 版。

要创新性，更为重要的是，必须坚持合法性。地方政府治理创新改革，在维护现有体制不变的前提下，探索治理创新改革路径，具有一定的艰巨性（范逢春，2017）。这意味着，地方政府在改革过程中面临着两难的境地。受制于中央政府政策下，地方政府往往难以因地制宜地解决当地问题，出现权威体制与有效治理的矛盾（周雪光，2011）。当然，这样的创新型改革所遇到的风险并不是不可以避免。其关键是要明确地方政府改革的价值取向，应当使其成为有限政府，而目标是建立一个有效政府。"虽然有限政府不一定是有效政府，但有效政府必定是有限的"（郑志龙，2009）。

妥善解决当下全球海洋中心城市治理过程中政府行政法治所遇到的问题，从政府自身出发，转变其执政方式和执政理念，至少是一种路径选择。在改革的关键时期，需要公权力去推动，也需要稳定的社会环境，但是还应该注意，千万不可为了稳定而稳定，为了改革而改革。一言以蔽之，无论是改革还是转型，其最终目的就是要将法治精神落到实处，从法治出发，最终回归法治。

在全球海洋中心城市治理命题下，制度化的稳定是必要前提。正如亚里士多德所诠释，"变革实在是一件应当慎重考虑的大事。人们倘若习惯于轻率的变革，这不是社会的幸福，要是变革所得的利益不大，则法律和政府方面所包含的一些缺点还是姑且让它沿袭的好；一经更张，法律和政府的威信总要一度降落，这样变革所得的一些利益也许不足以抵偿更张所受的损失"。以制度的形式来保障地方性功用的发挥将是有力的保障。遗憾的是，在改革进程中，似乎至今尚未找到一个较好的答案来回应这一问题（杨雪冬、闫健，2017）。

地方政府创新不能违背法治精神，"在法治的意义上（并且只有在法治的意义上）才有可能创新出一个良性的国家与社会的结构性关系"（周庆智，2014）。现实的情况是，"一些有较高'含金量'的地方治理创新面临着突破既有的宏观制度框架、运行模式及法律边界，具有较强的敏感性和较大的风险性，如果没有政治顶层的制度保障，很难真正得到推进"（范逢春，2017）。在现实的全球海洋中心城市治理过程中，改革创新缺少必要的稳定性和可持续性。因为，"在地方治理改革过程中，在未能解决政治性分权的基础上去要求地方政府充分地向社会分权以实现地方的多中心治理和分散治理，这就会形成治理困境"（张毅、郑俊田，2010）。虽然一直强调利益多元化之下的全球海洋中心城市社会，其治理的主体也应该多元，但非常遗憾的是，全球海洋中心城市社会共同体成员并没有实质有效地参与到这个改革创新过程中来。

行政法治要契合本土文化。自上而下的政策、法令真正能够发挥作用，应该尊重传统文化所固有的治理之道。在一定程度上，历史的延续性已经说明了全球海洋中心城市治理有其本该有的继承和发展。在此基础上，另辟蹊径，推进全球海洋中心城市的自我治理，或许是一种可能的选择。

政府管理创新"由于行政环境、行政任务的变化引起的行政职能、行政方式、行政作风、行政政策法规、行政体制、行政方式、方法等各方面的一系列新变化和革新"（李庆钧、陈建，2007）。面对政府的改革创新，在具改革创新精神的同时，应当坚持法治的理念，因地制宜，择善而从。具体而言，"需要实现从人治理念向法治理念转变，从管制理念向服务理念转变，从权力本位理念向责任本位理念转变，从封闭政府理念向透明政府理念转变，从政府本位理念向社会本位理念转变，等等。这些转变必须共同服务于实现善治的总体目标，有利于建构法治型政府、服务型政府、责任型政府、民主治理型政府和合作性政府的具体目标"（丁宇，2011）。换言之，"政府在制度供给中的主导作用是必要的，但地方和基层的制度创新也非常重要。因此，我们既要强调制度创新的差异性，又要注重制度目标的一致性；既要充分发挥规制的作用，又要建立有效的激励机制"（陆益龙，2007）。具体到全球海洋中心城市治理，政府治理的改革创新应当始终坚持依法行政的原则，将法治落到实处，防止在改革的过程中出现法治的异化，以法治之名，行非法治之事。

三、全球海洋中心城市治理能力和治理体系的路径

治理理论认为，"传统的政府中心论的研究视角限制了人们的讨论范围和思考能力。治理理论主张从一种更为灵活的互动论视角，从政府、市场、企业、公民、社会的多维度、多层面进行观察、思考"（李风华，2003）。全球海洋中心城市治理的内涵应该与当下现实社会的需求相对应。正如刘守英所认为的，"治理的核心是一个秩序的问题，很难说一个制度是好还是不好……实际上，就是合意的、合适的，不一定是最优的或者成本最小的。整个治理的核心，是达到一个大家都可以接受的、合意的、平衡的秩序"（李连江等，2018）。进一步解释而言，"'治理'本身并不构成一种目标，它只是达成一系

列目标的方法或机制，而这些目标应该被相关行动者所单独设定。'治理'并不能保证这些目标被成功实现，但它相较于诉诸公权力的强制力或私人竞争的传统方法更加适合当前的需要。最重要的是，'治理'并不能独自发挥作用，它的实施必须跟国家和市场机制相结合"（施密特，2016）。法治主旨下的全球海洋中心城市治理应该是将其场域内的各项事项皆纳入法律体系。各方主体在遵守法律的基本原则之下，给予其更多的自由保障。规则秩序无所谓绝对的好，抑或不好。从全球海洋中心城市治理本身而言，一项制度之所以能够在其共同体内部生根发芽，自然有其合乎理性的一面。

全球海洋中心城市治理的实现，法治是当然的前提，但也不能单纯地理解为依法而治的治理。"治理不是一套规则，也不是一种活动，而是一个过程；治理过程的基础不是控制，而是协调；治理既涉及公共部门，也包括私人部门；治理不是一种正式的制度，而是持续的互动。治理理论的两个基本前提条件是充分发育的市场经济和公民社会，然而当代中国市场经济与公民社会仍处于发育过程中，国家本位仍然是中国社会的本质"（于水、陈春，2011）。因为，在全球海洋中心城市治理过程中，法律的彰显是需要的，但是仅仅依靠法律规则来实现治理，多少显得有些机械。在全球海洋中心城市治理过程中，一定要清楚地认识到法律的边界。

"传统的政治和社会管理体制的主要弊端在于'全能大政府'体制颠倒了政府和人民之间的主仆关系"（吴敬琏，2003）。当前，政府讲究服务意识。纵观全球，政府与人民之间的关系理应是"仆主关系"。对全球海洋中心城市治理而言，在现有制度所能允许的范围内，改革的动力来自对自身发展的远大前程的考虑。对国家而言，大刀阔斧地进行行政体制改革来适应社会转型过程中所面临的各种问题，以期带来全球海洋中心城市治理以及国家治理的现代化转型。另外，正如丁轶所认为的，地方"分享了中央的部分治理主权，这就使得原本困扰单中心决策主体的监督成本和信息传递成本难题在一定程度上得到了解决，因为地方此时已经可以在自己'承包'的治权范围内充分行使激励分配权、检查验收权，并在相对更短的层级链条内部传递治理信息"（丁轶，2018）。实际上，在全球海洋中心城市治理，在"承包—分包"范式的治理模式下，全球海洋中心城市治理表现出自主性的一面。

第三节　全球海洋中心城市治理能力
和治理体系的运作模式

海洋城市的发展是一个自然演进的过程。"从城市发展历程来看，最早依据城市规模或者商贸活动形成了全球城市或者世界城市，并依据城市规模形成世界城市网络。但是随着城市的发展，尤其是全球化、网络化、城市化的不断加强，中心城市的核心功能成为融入世界城市网络，完成城市分工的重要特征"（周乐萍，2020）。除此之外，全球海洋中心城市是"沿海开放城市强化自身对外开放传统优势，进一步推动开放平台升级优化，从而保持长期繁荣发展的现实需要和战略选择"（钮钦，2021）。因此，全球海洋中心城市的治理模式就显得格外与时俱进。纵观域外海洋中心城市的建设以及治理，似乎没有较为统一的模式，其在很大程度上是根据自身的优势逐渐发展起来，并依托港口贸易而形成的，海洋经济、海洋教育、海洋文化、海洋治理等各方面综合发展。总之，全球海洋中心城市治理是一项系统性工程，是一个综合性命题。

一、典型模式

纵观他国的海洋城市建设，英国伦敦建设海洋中心城市"注重构建引领世界航运规则的海洋法律体系"，"打造服务全球海事融资服务的国际海事金融中心"，"构建良好沟通机制，营造良好政商发展环境"；新加坡建设海洋中心城市"注重高度发达的海洋产业集群，金融资本与高新技术持续大规模投入"，"发展服务海洋发展的现代高端服务业"，"以优越的营商环境吸引发展要素聚集"；德国汉堡建设海洋中心城市注重"打造港—铁—陆—空无缝隙运输体系"，"打造欧洲运输物流的核心商品集散枢纽，打造具有竞争实力的战略新兴产业集群，推动科技创新引领工业数字化变革"（杨明，2019）。除此之外，在港口建设方面，韩国"把港口发展目标确定为国际先进海港，利用地缘优势将现有简单的海上转运港发展成为东北亚地区航运补给基地和国际物流枢纽中心，为应对全球化主导产业的结构调整，韩国开始注重海洋旅游的振兴，注重创造可持续发展的海岸带环境，促进海洋旅游业发展"（曹前满，2012）。从这些内容来看，虽然英国伦敦、新加坡、德国汉堡等海洋城市在发展过程中各有侧重，但有共同之处。简言之，域外海洋城市的发展进程是有规律可循的。

第一，尤其注重港口建设。"港口是城市活力的源泉。城市中心逐渐向港口转移，使港口与城市一体化。港口管理主体为地方自治体，而港口归入城市规划，城市发挥各自特点进行港口建设。但从整体上来看，会产生与国家港口计划和整备不一致的情况。此外，还会出现与邻近港口激烈竞争，造成投资过剩，在经济急速增长期出现入港船舶等待的常态化"（曹前满，2012）。基于此，港口要根据自身资源禀赋，做好顶层设计，选择符合自身发展的战略布局，制定详细、具体的实施方案和行动计划，强化战略规划引领，统筹有序、量力而行地推进智慧港口建设（罗本成，2019）。

第二，注重海洋相关产业群体的布局。全球海洋中心城市建设"最核心的是要加快建立国际领先的现代海洋产业集聚区；着力发挥世界级先进制造业基地和现代服务业基地的发展优势，加快改造提升传统产业，大力发展海洋高技术装备制造业、海洋高端服务业，培育壮大高端技术、高端产品和高端产业的海洋优势产业集群；打造集海洋实业、金融与服务业三位一体的海洋产业金融示范园；引导资本要素在园区内积聚，推动园区内金融创新，形成产业资源和金融资源的紧密结合"（张春宇，2017）。要形成以高新技术产业为基础的产业群，积极发展海洋产业，推进实体产业、金融服务业的有机统一，发挥海洋城市产业群的优势。

第三，积极搭建海陆相关联的物流链服务机制。"强化高效协同的物流链服务。充分利用港口处于物流链中心的优势，加强物流链上下游资源整合与集成，促进物流链相关方的业务协同与高效衔接。加快完善互联互通的港口信息服务平台，充分利用数字化技术打通物流链中的产业壁垒，促进港口服务链中的物流、信息流、资金流的高效运转，重塑终端货主和物流参与方的服务体验。积极推进跨行业、跨部门、跨区域的高效协同的物流链服务，实现在更高层面上优化资源配置"（罗本成，2019）。搭建起一条统筹海陆交通大动脉，更好地发挥依托港口优势的海洋中心城市的商贸中心地位。

二、推进方法

全球海洋中心城市建设既要聚集资源，成为区域海洋经济的增长极，又要对所在城市群和海洋经济区域产生辐射带动作用，成为区域协调发展的动力源（钮钦，2021）。因此，在推进全球海洋中心城市治理能力和治理体系现代化进程中，应当将其开成一个有机、协调、动态和整体的制度运行系统。具体推进方法如下：

第一，以开放包容的姿态面对全球海洋中心城市建设的挑战，进一步解放思想，深化全球海洋中心城市治理。全球海洋中心城市之所以被称为全球海洋中心城市，主要是因为其在市场经济发展过程中的国内、国际地位，以及其涉海地缘优势。

第二，进一步加强国家顶层设计，给予更多的支持。"加强政策引导，建立健全相应的政策体系与监督体系。加快研究出台智慧港口评价指标体系和建设实施指南，引领港口行业向更高层次发展。加强海关、检验检疫、海事等政府部门之间的协作，促进港口贸易便利化。充分发挥港口企业的创新主体作用和行业协会组织的桥梁纽带作用，推进联合技术攻关与创新应用。以港口智能化运营、港口智慧物流、港口物流供应链一体化、港口大数据应用、港产城协同发展、现代科技在港口集成创新应用等为切入点，深入推进智慧港口示范试点，加快形成一批典型应用案例与创新成果，并及时总结经验，带动全行业深入发展"（罗本成，2019）。以宁波舟山全球海洋中心城市建设为例，迫切需要国家层面在顶层制度设计上予以更大的支持。

第三，尊重地方创新，迈向实践的全球海洋中心城市治理。改革创新经验，及时将优秀的地方治理创新做法上升为国家制度，"充分借助数字化、网络化、智能化等新技术，打造开放协作、高度互联、和谐经济的港口生态圈体系，积极融入世界贸易一体化大格局……加快建立完善港口大数据中心，创新港口大数据应用，积极推进数据服务创新。突出资源的开放与共享，以最大限度地提升资源利用率，重构港口生态体系和业务流程，实现从线上的竞争向网络竞争转变，构建差异化的价值主张和竞争优势"（罗本成，2019）。全球海洋中心城市治理的改革与创新是保持海洋中心城市活力的基础。结合自身的优势，扬长避短，制定一套切实可行的治理模式并将其制度化、规范化是全球海洋中心城市治理的重要的可行路径之一。

三、对宁波舟山的启示

宁波舟山作为全球货物吞吐量最大的港口，在资源禀赋上具有独特的优势。宁波作为近代中国最先开埠的港口城市之一，在海洋贸易、海洋经济，以及以此为基础的海洋城市治理方面具有得天独厚的优势。进入新时代，随着海上丝绸之路以及"一带一路"倡议的提出，宁波舟山的全球海洋中心城市地位更加凸显。其中，从公布的数据来看，2015～2019 年，浙江省海洋生产总值年均增长约 9%，高于地区生产总值 1 个百分点；海洋生产总值占地区生产总值的比重稳定在 14.0%，高于全国平均水平 5 个百分点，占全国海洋生产总值的比重由 9.2% 提升至 9.8%（王志文、丁晨妍，2021）。海洋经济是浙江未来经济增长的重要支撑。这已经在一定程度上说明了宁波舟山海洋中心城市举足轻重的地位。但在发展海洋经济、建设海洋强省的同时，也不能忽视全球海洋中心城市治理能力的提升以及治理体系现代化的构建。

第一，持续加强港口建设，充分利用宁波舟山的地缘优势。"港口具有交通、产业、生活方面的功能，其中最核心是交通和产业功能。应社会经济结构的变化，交通功能和产业功能也在变化，同时还寻求着向生活功能和新城市功能拓展。港口临海区域被定位为工业集聚地，进行工业用原材料及制品的转移、进出口工业基地的港口建设和港口设施用地开发"（曹前满，2012）。宁波舟山海洋中心城市建设势必要发挥其区位优势。"地域发展离不开资源，资源因人类利用而被赋予价值，资源利用能力受技术制约，当技术被发现并得到创新，又颠覆了以往的价值，从而形成各具时代特色的地域产业与海洋关系"（曹前满，2012）。因此，在宁波舟山全球海洋中心城市治理诸多问题中，如何加强港口建设，充分利用地缘优势就成了核心问题之一。

第二，产业群的合理布局。"制造业转向内陆布局和生产中心的海外转移，使临海区域持续空心化，出现低未利用地等，失去曾有的活力和竞争力。为应对社会经济结构转型，各地推进临海工业带商业化，并将临海开阔用地和海面作为最终处理场，利用大城市排出循环资源的再生关联产业迅速集聚"（曹前满，2012）。从长远来看，仅仅依靠海洋港口的优势，对相关的产业群不进行有效的规划，这样的海洋中心城市建设势必不会长久。合理的产业布局是维护与保持宁波和舟山全球海洋中心城市活力的重要后盾。

第三，城市文化建设。文化是一座城市的灵魂。对宁波舟山海洋中心城市建设而言，不仅仅是要发展经济，发展文化事业也是一项重要的工作。宁波作为浙东文化的重要组成部分，本身人文底蕴深厚。现代意义上的城市，有没有文化底蕴、是否有一所较为知名的高校是重要的衡量标志。宁波大学作为"双一流高校"，坐落在宁波，不仅仅为宁波的全球海洋中心城市建设和治理提供重要的人才支撑，也为宁波的全球海洋中心城市建设和治理提供智力支持和政策咨询。此外，近年来宁波市政府对于优秀人才的引进给予了较为丰厚的人才待遇，这也为宁波的文化建设提供了支撑。

第四，贯彻落实法治精神。在讨论全球海洋中心城市治理时，重点关注建设现代化绿色港口、搭建海陆统筹的现代化物流体系以及合理的产业群布局等问题。可见，其目的是发展经济，而发展经济就需要市场，即发展市场经济。从法学角度而言，市场经济就是法治经济，充分尊重市场经济的发展规律，以法律的手段保护市场经济的健康有序发展。此外，从城市治理本身而言，也需要厘清政府、社会、市场三者之间的关系，建立一套有效的治理规则。这些都需要法律之治的有效参与。总之，在宁波舟山全球海洋中心城市治理过程中，应当始终贯彻和落实法治精神。

第五，保持改革创新。陈旭麓（2017）指出，"发展意味着变革，凡变革都有阻力，所以发展总是在冲破阻力而后取得的"。无论是理论研究还是实践，对改革创新一直都持有高度的热忱，然而对如何进行改革，却人云亦云，各持己见。在社会大转型时期，城市的治理不可能一成不变，应从满足现实的发展需求出发，对原有的治理模式进行必要的转型升级。尤其是在宁波舟山全球海洋中心城市治理能力和治理体系现代化构建时期，对于什么是全球海洋中心治理并没有一个相对统一的标准。换言之，全球海洋中心城市治理能力和治理体系现代化都是在摸索中前进。这就需要政府、市场以及这个共同体内部的成员都参与其中，从具体的实践出发，根据自身的优势，探寻并总结出一套适合自身发展规律的治理模式。

对于全球海洋中心城市治理能力和治理体系现代化，不能单纯从理论角度进行探讨，而应在秉承法治理念的基础上，从具体实践出发，从中总结规律和理论。这无论是对全球海洋中心城市治理能力和治理体系现代化构建本身，还是对治理能力和治理体系现代化构建都有重要的理论和现实意义。

第十章　全球海洋中心城市建设的未来展望

21 世纪被联合国称为"海洋世纪",海洋已成为国际竞争的主要领域。党的十九大报告提出要坚持陆海统筹,加快建设海洋强国。习近平总书记多次强调"向海发展",要高度重视海洋生态文明建设,加强海洋环境污染防治,保护海洋生物多样性,实现海洋资源有序开发利用,为子孙后代留下一片碧海蓝天。2019 年 8 月,中共中央、国务院印发了《关于支持深圳建设中国特色社会主义先行示范区的意见》,提出要支持深圳加快建设全球海洋中心城市。深圳、上海、广州、天津、宁波、舟山、大连、厦门、青岛 9 座城市相继出台相关政策支持建设全球海洋中心城市。我国海洋中心城市建设有助于打造国内海上支点,推进海上互联互通建设,加快海洋经济合作发展,是落实海洋强国战略和"21 世纪海上丝绸之路"建设的重要举措。

第一节　全球海洋中心城市的建设重点及功能定位

一、全球海洋中心城市的"五位一体"新格局

在"两个文明"以及"四位一体"理论的基础上,党的十八大明确提出了"五位一体"的中国特色社会主义事业的总体布局。在近十年的发展中,"五位一体"的建设理念逐渐融入我国发展的各方各面,显示出强大的生命力。因此,未来的全球海洋中心城市建设需要以经济建设为中心,政治影响为首要因素,文化生活为开放平台,社会治理为重要保障,生态文明为核心关键,重点关注经济、政治、文化、社会以及生态这五大重点建设领域,并最终形成全球海洋中心城市建设的"五位一体"新格局。

(一) 海洋政治建设

19 世纪末,美国上校马汉最早提出海权理论,并强调制海权对于国家的

重要性（Mahan，1918）。1976 年，苏联海军司令戈尔什科夫在此基础上出版《国家的海上威力》一书，总结了苏联 30 年的海军建军经验，并进一步完善了海权理论。之后，众多学者都对海权理论进行了宏观研究以及个案研究，为海权理论提供了大量的事实支撑。2003 年，张文木在其文章中详细分析了中国海权特征，提出中国海权是隶属于国家主权的海洋权力，而非霸权，为中国海权提升提供了理论依据。近几年来，在我国海洋地缘竞争升温的背景下，胡波（2019）提出积极的和平、平衡的自由、全面的包容三大追求，并肯定了海权对于国家及城市发展的重要作用。因此，对于我国的全球海洋中心城市建设，海洋政治是一个不可忽视的内容。强大的海军实力有助于保障社会稳定，保持社会经济的平稳发展；更有效率的政府引导有利于海洋产业的健康发展；更加重要的国际秩序话语权则有利于扩大城市影响力，改变当今不合理的国际海洋秩序，建立更加和平、自由、包容的国际新秩序。

（二）海洋经济建设

海洋经济和港口经济是海洋城市的两大支柱经济形式。海洋经济是与海洋资源有关的经济活动，而港口经济是与港口产业发展有关的经济活动（曹忠祥等，2005）。根据自然资源部海洋战略规划与经济司公布的数据，受新冠肺炎疫情的影响，2020 年我国海洋生产总值达 80010 亿元，较上年下降 5.3%，但仍占我国沿海城市生产总值的 14.9%。海洋经济除了为国民经济社会发展做出巨大贡献以外，还拉动了海洋渔业、海洋矿业等海洋产业的发展。

《世界领先海事之都》报告中写道：全球海洋中心城市站在了全球化的前沿，90% 左右的国际贸易都依托于船舶运输，并在世界各地的港口进行货物装卸（Menon，2019）。有学者提出，货物装卸和船舶服务这类港口活动在给当地带来营收的同时，起到了"港口乘数效应"，并将该效应解释为：营业收入的增加提高了雇员工资，从而促进消费和投资，进而提高就业水平，最终达到倍增港口价值的目的（Tan，2007）。沈秦伟等学者以大连为例，运用 VAR 模型探究港口对城市经济增长的关系，认为港口能提高经济效率（沈秦伟、韩增林、郭建科，2013）。

（三）海洋生态建设

海洋是生命的摇篮，也是重要的自然资源，但我国的海洋生态状况不容乐观。不合理的海洋开发使得海洋原有生态环境遭到破坏，海洋油气勘探以及废弃物倾倒造成严重的海洋污染（陈亮，2016）。此外，粗放的海洋管理模式和未成体系的海洋生态补偿机制导致海洋监管不足，阻碍了海洋生态环境的保护。与此同时，自改革开放以来，国际贸易迅猛发展带动了沿海城市港口经济的迅猛发展，不可避免地造成了近海的生态破坏。一方面，港口的开发需要改变原有的生态条件，挖掘、填海等操作破坏了原有的海岸线生态；另一方面，油轮的停放以及不可避免的原油泄露等问题加重了海洋的污染。海洋生态建设迫在眉睫。

（四）海洋文化建设

现阶段，我国社会的主要矛盾是人民日益增长的美好生活需要与不平衡、不充分的发展之间的矛盾。而在基本物质需求得到满足后，人们对于丰富的精神文化的需求会日益提高（黄娟，2018）。海洋不仅为人类带来了丰富的资源，也在潜移默化地影响人们的习俗和文化。福州、宁波这些古时便是沿海富庶之地的城市，在历史的演进过程中孕育了独具特色的海洋文化。海洋文化既包含积极向上、自然和谐的价值观，如诚信、进取、诚信等，也包括各式各样的节日习俗，如每年正月十三，舟山渔民举行的祭海节等。这些优秀的传统文化影响着一代又一代人，是宝贵的精神食粮。除了文化习俗，科技教育也属于文化建设的一个重要内容。海洋科技创新是指，海洋科研机构和企业通过探索海洋科技前沿，建立海洋应用技术创新体系的一系列高附加值的技术和经济活动（Liu，Zhu and Yang，2021）。海洋科技创新能够为城市提供更高的服务水平、更好的港口条件、更和谐的生态环境等打下了坚实的基础。

（五）海洋社会建设

社会建设有广义和狭义之分。广义的社会建设指整个社会的建设，包括政治子系统、经济子系统、社会生活子系统在内的大系统的建设；狭义的社会建设则单指社会子系统的建设（郑杭生，2006）。"五位一体"中的社会建设仅取狭义之义。学者普遍认为，社会建设是指一个由合理配置社会资源与机会、促进社会公平、调整社会利益关系、培育社会组织、发展社会事业等多个领域构成的政策安排。社会属性是人的基本属性，社会生活是人民生活的基本内容。随着中国特色社会主义建设进入新阶段，人民渴求更高的收入、更好的教育、更高水平的医疗环境、更优美的生态环境等，这些都是人民对于美好社会生活的向往。全球海洋中心城市作为城市发展中的典范，在社会建设方面应该有所建树。为完善社会主义框架下的社会建设，城市应不断提升社会公共服务能力，探索扶贫脱贫途径，不断满足人民健康生活需要，建设人口与自然均衡发展的美丽城市。

二、全球海洋中心城市的五大功能

（一）推动地区高质量发展的引领力

全球海洋中心城市需要通过建设世界级临港产业集群、打造世界一流强港来带动地区高质量发展，而只有港口运输、港口贸易、港口金融、港口服务达到一定的标准，才能产生推动地区高质量发展的引领力。具体而言，首先，全球海洋中心城市应具有较强的航运运输能力，具备成为国际航运中心的条件，包括城市所管理的船队规模大小、隶属于船东的船队规模、隶属船东的船队货物价值、航运公司总部数量、航运公司市值等。其次，全球海洋中心城市应具备优异的港口贸易条件，港口物流业发达，且在船舶规模、价值及航运公司总部数量上具有优势。最后，全球海洋中心城市应具备港口金融、法律等现代海洋高端服务业的核心竞争力，包括法律专家数量、保费收入、海洋产业贷款规模、航运投资规模、海洋产业上市公司数量、海洋产业上市公司市值等。

（二）发挥海洋中心城市的支撑力

支撑力包括三个方面：科教文化支撑力、生态支撑力、产业支撑力。首先，建设全球海洋中心城市，高端技术人才是关键。我国各个沿海城市均有海洋类院校，为建设海洋中心城市提供了源源不断的人才资源。人才是经济社会发展最直接、最重要的推动力量。积极打造高水平科研平台，发展一流高等教育，创造良好的文化环境，提升城市的科教文化支撑能力，实现高端人才的集聚，是建设全球海洋中心城市，实现高质量发展的必由之路。其次，在推进全球海洋中心城市建设过程中，保护生态环境仍是重点之一，坚持内涵式发展，"绿水青山就是金山银山"的发展理念，严格控制建设规模和开发强度，构建网络化、多层次、多功能的城市生态支撑体系和环境保护与治理体系，增强城市的生态支撑力。最后，合理利用海洋资源，持续支持发展传统海洋产业，充分发展海洋延伸产业，全力发展海洋服务业。

要发挥海洋中心城市的支撑力，需要依托国际领先的现代海洋产业链，大力发展现代渔业、海工装备制造、海洋化工、海洋旅游、海洋油气开发及海洋战略性新兴产业，培育具有国际海洋市场竞争力的跨国企业和世界知名涉海产品品牌，成为全球海洋产业重要的生产空间。此外，在产业发展的过程中，要统筹协调经济发展与环境保护的关系。发展海洋产业，提升海洋经济规模和水平是建设全球海洋中心城市的必由路径。

（三）增强对周边城市的辐射力

全球海洋中心城市必须能够对周边区域，乃至全球范围内的经济与社会发展发挥强大的磁吸、辐射作用，具体表现为依托港口提升区域发展水平、带动腹地经济，带动周边地区经济发展。全球海洋中心城市不是城市的简单升级，而是辐射作用更强、带动区域协同发展的全球蓝色经济综合示范区。其发挥辐射作用、带动区域协同发展的动力作用主要表现在三个方面：一是从政府管理来看，全球海洋中心城市建设将为本地周边地区，乃至全球其他地区的政府管理、服务模式改革创新提供示范；二是从产业协同发展来看，全球海洋中心城市重点发展海洋绿色产业，对海洋产业优化升级发挥重要的辐射、示范和带动作用；三是从城市特征来看，全球海洋中心城市应兼具全球城市（全球政治经济文化影响力）、中心城市、海洋城市三大要特征，缺一不可。全球海洋中心城市不仅应该具备国际航运中心在航运、贸易、物流以及相关服务业方面的优势，还应是海洋金融、法律等高端海洋服务业的领导者，海洋科学技术和海洋发展体系的创新者和引领者，并且能通过各类机制、机构，在全球海洋治理方面发挥辐射性的作用，为区域或全球提供有价值的公共产品，并以其完善的营商环境、完备的海洋产业集群和国际化的便利的生活环境，对领先的海洋产业、海洋企业和高端人才形成强大的吸引力和辐射能力。

要增加对周边城市的辐射力，需要依托国际海洋科技展览会、海洋文化会展、海洋民俗节庆、海洋经贸论坛、海上体育赛事等文化活动，吸引大批国际经贸组织、文化交流机构及政府机构参与，打造独具特色的城市海洋文化品牌，成为全球海洋文化重要的发源地与辐射点。具体来说，全球海洋中心城市需要增强省内联动能力，通过区域一体化带动周边城市发展，而且需要强化跨省域腹地拓展功能，畅通建设内陆地区新出海口和经贸合作通道。

（四）整合海洋要素的集聚力

全球海洋中心城市需要有整合各类海洋要素的能力，包括海洋地理、海洋经济、海洋政治、海洋科技和海洋文化五大核心要素。第一，海洋地理要素，即全球海洋中心城市具备海洋区位优势和资源条件。全球海洋中心城市大多数临海或沿海而建，比如被称为"全球海事之都"的汉堡、鹿特丹、伦敦等均是滨海城市；新加坡、中国香港属于沿海城市；而知名海岛城市，如美国夏威夷、岛国马尔代夫和毛里求斯的一些城市、印度尼西亚的巴厘岛等都是以休闲度假为特色。但全球还没有一座真正建在海岛的、对人类多种海洋活动具有广泛影响力的全球海洋中心城市。第二，海洋经济要素，即全球海洋中心城市海洋产业持续发展，城市人口主要从事海洋产业。全球不乏滨海的知名城市，但我们仍将其归属于陆地中心城市，例如我国的上海、深圳等。当海洋产业尚未成为一个城市的主要产业时，城市的海洋特色则不足。另外，海洋服务产业的高水平发展是全球海洋中心城市的标志，尤其是海洋金融、海洋法律等作为现代海洋服务业的代表性行业是全球海洋中心城市的核心竞争力。伦敦至今仍然保持全球海事之都和航运中心的地位就是凭借其海事保险业务，以及法律服务。第三，海洋政治要素，即全球海洋中心城市在全球海洋治理中具有重要的话语权，影响全球海洋开发与管理规制、公约的制定，其标志是国际海洋组织、协会、科教机构的总部所在地。第四，海洋科技要素，即全球海洋中心城市具有国际领先的海洋事业人才和海洋科技创新力。一方面，这是基于海洋探索的需要；另一方面，现代世界城市形成就是一个面向知识社会构建的创新资源流动过程，主要表现为人才集聚及科技创新能力的提升。第五，海洋文化要素，即全球海洋中心城市充满了浓郁的海洋文化，形成了爱护海洋、崇尚海洋的良好氛围，具有国际交流的文化软实力。

要增加海洋要素的聚集力，需要发挥全球性航运贸易枢纽功能，即依托优越的区域位置与世界一流的港口基础设施，集聚国际一流的海事法律服务、海事仲裁、商业服务、航运代理、船舶服务、金融保险等机构，全面打造区域航运枢纽和物流服务中心功能，成为全球航运、贸易的重要空间节点。

（五）扩大综合影响力

党的十八大做出建设"海洋强国"的重大部署，是我国面向新时代提出的首个强国方案，更是我国海洋事业全面发展的新起点。全球海洋中心城市首先是中心城市，是政治、经济、科教和文化的中心，因此它不仅具有作为一般中心城市的功能，更应具有海洋城市的独特内涵。全球海洋中心城市的建设应能推进海上丝绸之路的影响力，使其在全球海洋治理中具有重要的话语权，影响全球海洋开发与管理规制、公约的制定。2017年，我国首次主办《南极条约》缔约国年会。未来，我国将在全球海洋治理中逐渐由"跟跑者"变为"领跑者"。

三、全球海洋中心城市的多样定位

全球海洋中心城市是海洋城市发展的高级阶段。作为未来的全球海洋中心城市，不仅需要硬实力，也需要足够强大的软实力。未来的全球海洋中心城市建设需要兼顾政治建设、经济建设、文化建设、生态建设和社会建设五个方面，需要具有对海洋代表性领域的引领力、对海洋经济高质量发展的支撑力、对周围区域的辐射力、对海洋要素的集聚力和在国际上的综合影响力。建设全球海洋中心城市，在根本上需要推进政治、经济、社会、文化和生态的城市建设。"五位一体"与"五大功能"之间存在内在联系——"五位一体"是不断强化"五大功能"的主要抓手，是根本途径；"五大功能"则是"五位一体"的建设目标，是行动准则。除此之外，两者还存在相互对应的矩阵关系。一种功能的强化可能需要"五位一体"中的某几个方面共同建设，如支撑力可分为经济、政治、生态三个方面的支撑力。而通过不同的矩阵组合，能够具象化实现"五大功能"的途径，对全球海洋中心城市建设具有重大意义。基于组合重要性原则构造的矩阵如表10.1所示。

表10.1　　　　　　　　　　　功能定位组合矩阵

领域	引领力	支撑力	辐射力	集聚力	影响力
政治	—	—	政治辐射力	政治集聚力	政治影响力
经济	经济引领力	经济支撑力	经济辐射力	经济集聚力	—

领域	引领力	支撑力	辐射力	集聚力	影响力
文化	—	文化支撑力	文化辐射力	文化集聚力	—
社会	—	—	—	—	社会影响力
生态	—	生态支撑力	—	生态集聚力	—

注："—"表示该组合相对重要性较低或不具代表性。

政治辐射力、政治集聚力、政治影响力是衡量城市政治建设水平的重要考量。政治辐射力要求城市在政府管理方面应能够对周边乃至全世界产生带头示范作用，其服务模式的创新能够为其他城市提供启发，且拥有一定的军事实力以保障社会稳定；政治集聚力要求城市具有集合包括海洋管理人才、国际海洋组织等海洋政治要素的能力；政治影响力则要求城市提高全球海洋治理的话语权，积极参与各项海洋管理条例的制定，为维护自身海洋权益提供保障。

经济引领力、支撑力、辐射力、集聚力是城市经济建设的目标。经济引领力要求城市具有较高的经济发展水平，能够带动地区高质量发展；经济支撑力要求城市大力发展更具战略意义、市场竞争力的海洋新兴产业，促使地区经济健康、稳定增长；经济辐射力要求城市拥有更高水平的港口建设，能够通过港口经济带动腹地经济，从而辐射区域协同发展；经济集聚力要求城市发展海洋金融、海洋保险、海洋法律等海洋服务业，不断提高自身整合资源的能力。

文化建设应包含三种主要组合：文化支撑力、文化辐射力和文化集聚力。全球海洋中心城市建设需要科技的支撑，而科技的发展依靠对科技创新的投入以及产出效率的提高，因此文化支撑力主要体现为科技创新水平。同时，城市还需要拥有适合科技发展的创新环境，即文化集聚力。而除了科技创新，城市本身所孕育的民风民俗也属于文化软实力的一种。城市应不断推广城市文化名片，注重传统文化保护，强化海洋文化品牌形象，增强城市文化辐射力。

一座城市集聚力的提升能提高其对人才以及高新产业的吸引力。城市是一个经济复合体，一系列因素会直接或间接影响公司及人才的去留，而其中影响最为深刻的便是城市的社会集聚力。营商便利的社会能吸引更多的金融机构及人才；鼓励创业型社会对创业的保护及激励政策能催生更多企业的茁壮成长；适宜居住的城市环境、治安等方面也在一定程度上影响着人才的流动。

"港兴城兴，港荣城荣"，港口的迅猛建设带动了当地城市经济快速发展，并在国际贸易中发挥出巨大作用，但港口的繁荣不可避免地造成了海洋生态的破坏，因此海洋城市的生态保护刻不容缓，生态保护应受到重视。此外，良好的海洋生态能够为海洋城市提供丰富的生物资源、矿产资源以及旅游资源，甚至在一定程度上影响人才和产业的引进。因此，不断提高海洋生态的支撑力以及集聚力，将成为全球海洋中心城市建设的重点和难点。

第二节　全球海洋中心城市的评价体系及量化比较

一、已有评价体系及特点

国际航运中心发展指数是由中国经济信息社和波罗的海交易所联合推出的海事评价体系。该评价体系从港口条件、航运服务和综合环境三个方面，对全世界的航运中心进行综合分析，旨在全面衡量一定时期内国际航运中心港口城市的综合实力，为国际航运中心发展提供指导和参考，促进世界海运贸易可持续发展和资源优化配置。《世界领先海事之都》报告和《国际航运中心发展指数》报告一样，都将目光聚焦于城市所能提供的海事服务，并涉及部分社会治理。不难看出，这两个指标体系都侧重于发展经济，忽视了民生的发展。

全球海洋科技创新指数作为度量全球主要国家海洋科技发展水平的参照系，被广泛地应用于测算国家海洋科技创新指数。该指标体系由创新投入、创新产出、创新应用和创新环境四个一级指标构成，形成了规范的海洋科技创新指标评价体系和分析框架，为政府决策提供了前瞻性参考依据，并为企业发展提供了战略性参照。

国民海洋意识发展指数与所述指标体系有很大不同。该指标体系由海洋自然意识、海洋经济意识、海洋文化意识、海洋政治意识四个一级指标构成。所有指标与国民意识有关，主要被用于调查国民对海洋建设的知情度以及对各类已有政策的认可程度。虽其指标难以量化，但不可否认的是，国民海洋意识发展指数涉及面广，有前面所有指标体系所没有的"政治"指标，拓宽了建立海洋相关指标体系的视野。

二、评价指标体系的构建

国际上较为权威《世界领先海事之都》《国际航运中心发展指数》等评级体系在"五位一体"框架下都存在明显的短板。深圳市规划国土发展研究中心编制的《深圳全球海洋中心城市建设规划纲要》在已有基础上进行了延伸，不再局限于经济建设，而是将海洋中心城市建设拓展到生态、文化和社会等方面，具有更加广阔的视野，但仍然缺失了"政治"这一不可忽视的因素。故建立一套能够体现"五位一体"思想的评价体系尤为重要。

（一）指标体系建立的原则

一是系统全面的原则。建立的指标体系要求尽可能全面地反映全球海洋中心城市的综合发展水平。

二是灵活可操作原则。指标体系的设立应该有足够的灵活性，使各城市能够根据自身特点和实际情况进行运用。

三是科学实用性原则。指标体系要能科学地反映供应商的实际情况，适中实用，且各指标组成的指标体系逻辑严谨，符合独立性的要求。

四是独立性原则。由于"五位一体"的五个方面相互作用，故应尽量挑选具有相对独立性的指标。

（二）指标的筛选

全球海洋中心城市是中心城市、全球城市以及海洋城市概念的叠加，因此全球海洋中心城市的评价体系应该包含衡量城市发展水平的各项指标，并在此基础上强调城市在海洋领域的发展优势。因此，观测指标既包含直接数据，用以反映子系统的特征，也包含间接数据，如"指数""率""度"等用于说明子系统抽象水平的综合指标。

指标筛选程序沿用了曹立军和王华东（1998）的流程。首先，采用文献研究法、理论研究法以及专家咨询法，在已有资料的基础上建立一般指标体系。其次，为使指标体系更加完善，需要进一步考虑影响城市发展以及海洋开发水平的因素。最后，再次征询专家意见，并最终得到具体指标体系，如表10.2所示。

表 10.2　　　　　　　　　全球海洋中心城市理论指标体系

项目	一级指标	二级指标	三级指标
全球海洋中心城市评价体系	海洋经济建设	引领力	经济规模
			经济结构
			经济效益
			开放水平
		支撑力	增速稳定
			运价稳定
			消费品价格稳定
		辐射力	港口体量
			港口基础设施质量
		集聚力	航运金融服务水平
			海事法律服务水平
			航运经营服务水平
			船舶工程服务水平
			航运经纪服务水平
	海洋政治建设	辐射力	军事力量
			军事行动
			海洋外交
		集聚力	海洋管理水平
		影响力	国际规则参与度
	海洋生态建设	支撑力	灾害预警能力
			灾害防护能力
		集聚力	空间资源保护
			生物资源保护
			环境治理
			生态保护
	海洋文化建设	支撑力	创新投入
			创新产出
			创新应用
		辐射力	海洋历史
			海洋民俗
			海洋教育
			海洋文化遗产

项目	一级指标	二级指标	三级指标
全球海洋中心城市评价体系	海洋文化建设	集聚力	创新环境
	海洋社会建设	集聚力	营商便利度
			经济自由度
			政府管理水平
			就业水平
			收入水平
			物价水平
			交通水平
			医疗水平
			居住水平

（三）指标体系的建立

1. 一级指标说明

实现海洋全面、协调、可持续的科学发展，建设全球海洋中心城市，需要全面推进经济建设、政治建设、文化建设、社会建设、生态文明建设，即以"五位一体"为总体布局，故可将"海洋经济建设""海洋政治建设""海洋生态建设""海洋文化建设""海洋社会建设"设为一级指标。

2. 二级指标说明

将"五位一体"与五大功能相结合，构造 5×5 组合矩阵，并重点关注全球海洋中心城市建设的重点建设方向，故二级指标可参照矩阵构建。

3. 三级指标说明

（1）海洋经济建设。一是引领力，其三级指标为经济规模、经济结构、经济效益和开放水平。这四项三级指标沿用自中国海洋经济发展指标。二是支撑力，其三级指标为增速稳定、运价稳定和消费品价格稳定。这三项指标同样来源于中国海洋经济发展指标。在确定具体指标时，该体系用经济发展指标中的海水产品生产者价格综合指数波动率和旅游类居民消费价格指数波动率指代消费品价格稳定；用中国沿海散货运价指数波动率和中国出口集装箱运价指数波动率指代运价稳定；增速稳定系海洋经济波动率。三是辐射力，其三级指标为港口体量和港口基础设施质量。港口是全球海洋中心城市重要的组成部分，

《世界领先海事之都》以及《国际航运中心发展指数》都强调了港口对于城市的促进作用，故城市的港口体量决定其航运发展水平。此外，该体系沿用了《世界领先海事之都》中的"港口基础设施质量"指标，以期城市在扩大港口体量的同时加强其基础设施的质量。四是集聚力，其三级指标为航运金融服务水平、海事法律服务水平、航运经营服务水平、船舶工程服务水平和航运经纪服务水平。这五项指标均沿用自《航运中心发展指数》。

（2）海洋政治建设。一是辐射力，其三级指标为军事力量、军事行动和海洋外交。国民海洋意识发展指数部分涉及海洋政治，但是过于泛化。在查阅海洋政治的相关文献后，我们发现强大的军事力量是地区长治久安、政治稳定的前提；军事行动能够在短时间内提高城市的国际影响力；海洋外交则有助于城市进一步扩大国际上的海洋辐射力。这三项指标层层递进，互相促进。二是集聚力，其三级指标为海洋管理水平。三是影响力。对国际规则的参与在扩大影响力的同时引导规则向自身倾斜，能够从侧面增强海洋影响力。

（3）海洋生态建设。一是支撑力，其三级指标为灾害预警能力和灾害防护能力。由于海洋环境具有不确定性，海洋城市应当建立完备的灾害预警系统以及灾害防护机制，从而大幅度降低海洋灾害对社会经济带来的冲击（刘冰、刘强，2017）。故该体系从灾害预警和灾害防护两个角度衡量城市的灾害处理水平。二是集聚力，其三级指标为空间资源保护、生物资源保护、环境治理，以及生态保护。《中国海洋生态文明进程的综合评价与测度》提出，海洋生态文明的测定主要围绕自然资源保护和生态环境保护两个方面展开（苗欣茹、王少鹏、席增雷，2020）。海洋自然资源主要包括空间资源、生物资源以及矿产资源。由于矿产资源的保护难以用具体指标衡量，故该体系仅保留空间资源和生物资源作为三级指标。生态环境保护包括生态保护和环境治理两个方面。环境污染会导致生态破坏，而生态破坏会降低环境承载能力，从而加重环境污染造成的危害，故两者同样被列为三级指标。

（4）海洋文化建设。一是支撑力，其三级指标为创新投入、创新产出、创新应用。创新投入强调投入海洋科技创新的人力、财力、物力；创新产出强调理论领域的创新；创新应用强调创新理论的应用。二是辐射力，其三级指标为海洋历史、海洋民俗、海洋教育、海洋文化遗产。这四项指标沿用自国民海洋意识发展指数。三是集聚力，其三级指标为创新环境，来源于中国区域创新创业指数。

（5）海洋社会建设。集聚力，其三级指标为营商便利度、经济自由度、政府管理水平、就业水平、收入水平、物价水平、交通水平、医疗水平，以及居住水平。营商便利度的概念在《世界领先海事之都》以及《国际航运中心发展指数》中都有体现，旨在强调有利于营商的法规环境；经济自由度体现劳动力、资本和商品的自由流动程度，旨在强调有利于营商的经济环境；政府管理水平旨在强调社会有利于营商的政治环境，主要体现为政府管理社会的效率水平。就业水平、收入水平、物价水平、交通水平、医疗水平以及居住水平沿用自《全球城市竞争力报告》。

（四）指标权重的确定

以上海、宁波、舟山、广州、青岛、深圳、天津、大连八个沿海发达城市作为研究对象，选取 2018 年各省市的统计数据，对各城市的全球海洋中心城市建设水平做出客观评价。鉴于数据的可得性，最终采用了一套从五个维度，包含 41 项观测指标的全球海洋中心城市建设评价体系，如表 10.3 所示。

表 10.3　　　　　　　　全球海洋中心城市建设评价体系

维度	观测指标
海洋经济建设	X_1 海洋生产总值
	X_2 海洋生产总值占 GDP 的比重
	X_3 第三产业占海洋生产总值的比重
	X_4 海洋劳动生产率
	X_5 涉海工业企业资产利润率
	X_6 海洋贸易额
	X_7 海洋经济波动率
	X_8 居民消费价格指数波动率
	X_9 国际航运中心发展指数中的分数
海洋政治建设	X_{10} 海防驻军
	X_{11} 国防支出占当年 GDP 的比重
	X_{12} 参与过外交事件或者外交政策的制定
	X_{13} 政府干预程度指数

续表

维度	观测指标
海洋生态建设	X_{14}海域面积
	X_{15}生物多样性保护区
	X_{16}废水排放量
	X_{17}沿海城市污水处理率
	X_{18}海洋生态保护红线
	X_{19}排水管道密度
	X_{20}人均防护林造林面积
海洋文化建设	X_{21}在世界航海史或者重大历史事件方面有过突出表现
	X_{22}拥有独特海神信仰或节庆文化
	X_{23}海洋文化场馆与宣传基地的个数
	X_{24}与海洋有关的非物质文化遗产数量
	X_{25}研发经费支出与 GDP 的比值
	X_{26}研发人员数量占总就业人数的比重
	X_{27}创新效用指数
	X_{28}企业涉海领域专利申请数量
	X_{29}创新创业指数
海洋社会建设	X_{30}商业便利度指数
	X_{31}市场化指数
	X_{32}公职人员数量
	X_{33}失业率
	X_{34}城镇居民人均可支配可收入
	X_{35}商品消费价格指数
	X_{36}在《全球城市竞争力报告》中的排名

　　数据多来源于 2018 年各省市的统计年鉴和《中国海洋经济年鉴》《中国城市年鉴》，以及相关论文文献。这 41 项观测指标中，"运价稳定""港口基础设施质量""军事行动""国际规则参与度""灾害预警能力"缺乏量化指标衡量，故在计算权重时予以剔除。除此之外，部分数据缺乏直接来源，故进行了二次处理或者指标替换，具体如表 10.4 所示。比较主流的权重设定方法包括层次分析法、德尔菲法、熵值法等。本书选择熵值法计算剩余 36 项观测指标权重。

表 10.4　　　　　　　　　　　　　数据处理及来源

指标	数据处理	数据来源
X_1	（市生产总值/省生产总值）×省海洋生产总值	《中国海洋经济统计年鉴》、各省市的统计年鉴
X_2	市海洋生产总值/市生产总值	各市的统计年鉴
X_3	市第三产业产值/市生产总值	各市的统计年鉴
X_4	各省全要素生产率	基于 DEA 模型计算
X_5	规模以上工业企业成本费用利润率	各市的《经济公报》
X_6		各市的《社会经济公报》
X_7	（本年经济增长率 – 基期经济增长率）/基期经济增长率	各市 2000～2018 年的统计年鉴
X_8	（本年价格指数 – 基期价格指数）/基期价格指数	各市 2000～2018 年的统计年鉴
X_9		国际航运中心发展指数
X_{10}		各类新闻报道
X_{11}	市国防支出/市生产总值	各市的统计年鉴
X_{12}		各类新闻报道
X_{13}	市财政支出/市生产总值	各市的统计年鉴
X_{14}		各市的《社会经济公报》
X_{15}		各市的城市规划
X_{16}		各市的统计年鉴
X_{17}		各市的统计年鉴
X_{18}		各市的城市规划
X_{19}		各市的统计年鉴
X_{20}	市森林覆盖率	各市的统计年鉴
X_{21}		相关文献
X_{22}		各市文化局
X_{23}	市文化场馆数量	各市的《社会经济公报》
X_{24}	各市省级以上非物质文化遗产项目数	各市非物质文化遗产官网
X_{25}	市研发经费支出/市生产总值	各市的统计年鉴
X_{26}	省高技术产业研发人员/省就业人数	《中国高技术产业统计年鉴》
X_{27}		《中国区域创新能力报告》
X_{28}	市专利申请总数	各市的《社会经济公报》
X_{29}		中国区域创新创业指数

指标	数据处理	数据来源
X_{30}		《中国营商环境指数报告》
X_{31}	省市场化指数	《中国分省份市场化指数报告》
X_{32}	公共管理、社会保障和社会组织城镇单位就业人数	国家统计局
X_{33}		各市的统计年鉴
X_{34}		各市的《社会经济公报》
X_{35}		各市的统计年鉴
X_{36}		《全球城市竞争力报告》

具体来说，熵值法按照以下七个步骤展开。

步骤1：查询数据，得到上海、宁波、舟山、广州、青岛、深圳、天津、大连八个声明要建设全球海洋中心城市的沿海城市2018年36项观测指标的统计数据，并构建初始数据矩阵 $X = \{x_{ij}\}_{8 \times 36}$，其中 x_{ij} 表示第 i 个城市（$1 \leqslant i \leqslant 8$）第 j 项指标（$1 \leqslant j \leqslant 36$）的原始数据。

步骤2：标准化处理，为了避免评价指标不同量纲带来的影响，需要对指标进行无量纲化处理，将其由绝对值转化为相对值。由于指标包含正向指标和逆向指标，处理方式也可不一样，具体方法如下：

正向指标：$x'_{ij} = \dfrac{x_{ij} - \min\{x_{ij}, \cdots, x_{nj}\}}{\max\{x_{ij}, \cdots, x_{nj}\} - \min\{x_{ij}, \cdots, x_{nj}\}}$

逆向指标：$x'_{ij} = \dfrac{\max\{x_{ij}, \cdots, x_{nj}\} - x_{ij}}{\max\{x_{ij}, \cdots, x_{nj}\} - \min\{x_{ij}, \cdots, x_{nj}\}}$

此外，将无量纲化处理的数据矩阵记为 $X' = \{x'_{ij}\}_{8 \times 36}$。

步骤3：计算各指标比重（归一化处理），得到比重矩阵 $Y = \{y_{ij}\}_{8 \times 37}$，其中 $y_{ij} = \dfrac{x'_{ij}}{\sum\limits_{i=1}^{8} x'_{ij}}$ 为第 j 项指标的比重。

步骤4：引入 $K = \dfrac{1}{\ln(M)}$，其中 $M = 8$，即八个城市，利用公式 $e_j = -K\sum\limits_{i=1}^{8}(y_{ij} \times \ln y_{ij})$，计算在第 j 项指标下，第 i 个城市所占该指标的比重。

步骤5：计算信息熵冗余度 $d_j = 1 - e_j$。

步骤6：由公式 $w_j = \dfrac{d_j}{\sum\limits_{j=1}^{36} d_j}$，得到第 j 项指标权重。

步骤7：代入数据，利用公式 $U_i = \sum\limits_{j=1}^{36}(w_j \times x'_{ij})$，对36项指标进行加权求和，得到第 i 个城市的全球海洋中心城市建设评分。

按照以上七个步骤计算所得指标权重如表10.5所示。

表10.5　　　　　　　　　　　　指标权重

指标	权重	指标	权重	指标	权重
X_1	0.0271	X_{13}	0.0314	X_{25}	0.0199
X_2	0.037	X_{14}	0.0378	X_{26}	0.0492
X_3	0.024	X_{15}	0.0146	X_{27}	0.0214
X_4	0.0248	X_{16}	0.0184	X_{28}	0.0278
X_5	0.0155	X_{17}	0.0211	X_{29}	0.0168
X_6	0.0548	X_{18}	0.0316	X_{30}	0.0207
X_7	0.0245	X_{19}	0.0164	X_{31}	0.0308
X_8	0.0171	X_{20}	0.0259	X_{32}	0.0174
X_9	0.0323	X_{21}	0.0341	X_{33}	0.0242
X_{10}	0.0637	X_{22}	0.0146	X_{34}	0.0258
X_{11}	0.0302	X_{23}	0.0183	X_{35}	0.0268
X_{12}	0.047	X_{24}	0.033	X_{36}	0.0239

将无量纲化处理的数据乘以权重并求和，得到各城市的全球海洋中心城市建设评分。从评分来看，上海和深圳排名前两位，宁波排在第三位。

第三节　推进宁波舟山海洋中心城市建设的问题与对策

一、宁波舟山建设全球海洋中心城市的突出短板

（一）经济引领力在带动地区高质量发展方面仍有进步空间

全球海洋中心城市需要建设世界级临港产业集群、打造世界一流强港，以

带动地区高质量发展。首先，宁波舟山各港口与一流强港水平之间的差距较大，有很大的进步空间。原因在于各个港区的智慧化水平参差不齐，对港城的绿色循环低碳发展的关注度不是特别高。在平安港口建设方面，预警机制还有待完善，应急能力还需要强化。其次，服务能级有待提升。港航条件和服务水平等能力尚有较大拓展空间，集疏运体系运作也不够顺畅，铁路进港"最后一公里"问题也尚未得到全面解决，辐射的腹地范围也有待进一步明确。最后，存在体制机制壁垒。这突出表现在港口和岸线等资源使用建设的分歧上。虽然甬舟一体化是宁波与舟山的合作共赢，但不论是之前的金塘—大榭，还是现在的六横—梅山，都具有一定的帮扶性质。舟山认为宁波的城市能级还处于虹吸效应大于辐射效应阶段，舟山需要为自身发展预留优势资源和发展空间。

（二）产生经济增长极的支撑力不足

首先，经济支撑力不足。宁波舟山海洋经济以传统海洋产业为主，新兴产业占比虽稳步提升，但海洋工程装备制造发展不快、高端海洋旅游业发展不足、高端海水养殖占比偏低、水产品精深加工不强、海洋生物医药创新不足，使得海洋新兴产业占比仍然偏低。例如，浙江海洋水产品精深加工产业发展严重落后，导致渔民渔获中最好的资源往往优先被日本、韩国，以及国内的山东、广东、上海等地企业利用。再如，海洋生物医药创新投入产出严重不足，除了多年以前的甲壳素产品外，尚未推出引领全国的海洋生物药品和保健品。

其次，文化支撑力不足，在海洋科技创新领域，宁波和舟山与上海、深圳、广州等有着较大差距。山东聚集了全国30%以上的海洋教学和科研机构、50%的涉海科研人员，以及70%的涉海高级专家和院士。虽纵向比进步较大，但从横向比较来看，浙江的海洋高新技术储备仍较弱，科研院所数量仍较少、实力仍偏弱，拥有全国一流海洋学科数量仍偏少，高校涉海学科能力建设仍任重道远。特别是"科技兴海"战略还缺乏综合性系统性重大工程项目支撑，海洋开发与保护的关键核心技术自主研发能力还较差。同时，海洋科研和产业区域分离比较明显，导致宁波舟山缺乏高能级的海洋产业创新服务综合体，海洋科技成果转化能力严重不足。

最后，生态支撑力不足。近年来，江苏的三个滨海城市海水环境质量都出现了一定程度的恶化；上海则一直处于"极差"水平；浙江的五个滨海城市中，宁波和舟山在大多数年份也都处于"极差"水平。与此同时，长三角近岸海域的海洋环境质量要劣于全国大多数的海域，尤其是长江口和杭州湾。长江口和杭州湾Ⅳ类和劣Ⅳ类海水面积的占比常年在60%以上，尤其是杭州湾，劣Ⅳ类海水面积为100%，而且没有丝毫好转的迹象。相对于海水环境质量，岸线资源的生态性、滨海湿地的生物多样性、生态安全风险以及能源安全风险等均给宁波舟山建设全球海洋中心城市提出了挑战。

（三）对周边城市的辐射力不足

全球海洋中心城市既要聚集资源，成为区域海洋经济的增长极，又要对所在城市群和海洋经济区域产生辐射带动作用，成为区域协调发展的动力源。但从发展现状来看，现已规划的全球海洋中心城市在辐射带动能力方面尚有较大提升空间。这主要是由于宁波舟山建设全球海洋中心城市面临一体化问题。从宁波、舟山分别启动推进全球海洋中心城市规划建设到推动宁波舟山全球海洋中心城市建设，再到宁波海洋中心城市建设和舟山海洋中心城市建设，宁波和舟山两市尚未就甬舟一体化框架下推进全球海洋中心城市建设，还是分别构建达成统一意见。因此，难以在建设方面为我国其他沿海城市提供辐射、示范作用。除此之外，相较于上海和深圳，宁波和舟山在参与全球范围的海洋开发以及公约制定方面仍有欠缺，国际影响不足，进一步导致其政治辐射力的欠缺。

（四）海洋要素集聚力不足

创新是引领发展的第一动力，科技创新和人才培养是全球海洋中心城市建设的必备要素。与兄弟城市相比，宁波舟山建设全球海洋中心城市存在明显的科技和人才短板。虽然"十三五"时期宁波舟山地区在科技创新和人才培养方面取得了一些新的进展，如浙江海洋学院更名为浙江海洋大学，浙江大学海洋学院落户舟山，一批地方海洋研究机构纷纷成立，但与北上广深，乃至青岛相比，均不具备足够的实力。据了解，像中电科（宁波）和中航海洋（舟山）等企业在宁波舟山聚集得并不多，基于海洋科研成果孵化的上市公司则更少，因此海洋文化集聚力不足。

（五）综合影响力有待提高

宁波舟山建设全球海洋中心城市所需要的匹配的环境条件包括社会治理水平以及民生水平。调研发现，老百姓对宁波舟山港口的认识存在分歧，拉进拉出的集装箱并未给沿线居民带来任何的获得感和幸福感。宁波和舟山的营商环境虽然不错，但从全国来看，其营商环境排名还可以再提升。此外，海水水质持续恶化，"碧海银滩"不复存在，打造宜居宜业之城面临生态环境约束等都显示出宁波和舟山在提升自身社会影响力方面存在短板。

二、宁波舟山一体化推进全球海洋中心城市建设

宁波舟山全球海洋中心城市建设是宁波和舟山依托得天独厚的地理区位条件发展海洋经济，在做大做强海洋经济的同时，形成城市的海洋化发展特色并成为长三角南翼的中心城市。伴随海洋经济能级、海洋创新能级、海洋开放能级、海洋生态能级、海洋政策能级的提升，该中心城市最终将成为全球城市。中心城市建设有利于推进海洋强国和海洋强省战略在浙江真正落地，有利于长三角一体化战略和甬舟一体化战略在海洋领域率先达成共识，有利于进一步对内对外全面开放，助力浙江构建新发展格局。建设好全球海洋中心城市需要进一步把握五大重点建设领域与五大城市功能之间的内在联系，并探究城市的多样定位，最终给出宁波舟山的最优发展模式，为全球海洋中心城市建设提供理论依据以及决策建议。

（一）打造世界级强港，提升引领力

以宁波舟山港为核心，打造世界一流强港。宁波舟山港要对标当前综合实力排名第一的新加坡，差异化探索自己的发展路径。一是要紧抓江海联运这一优势，提高港口的规模效益。要发挥宁波舟山港快速由江出海的优势，进一步优化运输组织，促进物流降本增效，提升服务品质，做大江海联运市场。二是完善港铁联运体系，提高货物运输效率。要对通向宁波舟山港的货运线路进行整体规划，建设多条港铁线路，形成高效便捷的铁海体系，提高货物运输效率。三是提升宁波舟山港的智慧化服务软实力。在服务外贸企

业、推进贸易便利化等方面下功夫，提高服务化水平。在港口装卸装备上进行智能化改造，提高船舶服务货物装卸效率。

（二）明确经济增长极，提升支撑力

1. 科教文化支撑力的提升需要大力引进和培养海洋专门人才

一是吸引和聚集国际一流水平的高层次创新领军人才。依托高校、科研院所和重点企业，积极探索、打破常规、提早考察、长期跟踪，加快聚集一批海洋科学与工程技术研究领域的顶尖人才。二是加快各类海洋专门人才培养。充分利用浙江大学舟山校区和浙江海洋大学等涉海高校的优势学科，适当扩大相关专业办学规模，加大对各类海洋专业人才的教育培养，制定并实施减免学费、实行专业补贴和加大国家和行业奖学金比例等政策。此外，利用国内国际两种教育资源，加强与国际著名大学联合培养和合作办学。三是开展从业人员的在职培训教育。推动建立国际海洋海事专业人员培训平台，开展从业人员素质提升行动，围绕职业能力认证、技能等级评价和复合能力提升，建设技能型、知识型、创新型海洋劳动者大军。

2. 保持生态持续推动经济发展

首先，要提升海洋环境质量，严格落实加强生态保护红线管理制度，研究制定海洋生态补偿机制。强化入海流域污染整治，全面实施入海河流、溪闸总氮、总磷浓度控制。加强入海排污口整治，全面整治重污染行业，提升生产工艺和装备技术水平，严格控制污染物排放，以全部实现废水达标排放。其次，构建绿色活力海岸带。在海岸线向陆 10 千米，海域到领海外部界限的区域内，因地制宜利用各类公路、绿道和游步道，全线贯通绿道，并串联起沿海城镇、村落各功能组团、社区、郊野等节点，留白保护开发条件暂不成熟的"绿心绿肺"，使之成为联系山海景观的特色绿链，以充分彰显沿海的自然风景与人文特色差异，并成为全球海洋中心城市升级发展的新空间、美丽海洋共享的新窗口。最后，要完善海洋生态监测预警机制。建立陆海一体资源环境承载能力监测预警。集成各有关部门涉海监测数据，创建监测预警数据库，强化监测预警结果的应用，定期向社会发布监测预警信息。开展近岸海域生态环境本底调查监测，全面掌握近岸海域主要污染物质分布、污染程度及变化趋势。

3. 合理利用资源，提升产业支撑力

一是持续支持发展传统海洋产业。海洋基本产业具有高投入、高风险的特征，必须打造规模经济，而政府在政策、资金上给予全面支持是各国的通行做法。浙江应成立一家海洋发展银行，通过出资入股、并购收购等办法，对现有传统海洋企业进行股份制改造，促进股份的相对集中，在海洋渔业、航运业、船舶修造业和海洋旅游业等方面打造几家巨型龙头企业。二是充分发展海洋延伸产业。海洋延伸产业具有较高的增加值和投资回报率。近年来，浙江充分利用自身海洋产业门类齐全的有利条件，延伸发展水产品精深加工、水产品贸易和海洋生物医药，形成现代海洋生命健康产业体系；延伸发展海洋文化和体育产业、海洋会展产业，构建现代海洋旅游产业体系；延伸发展海洋电子信息，面向物联网升级港口物流产业，构建现代智慧海洋产业体系。应将上述产业纳入海洋产业体系，列入主导产业目录，进一步扩大产业规模。三是全力发展海洋服务业。当前，应进一步凸显"海洋贸易服务""海洋事务服务"的主题，以加速推进国际海事服务基地建设，深化中国（浙江）自由贸易试验区各项改革，实现与其他自由贸易试验区的错位、互补，高水平建设中国特色自由贸易港。

（三）积极推进一体化进程，提高对外辐射力

全球海洋中心城市不是城市的简单升级，而是辐射作用更强、带动区域协同发展的全球蓝色经济综合示范区。宁波舟山建设海洋中心城市面临一体化问题，只有解决一体化的困境，才能提高对外辐射力。

积极推进宁波舟山港一体化2.0。积极推进引航管理一体化、航运服务一体化、海事口岸一体化、代码章程一体化，深化宁波舟山港一体化发展。在引航管理一体化方面，推动宁波引航管理机构改革，设立统一的管理机构，实现两地引航一体化运营。在航运服务一体化方面，统筹两地现代航运发展，做强宁波现代航运金融、航运信息服务，做大舟山特色航运服务，推进两地船舶港口服务业经营许可互认。在基础设施一体化方面，推动两地航道锚地一体化，建立航道锚地共建共享机制。在口岸一体化方面，创新突破两地口岸转关模式，优化两地海关和边检管理，实现"单一窗口"一体化运作。加快推进代码章程一体化，加快宁波舟山港国际港口贸易代码统一，

共同制定宁波舟山港港口章程。

（四）整合海洋要素，促进海洋经济高质量发展

全球海洋中心城市应在更高层次、更大范围集聚经济、政治、地理、文化、科技要素，构建优势突出、特色鲜明、竞争力强的现代化海洋经济发展高地，为区域乃至全国海洋经济发展注入强劲动能，并持续提高对国民经济增长的贡献率。

1. 推动海洋经济要素聚集

一是做好区域海洋重点项目的金融支持。各海洋中心城市发展改革部门应及时编制海洋经济发展重大项目的系统性融资规划，统筹利用政府投资平台、政府投资引导基金，积极引导各类金融服务机构、相关国家产业投资基金、风险投资基金及社会资本投资重点海洋产业项目。二是推动依托自贸港区建设的海洋金融创新。立足上海、深圳国际金融中心城市的雄厚基础和天津金融创新运营示范区建设的发展定位，依托自贸港区的政策优势，争取国家金融监管部门的更多支持，在涉海金融机构体系建设、海洋特色金融创新业务开展等方面先行先试。三是推动设立专业化海洋金融机构。一方面，争取国家相关部门的支持，积极探索设立国际海洋开发银行（深圳）等国际化专业金融机构，引入国际性金融机构，提升金融贸易核心要素资源配置能力。另一方面，推动现有金融机构面向海洋事业和产业发展进行组织、业务和产品创新，进一步完善海洋金融组织体系。

2. 构建海洋技术和产业创新体系

一是强化园区对科技创新的功能承载。推动国家级海洋经济发展示范区建设，进一步优化创新环境，集聚创新要素，在海洋经济新技术、新产业、新业态、新模式和新场景的创新发展方面继续领跑全国。二是加强引进培育科技型海洋企业。大力引进和培育海洋高端装备制造、海洋信息科技、深海油气勘探和加工储备、海洋生物医药及海水淡化和综合利用等海洋战略新兴产业的领军企业和重点企业；支持企业围绕关键领域的共性技术或装备，设立工程研究中心、技术创新中心和重点实验室等，着力构建科技型企业为主体的海洋产业创新体系。三是激发高校和科研院所的创新活力。依托高等院校和科研院所，围绕城市海洋产业链进行科研选题立项，开展重大基础理论

研究、关键技术攻关及重大应用推广。此外，应加强体制机制创新，采取"政府支持、企业参与、市场运作"的方式，在海洋科学各领域建设若干独立核算、自主经营、有独立法人的新型研发机构。四是打造全球海洋科普和知识传播基地。不断扩大国家海洋博物馆（天津）、中国航海博物馆（上海）和深圳海洋博物馆等海洋科普设施的国际影响力，打造国际化的海洋科普教育与知识传播基地，提高大众的海洋科学素养。

（五）重视综合影响力，提升公共服务与治理能力

1. 构建现代海洋环境治理体系

一是以创建国家级海洋生态文明建设示范区为抓手。引导各地结合"十四五"规划，编制海洋生态环境保护专项规划，系统谋划全球海洋中心城市建设中的海洋生态环境保护总体目标、重点任务和主要措施，推广深圳大鹏新区的创建经验，为蓝色疆土的绿色发展提供新标杆。二是以建立完善海洋生态环境保护制度体系为引领。严格落实海洋生态保护红线制度，完善党政领导干部任期生态责任审计，压实领导干部的治理责任。探索海洋自然资源开发利用成本评估机制。制定和完善海洋生态保护的地方法规，用制度法规形成刚性约束。三是以陆海统筹、河海共治为原则，实施近岸海域和流域环境污染的综合治理和生态修复。强化入海河流的综合整治监管，在深圳、上海和天津等地的海域全面推行湾长制，并与河长制进行衔接，打好相关海域环境综合治理攻坚战。

2. 打造立体高效的港口综合服务体系

一是以港口核心区为重点，大力发展铁水联运、江海联运、江海直达，打造公铁水各种运输方式齐全、内外衔接高效的港口立体综合集疏运体系。二是以世界一流贸易港建设为目标，加强港口与产业布局、城乡发展的有效衔接，持续优化口岸营商环境，推动运输和通关便利化、一体化，推动港口与产业、贸易、城市的开放融合发展。三是以绿色智慧港口建设为方向，积极推进既有码头环保设施的绿色化、智能化升级改造，大力建设基于第五代移动通信技术、物联网等的新型基础设施，加快建设新型智慧化港口系统。四是以港口治理体系现代化为根本，深化"放管服"改革，精简港口经营许可事项，构建以信用为基础的新型监管机制，提高港口的治理能力和现代化水平。

3. 加强城市外交，参与全球海洋治理

一是构建海洋城市合作交流网络。在国家总体外交框架下，加强与"一带一路"沿线国家和地区海洋城市的交流与合作，依托中欧在海洋领域的蓝色伙伴关系，拓展中欧海洋中心城市间的蓝色伙伴关系，构建良好的长效沟通机制。二是加强与重要海洋海事国际机构组织的关系。海洋中心城市既要与联合国下属的海洋海事组织（如联合国国际海底管理局、联合国贸易与发展会议、联合国环境规划署、国际海事组织等）建立良好的协作关系，也要积极加入各类涉海的国际和地区城市组织，在全球海洋事务中争取表达权、参与权和主导权。三是主动承接承办国际海洋主题交流活动。依托上海合作组织、金砖国家峰会、"一带一路"领导人峰会等国际组织和平台，通过承接承办海洋主题的国际会议、国际赛事等各类交流活动，提升海洋中心城市的全球影响力。

参 考 文 献

［1］艾·巴·托马斯:《拉丁美洲史(第一册)》,商务印书馆 1973 年版。

［2］柏宇亮:《基于广州海上丝绸之路的历史研究》,载于《黑龙江史志》2015 年第 3 期。

［3］布罗代尔:《15 至 18 世纪的物质文明、经济和资本主义(第 3卷)》,生活·读书·新知三联书店 2002 年版。

［4］曹利军、王华东:《可持续发展评价指标体系建立原理与方法研究》,载于《环境科学学报》1998 年第 18 期。

［5］曹前满:《东北亚城市与海洋研究——以日韩为例》,华中师范大学,2012 年。

［6］曹忠祥、任东明、王文瑞、赵明义:《区域海洋经济发展的结构性演进特征分析》,载于《人文地理》2005 年第 6 期。

［7］陈出云:《地图上消失的名字(二十八)巴达维亚,城市和国家》,载于《地图》2015 年第 4 期。

［8］陈豪荣:《舟山海洋渔业安全生产研究》,浙江海洋大学,2019 年。

［9］陈惠平:《"海上丝绸之路"的文化特质及其当代意义》,载于《中共福建省委党校学报》2005 年第 2 期。

［10］陈家瑛:《里斯本印象》,长春出版社 1999 年版。

［11］陈金钊:《论县域治理法治化》,载于《扬州大学学报》2019 年第 2 期。

［12］陈京京、刘晓明:《论运河与阿姆斯特丹古城的演变与保护》,载于《现代城市研究》2015 年第 5 期。

［13］陈景辉:《地方法制的概念有规范性基础吗》,载于《中国法律评论》2019 年第 3 期。

[14] 陈亮：《我国海洋污染问题、防治现状及对策建议》，载于《环境保护》2016 年第 44 期。

[15] 陈柳钦：《城市形象的内涵、定位及其有效传播》，载于《湖南城市学院学报》2011 年第 1 期。

[16] 陈朋：《体系构建与效能提升：地方治理现代化中的制度建设》，载于《理论与改革》2016 年第 2 期。

[17] 陈万灵、何传添：《海上丝绸之路的各方博弈及其经贸定位》，载于《改革》2014 年第 3 期。

[18] 陈炎：《澳门港在近代海上丝绸之路中的特殊地位和影响——兼论中西文化交流和相互影响》，载于《海交史研究》1993 年第 2 期。

[19] 程杞国：《从管理到治理：观念、逻辑、方法》，载于《南京社会科学》2001 年第 9 期。

[20] 陈旭麓：《近代中国社会的新陈代谢》，生活·读书·新知三联书店2017 年版。

[21] 崔克亮、马玉荣：《依法治国：反思与改革——访中国政法大学终身教授江平》，载于《中国经济报告》2014 年第 10 期。

[22] 邓红卫：《深圳市现代物流业发展研究》，福建师范大学，2013 年。

[23] 丁轶：《承包型法治：理解"地方法治"的新视角》，载于《法学家》2018 年第 1 期。

[24] 丁宇：《走向善治的中国政府管理创新研究》，武汉大学，2011 年。

[25] 杜权、王颖：《中国滨海旅游业发展效率研究——基于 BCC – DEA模型》，载于《海洋开发与管理》2020 年第 37 期。

[26] 范逢春：《多重逻辑下的制度变迁：十八大以来我国地方治理创新的审视与展望》，载于《上海行政学院学报》2017 年第 2 期。

[27] 范英：《简论城市形象的内涵》，载于《岭南学刊》1999 年第 1 期。

[28] 菲利普·施密特：《"治理"的概念：定义、诠释与使用》，赫宁译，载于敬义嘉主编：《购买服务与社会治理（复旦公共行政评论第十五辑）》，上海人民出版社 2016 年版。

[29] 费孝通：《乡土中国·生育制度》，北京大学出版社 1998 年版。

[30] 冯雅颖：《南京城市形象分析与提升策略研究》，南京师范大学，

2011 年。

［31］付秀梅、苏丽荣、李晓燕、鹿守本：《海洋生物资源资产负债表基本概念内涵解析》，载于《海洋通报》2018 年第 37 期。

［32］傅秀梅、王长云：《海洋生物资源保护与管理》，科学出版社 2008 年版。

［33］傅秀梅：《中国近海生物资源保护性开发与可持续利用研究》，中国海洋大学，2008 年。

［34］盖美、朱莹莹、郑秀霞：《中国沿海省区海洋绿色发展测度及影响机理研究》，载于《生态学报》2021 年第 23 期。

［35］高淑娟、冯斌中：《对外经济政策比较史纲——以封建末期贸易政策为中心》，清华大学出版社 2003 年版。

［36］高小平：《政府管理与服务方式创新》，国家行政学院出版社 2008 年版。

［37］顾培东：《中国法治的自主型进路》，载于《法学研究》2010 年第 1 期。

［38］顾卫民：《葡萄牙海洋帝国史（1415—1825）》，上海社会科学院出版社 2017 年版。

［39］顾卫民：《葡萄牙文明东渐中的都市——果阿》，上海辞书出版社 2009 年版。

［40］顾卫民：《荷兰海洋帝国史：1581－1800》，上海社会科学院出版社 2020 年版。

［41］顾湘：《信息化引领下的我国智慧港口建设》，载于《物流工程与管理》2017 年第 39 期。

［42］黄涛：《从月港兴衰看明代海外贸易》，载于《福建史志》2006 年第 2 期。

［43］桂光华：《马六甲王国的兴亡及其与中国的友好关系》，载于《南洋问题》1985 年第 2 期。

［44］郭亮、樊纪相：《论城市文化与城市形象塑造——以武汉市为例》，载于《湖北经济学院学报（人文社会科学版）》2008 年第 11 期。

［45］郭志强、吕斌：《国家中心城市竞争力评价》，载于《城市问题》

2018 年第 11 期。

［46］韩晨平、袁宇平、王新宇：《未来城市展望——从海洋建筑到海洋城市》，载于《中外建筑》2020 年第 8 期。

［47］何芳川：《太平洋贸易网 500 年》，河南人民出版社 1998 年版。

［48］涂志伟：《大航海时代世界格局下月港地位的变迁》，载于《理论参考》2016 年第 3 期。

［49］胡波：《中国海上兴起与国际海洋安全秩序——有限多极格局下的新型大国协调》，载于《世界经济与政治》2019 年第 11 期。

［50］胡方：《国际典型自由贸易港的建设与发展经验梳理——以香港、新加坡、迪拜为例》，载于《人民论坛·学术前沿》2019 年第 22 期。

［51］黄鸿钊：《明清时期澳门海外贸易的盛衰》，载于《江海学刊》1999 年第 6 期。

［52］黄娟：《新时代社会主要矛盾下我国绿色发展的思考——兼论绿色发展理念下"五位一体"总体布局》，载于《湖湘论坛》2018 年第 31 期。

［53］黄日富：《海洋资源开发与保护要并举》，载于《南方国土资源》2003 年第 5 期。

［54］黄文艺：《认真对待地方法治》，载于《法学研究》2012 年第 6 期。

［55］姬厚德、林毅辉、涂振顺、孔昊、张加晋、孙芹芹：《厦门市海洋休闲渔业发展设想》，载于《海洋开发与管理》2020 年第 37 期。

［56］李金明：《试论明代海外贸易港的兴衰》，载于《中国经济史研究》1997 年第 1 期。

［57］贾大山、徐迪：《2019 年沿海港口发展回顾与 2020 年展望》，载于《中国港口》2020 年第 1 期。

［58］江平：《法律：制度·方法·理念》，载于《中国党政干部论坛》2005 年第 3 期。

［59］［英］杰里米·布莱克：《重新发现欧洲：葡萄牙何以成为葡萄牙》，高银译，天津人民出版社 2020 年版。

［60］解美玲：《11 至 18 世纪布里斯托尔贸易的兴衰》，天津师范大学，2009 年。

［61］可平：《治理和善治引论》，载于《马克思主义与现实》1999 年第

5 期。

　　［62］孔飞力：《中国现代国家的起源》，陈兼、陈宏之译，生活·读书·新知三联书店 2013 年版。

　　［63］雷健丽：《近代视野中安特卫普城市的兴衰史》，福建师范大学，2008 年。

　　［64］李春辉：《拉丁美洲史稿（上）》，商务印书馆 1983 年版。

　　［65］李涵钰：《16 世纪英国北极航线开发与英俄海上贸易研究》，黑龙江大学，2019 年。

　　［66］李凤华：《治理理论：渊源、精神及其适用性》，载于《湖南师范大学社会科学学报》2003 年第 5 期。

　　［67］李加林：《宁波海洋资源的可持续开发研究》，载于《国土与自然资源研究》2000 年第 3 期。

　　［68］李剑、姜宝、部峪佼：《基于自贸区的上海国际航运中心功能优化研究》，载于《国际商务研究》2017 年第 38 期。

　　［69］李连江等：《中国基层社会治理的变迁与脉络——李连江、张静、刘守英、应星对话录》，载于《中国社会科学评价》2018 年第 3 期。

　　［70］李倩：《17 世纪荷兰东印度公司远东贸易研究》，浙江师范大学，2009 年。

　　［71］李庆钧、陈建：《中国政府管理创新》，社会科学文献出版社 2007 年版。

　　［72］李晓敏、王文涛、揭晓蒙、李宇航、纪鹏、赵晓宇：《中美海洋科技经费投入对比研究》，载于《全球科技经济瞭望》2020 年第 35 期。

　　［73］李晓明：《美国的海洋强国建设研究》，中国海洋大学，2015 年。

　　［74］李忠义、林群、李娇、单秀娟：《中国海洋牧场研究现状与发展》，载于《水产学报》2019 年第 9 期。

　　［75］理查德·瑞吉斯特：《生态城市：建设与自然平衡的人居环境》，社会科学文献出版社 2012 年版。

　　［76］梁漱溟：《乡村建设理论》，上海人民出版社 2011 年版。

　　［77］梁振林、郭战胜、姜昭阳、朱立新、孙利元：《"鱼类全生活史"型海洋牧场构建理念与技术》，载于《水产学报》2020 年第 7 期。

［78］林广:《移民与纽约城市发展研究》,华东师范大学出版社 2008 年版。

［79］林兰:《德国汉堡城市转型的产业—空间—制度协同演化研究》,载于《世界地理研究》2016 年第 4 期。

［80］林榕:《"十四五"时期智慧港口建设形势与展望》,载于《港口科技》2020 年第 10 期。

［81］刘冰、刘强:《基于组合评价法的海洋灾害综合风险评估——以山东沿海地区为例》,载于《中国渔业经济》2017 年第 4 期。

［82］刘成武、杨志荣、方中权等:《自然资源概论》,科学出版社 2001 年版。

［83］刘翠莲、郁斟兰:《论我国绿色港口建设》,载于《武汉理工大学学报（社会科学版）》2011 年第 3 期。

［84］刘东民、何帆、张春宇、伍桂、冯维江:《海洋金融发展与中国的海洋经济战略》,载于《国际经济评论》2015 年第 5 期。

［85］刘坤、菅康康、刘惠、辛艺、严寅央、俞存根:《绿色渔业背景下的舟山群岛新区海洋渔业创新发展》,载于《海洋开发与管理》2019 年第 12 期。

［86］刘锐:《政府职能转变的法治化——访著名法学家江平教授》,载于《国家行政学院学报》2013 年第 4 期。

［87］刘少才:《里约热内卢港——世界三大天然良港之一》,载于《游艇》2016 年第 6 期。

［88］刘新山、张红、吴海波:《初级水产品质量安全监管问题研究》,载于《中国渔业经济》2015 年第 33 期。

［89］刘中民:《中国国际问题研究视域中的国际海洋政治研究述评》,载于《太平洋学报》2009 年第 6 期。

［90］龙巍:《深港组合港蓝图绘就》,载于《中国水运报》,2018 年 7 月 9 日。

［91］龙艳萍:《十五世纪马六甲王朝兴起原因再辨》,载于《人民论坛》2010 年第 26 期。

［92］卢秀容、陈伟:《中国国际海洋科技合作的重点领域及平台建设》,

载于《海洋开发与管理》2014 年第 31 期。

　　［93］卢秀容：《粤琼两省海洋科技合作模式及对策研究》，载于《生态经济（学术版）》2013 年第 2 期。

　　［94］陆益龙：《新农村建设的制度需求与供给》，载于《天津社会科学》2007 年第 3 期。

　　［95］罗本成：《鹿特丹智慧港口建设发展模式与经验借鉴》，载于《中国港口》2019 年第 1 期。

　　［96］罗本成：《新加坡智慧港口建设实践与经验启示》，载于《港口科技》2019 年第 7 期。

　　［97］罗翠芳：《安特卫普与汉口：近代转型时期的中西转口贸易中心》，载于《社会科学动态》2018 年第 2 期。

　　［98］罗荣渠：《现代化新论——中国的现代化之路》，华东师范大学出版社 2013 年版。

　　［99］吕淑梅：《台湾早期海港与陆岛网络的初步形成》，载于《中国社会经济史研究》1999 年第 2 期。

　　［100］吕淑琪：《中国绿色港口建设存在的问题和建议》，载于《环境科学与管理》2018 年第 43 期。

　　［101］马长山：《社会转型与法治根基的构筑》，载于《浙江社会科学》2003 年第 4 期。

　　［102］马驹如、陈克林：《关于出席〈关于特别是作为水禽栖息地的国际重要湿地公约〉第五届缔约国大会的报告》，载于《野生动物》1993 年第 6 期。

　　［103］马仁锋、周小靖：《国民素养视角海洋经济知识体系及其教育实施策略》，载于《航海教育研究》2020 年第 37 期。

　　［104］马小宁：《洛杉矶：从地区性中心城市到全球性城市的研究》，华中师范大学，2004 年。

　　［105］毛利丹：《宁波海洋经济现状与可持续发展思考》，载于《经济研究导刊》2016 年第 13 期。

　　［106］苗欣茹、王少鹏、席增雷：《中国海洋生态文明进程的综合评价与测度》，载于《海洋开发与管理》2020 年第 261 期。

［107］孟德拉斯：《农民的终结》，李培林译，社会科学文献出版社 1991 年版。

［108］孟德斯鸠：《论法的精神（上册)》，张雁深译，商务印书馆 1961 年版。

［109］孟庆武：《海洋科技创新基本理论与对策研究》，载于《海洋开发与管理》2013 年第 30 期。

［110］米夏埃尔·诺尔特：《海洋全球史》，夏嫱、魏子扬译，生活·读书·新知三联书店 2021 年版。

［111］莫世祥：《近代澳门贸易地位的变迁——拱北海关报告展示的历史轨迹》，载于《中国社会科学》1999 年第 6 期。

［112］聂平香：《新加坡自由贸易港政策制度体系设计》，载于《中国远洋海运》2020 年第 8 期。

［113］钮钦：《全球海洋中心城市：内涵特征、中国实践及建设方略》，载于《太平洋学报》2021 年第 8 期。

［114］齐明山：《转变观念 界定关系——关于中国政府机构改革的几点思考》，载于《新视野》1999 年第 1 期。

［115］钱乘旦：《英国通史》，江苏人民出版社 2016 年版。

［116］儒尔·凡尔纳：《海底两万里》，沈国华、钱培鑫、曹德明译，译林出版社 2012 年版。

［117］沈秦伟、韩增林、郭建科：《港口物流与城市经济增长的关系研究——以大连为例》，载于《地理与地理信息科学》2013 年第 29 期。

［118］施宇：《论提升城市形象传播力的路径选择》，载于《新闻爱好者》2012 年第 16 期。

［119］石佑启、杨治坤：《中国政府治理的法治路径》，载于《中国社会科学》2018 年第 1 期。

［120］宋经纶：《荷兰东印度公司与巴达维亚早期城市发展（1619—1740)》，山西大学，2016 年。

［121］孙才志等：《改革开放以来中国海洋经济地理研究进展与展望》，载于《经济地理》2021 年第 10 期。

［122］孙红军：《中国地方政府法治化：目标与路径研究》，苏州大学，

2016 年。

［123］孙吉亭：《海洋渔业与海洋文化协调发展研究》，载于《中国渔业经济》2016 年第 4 期。

［124］孙利娟、邢小军、周德群：《熵值赋权法的改进》，载于《统计与决策》2010 年第 21 期。

［125］孙亮：《纽约港的发展研究（1815—1860）》，华东师范大学，2012 年。

［126］谭显宗：《论香港的近代转型》，北京大学，2002 年。

［127］唐颖、谭世琴：《港口集装箱集疏运系统现状与分析》，载于《物流工程与管理》2009 年第 31 期。

［128］田鹤年等：《台海历史纵横》，华文出版社 2007 年版。

［129］万明：《马六甲海峡崛起的历史逻辑——郑和七下西洋七至满剌加考实》，载于《太平洋学报》2020 年第 28 卷第 3 期。

［130］万学新．《文旅融合背景下用户对大连海洋旅游产业的认知度研究》，载于《经济研究导刊》2020 年第 22 期。

［131］汪仲启：《建构还是生成：中国地方民主发展路径分析——以中国政府创新奖（2001－2014）获奖案例为例》，载于陈明明主编：《战争组织与理性化（复旦政治学评论第十五辑）》，复旦大学出版社 2015 年版。

［132］王蓓：《16 世纪安特卫普衰落的内在经济因素探析》，载于《世界历史》1999 年第 1 期。

［133］王恩辰、韩立民：《浅析智慧海洋牧场的概念、特征及体系架构》，载于《中国渔业经济》2015 年第 2 期。

［134］王凤山、冀春贤：《依托海联运发展无水港的探析——以宁波港为例》，载于《时代经贸》2011 年第 33 期。

［135］王谷成：《港口区位价值理论探析》，载于《经济研究导刊》2009 年第 23 期。

［136］王海波：《从里约热内卢到哥本哈根的历程（1992—2009）》，载于《气象知识》2009 年第 6 期。

［137］王敬波：《我国法治政府建设地区差异的定量分析》，载于《法学研究》2017 年第 5 期。

　　［138］王军锋、肖琳：《探索建设自由贸易港：宁波的探索与思考》，载于《宁波经济丛刊》2019 年第 2 期。

　　［139］王利明：《法治：良法与善治》，载于《中国人民大学学报》2015 年第 2 期。

　　［140］王莉：《论城市形象管理的内涵、原则及程序》，载于《长沙大学学报》2012 年第 3 期。

　　［141］王列辉、苏晗、张圣：《港口城市产业转型和空间治理研究——以德国汉堡和中国上海为例》，载于《城市规划学刊》2021 年第 2 期。

　　［142］王玲：《文化产业博览会对塑造和提升城市形象的价值研究》，载于《人文天下》2016 年第 8 期。

　　［143］王淼、王国娜、张春华、李开红：《关于改革我国海洋科技体制的战略思考》，载于《科技进步与对策》2006 年第 1 期。

　　［144］王琪、刘彬、相慧：《浙江省大陆自然岸线综合管控对策研究》，载于《绿色科技》2019 年第 8 期。

　　［145］王琪、李凤至：《我国海洋人才培养存在的问题及对策研究》，载于《科学与管理》2011 年第 31 期。

　　［146］王任叔：《印度尼西亚近代史（上册)》，周南京整理，北京大学出版社 1995 年版。

　　［147］王淑芹：《良法善治：现代法治的本质与目的》，载于《光明日报》，2015 年 7 月 15 日，第 14 版。

　　［148］王文君：《高科技作用下的城市转型：二战后的西雅图》，厦门大学，2007 年。

　　［149］郑宝恒：《月港的兴衰》，载于《历史地理研究》1992 年第 1 期。

　　［150］王志文、丁晨妍：《推动"十四五"时期浙江海洋经济双循环发展》，载于《浙江经济》2021 年第 5 期。

　　［151］王志文：《宁波舟山打造全球海洋中心城市探讨》，载于《浙江经济》2020 年第 7 期。

　　［152］魏宁宁、张全景、林奕冉、孙晓芳：《旅游承载力评估在海滩旅游管理中的应用》，载于《经济地理》2019 年第 3 期。

　　［153］温文华：《港口与城市协同发展机理研究》，大连海事大学，2016 年。

［154］吴敬琏：《建设一个公开、透明和可问责的服务型政府》，载于《领导决策信息》2003 年第 25 期。

［155］吴美仪：《海洋矿产资源的可持续发展》，载于《中国资源综合利用》2018 年第 36 期。

［156］吴予敏：《从"媒介化都市生存"到"可沟通的城市"——关于城市传播研究及其公共性问题的思考》，载于《新闻与传播研究》2014 年第 3 期。

［157］吴郁文主编：《香港、澳门地区经济地理》，新华出版社 1990 年版。

［158］习近平：《关于〈中共中央关于坚持和完善中国特色社会主义制度推进国家治理体系和治理能力现代化若干重大问题的决定〉的说明》，载于《人民日报》，2019 年 11 月 6 日，第 4 版。

［159］肖金成、马燕坤、张雪领：《都市圈科学界定与现代化都市圈规划研究》，载于《经济纵横》2019 年第 11 期。

［160］谢子远、孙华平：《基于产学研结合的海洋科技发展模式与机制创新》，载于《科技管理研究》2013 年第 33 期。

［161］欣茹、王少鹏、席增雷：《中国海洋生态文明进程的综合评价与测度》，载于《海洋开发与管理》2020 年第 261 期。

［162］徐汉明：《推进国家与社会治理法治化现代化》，载于《法制与社会发展》2014 年第 5 期。

［163］徐君亮：《澳门自由港优势与深水港口开发——澳门发展路向研究之二》，载于《热带地理》1996 年第 16 卷第 1 期。

［164］徐晓望：《论明代台湾北港的崛起》，载于《台湾研究》2006 年第 2 期。

［165］徐祖澜：《纵向国家权力体系下的区域法治建构》，载于《中国政法大学学报》2016 年第 5 期。

［166］亚里士多德：《政治学》，吴寿彭译，商务印书馆 1965 年版。

［167］颜双波：《基于熵值法的区域经济增长质量评价》，载于《统计与决策》2017 年第 21 期。

［168］燕继荣：《从"行政主导"到"有限政府"——中国政府改革的

方向与路径》，载于陈明明主编：《共和国制度成长的政治基础（复旦政治学评论第七辑）》，上海人民出版社 2009 年版。

［169］王建勋：《法治、自治与多中心秩序》，载于《理论视野》2011 年第 6 期。

［170］杨钒、关伟、王利、杜鹏：《海洋中心城市研究与建设进展》，载于《海洋经济》2020 年第 10 期。

［171］杨黎静、李宁、王方方：《粤港澳大湾区海洋经济合作特征、趋势与政策建议》，载于《经济纵横》2021 年第 2 期。

［172］杨丽坤：《海洋强国战略的顶层设计研究》，载于《大连海事大学学报：社会科学版》2015 年第 2 期。

［173］杨明：《全球海洋中心城市评选指标、评选排名与四大海洋中心城市发展概述》，载于《新经济》2019 年第 10 期。

［174］杨明：《我国政府海洋科技管理体制创新研究》，载于《农村经济与科技》2013 年第 24 期。

［175］杨荣国：《"一带一路"公共外交战略研究》，兰州大学，2017 年。

［176］杨晓光：《我国港口营商环境进展及展望》，载于《中国港口》2021 年第 5 期。

［177］杨雪冬等：《民主法治与中国政府改革——地方的视角》，载于《清华法治论衡》2009 年第 1 期。

［178］杨众崴：《18 世纪英国布里斯托尔和利物浦城市发展的历史考察》，南京大学，2017 年。

［179］全毅、林裳：《漳州月港与大帆船贸易时代的中国海上丝绸之路》，载于《闽台关系研究》2015 年第 6 期。

［180］殷文伟、陈佳佳：《浙江建设全球海洋中心城市：战略由来与路径探索》，载于《浙江海洋大学学报（人文科学版）》2021 年第 1 期。

［181］于谨凯、李宝星：《我国海洋高新技术产业发展策略研究》，载于《浙江海洋学院学报》2007 年第 4 期。

［182］余思伟：《中外海上交通与华侨》，暨南大学出版社 1991 年版。

［183］俞可平：《治理和善治引论》，载于《马克思主义与现实》1999 第 5 期。

［184］俞可平：《法治与善治》，载于《西南政法大学学报》2016 年第 1 期。

［185］俞可平：《更加重视社会自治》，载于《人民论坛》2012 年第 2 期（下）。

［186］于水、陈春：《乡村治理结构中的村民自治组织：冲突、困顿与对策——以江苏若干行政村为例》，载于《农村经济》2011 年第 9 期。

［187］袁广雪：《18－19 世纪利物浦的交通变革研究》，安徽师范大学，2014 年。

［188］约翰·F. 卡迪：《东南亚历史发展》，上海译文出版社 1988 年版。

［189］张春宇：《如何打造"全球海洋中心城市"》，载于《中国远洋海运》2017 年第 7 期。

［190］张会龙：《以权力法治化推进治理现代化》，载于《人民日报》，2015 年 9 月 24 日，第 7 版。

［191］张金鹏、万荣胜、朱本铎：《中国近海砂矿资源开发与利用及相关战略建议》，载于《矿床地质》2014 年第 33 期。

［192］张俊、林卿、傅颜颜：《系统承载力视域下海岛旅游产业升级模式研究》，载于《生态经济》2021 年第 6 期。

［193］张明香：《打造智慧港口，加快港口服务模式创新的思考》，载于《交通与港航》2017 年第 4 期。

［194］张宁、赵玉：《中国能顺利实现碳达峰和碳中和吗？——基于效率与减排成本视角的城市层面分析》，载于《兰州大学学报（社会科学版）》2021 年第 4 期。

［195］张鹏飞、单德赛、郭芳英子：《浅议国际航运中心》，载于《世界海运》2019 年第 42 期。

［196］张思：《16－19 世纪利物浦经济研究》，天津师范大学，2011 年。

［197］张文木：《论中国海权》，载于《世界经济与政治》2003 年第 10 期。

［198］张文显：《改革开放新时期的中国法治建设》，载于《社会科学战线》2008 年第 9 期。

［199］张文显：《法治与国家治理现代化》，载于《中国法学》2014 年第 4 期。

［200］张毅、郑俊田：《地方善治及其分权化改革的制度设计模式》，载于《中国行政管理》2010 年第 7 期。

［201］张玉强、孙鹤峰：《国海洋高新技术产业园区建设探索与发展研究》，载于《海洋开发与管理》2015 年第 32 期。

［202］赵超：《新加坡产业发展及其对我国的启示》，载于《开发研究》2010 年第 4 期。

［203］赵婧：《葡萄牙帝国与早期近代世界贸易体系》，首都师范大学，2019 年。

［204］赵树凯：《农村发展与"基层政府公司化"》，载于《中国发展观察》2006 年第 10 期。

［205］赵云、乔岳、张立伟：《海洋碳汇发展机制与交易模式探索》，载于《中国科学院院刊》2021 年第 36 期。

［206］郑杭生：《社会学视野中的社会建设与社会管理》，载于《中国人民大学学报》2006 年第 2 期。

［207］郑志龙：《走向地方治理后的政府绩效评估》，载于《中国行政管理》2009 年第 1 期。

［208］周安平：《善治与法治关系的辨析——对当下认识误区的厘清》，载于《法商研究》2015 年第 4 期。

［209］周乐萍：《全球海洋中心城市之争》，载于《决策》2020 年第 12 期。

［210］周乐萍：《中国全球海洋中心城市建设及对策研究》，载于《中国海洋经济》2019 年第 1 期。

［211］周牧之、陈亚军：《中国城市综合发展指标 2018——大都市圈发展战略》，人民出版社 2019 年版。

［212］周庆智：《社会自治：一个政治文化的讨论》，载于《政治学研究》2013 年第 4 期。

［213］周庆智：《从地方政府创新看国家与社会关系的变化》，载于《政治学研究》2014 年第 2 期。

［214］周庆智：《基层治理创新模式的质疑与辨析——基于东西部基层治理实践的比较分析》，载于《华中师范大学学报》2015 年第 2 期。

［215］周世秀：《澳门港的由来和发展》，载于《武汉交通职业学院学报》1999 年第 1 卷第 3 期。

［216］周雪光：《权威体制与有效治理：当代中国国家治理的制度逻辑》，载于《开放时代》2011 年第 10 期。

［217］周中坚：《马六甲：古代南海交通史上的辉煌落日》，载于《国家航海》2014 年第 2 期。

［218］朱寰：《世界中世纪史》，吉林文史出版社 1985 年版。

［219］庄倩玮、王健：《国外港口物流的发展与启示》，载于《物流技术》2005 年第 6 期。

［220］瞿同祖：《中国法律与中国社会》，商务印书馆 2012 年版。

［221］杨海坤：《我国法治政府建设的历程、反思与展望》，载于《法治研究》2015 年第 6 期。

［222］李婉君：《我国水产品精深加工与质量安全分析——中国海洋大学薛长湖教授专访》，载于《肉类研究》2018 年第 32 期。

［223］潘爱珍、苗振清：《我国海洋教育发展与海洋人才培养研究》，载于《浙江海洋学院学报（人文科学版）》2009 年第 26 期。

［224］刘阳、王淼：《我国海洋科技管理体制创新探讨》，载于《中国渔业经济》2020 年第 38 期。

［225］曹海龙：《港口物流系统构建及评价研究》，大连海事大学，2007 年。

［226］田小勇：《航运中心自生能力涌现研究》，武汉理工大学，2013 年。

［227］李清华：《定位策略在现代城市形象塑造中的运用》，载于《新闻界》2009 年第 3 期。

［228］谭宇菲：《北京城市形象传播：新媒体环境下的路径选择研究》，社会科学文献出版社 2019 年版。

［229］王凤山、丛海彬、冀春贤：《宁波—舟山港对接"一带一路"的探析》，载于《经济论坛》2015 年第 1 期。

［230］吴磊：《构建"新丝绸之路"：中国与中东关系发展的新内涵》，载于《西亚非洲》2014 年第 3 期。

［231］陈伟光：《论 21 世纪海上丝绸之路合作机制的联动》，载于《国际经贸探索》2015 年第 3 期。

［232］姜楠：《11—18 世纪伦敦的发展及其与周边地区关系》，天津师范大学，2017 年。

［233］王杰：《台湾古代港口概论》，载于《大连海运学院学报》1993 年第 3 期。

［234］王志红：《马尼拉大帆船贸易运行体制研究（1565—1642）》，华东师范大学，2018 年。

［235］张敏、Jose Danilo Selvestre，林天鹏：《马尼拉的城市发展与规划》，载于《中国名城》2017 年第 1 期。

［236］张舒：《新加坡海洋经济发展现状与展望》，载于《中国产经》2018 年第 2 期。

［237］高田义、汪寿阳、乔晗、高斯琪：《国际标杆区域海洋经济发展比较研究》，载于《科技促进发展》2016 年第 3 期。

［238］赵婧：《上海：加强海域管理　发展海洋经济》，载于《中国自然资源报》2021 年第 8 期。

［239］张沁、王艳：《深圳发展全球海洋中心城市的优势与突围策略》，载于《特区经济》2021 年第 3 期。

［240］阳立军：《浙江舟山群岛新区海洋产业结构演进研究——兼论海洋产业结构演替的特殊规律性》，载于《特区经济》2015 年第 6 期。

［241］朱迎春：《创新型国家基础研究经费配置模式及其启示》，载于《中国科技论坛》2018 年第 2 期。

［242］Michael V. Tomeldan：《马尼拉大都会的发展与挑战》，纪雁、沙永杰译，载于《上海城市规划》2014 年第 2 期。

［243］Ariel, A., E. Feitelson, U. Marinov. Economic and environmental explanations for the scale and scope of coastal management around the Mediterranean. Ocean & Coastal Management, No. 8, 2021.

［244］Commons, J. R. Institutional economics. The American Economic Review, No. 26, 1936.

［245］Williamson, O., S. Masten. The economics of transaction costs. Scott Masten, 2002.

［246］Daddario, W. The Enscenement of Self and the Jesuit Teatro del Mondo

Baroque, Venice, Theatre, Philosophy. Springer International Publishing, 2017: 159 – 202.

[247] Duranton, G. , P. Diego. Micro-foundations of urban agglomeration economies. Handbook of Regional and Urban Economics. Elsevier, 2004.

[248] Herrera, F. , E. Herrera-Viedma, F. Chiclana. Multiperson decision-making based on multiplicative preference relations. European Journal of Operational Research, 2001.

[249] Fujita, M. A monopolistic competition model of spatial agglomeration: a differentiated products approach. Regional Science and Urban Economics, No. 18, 1988.

[250] Ghali, M. R. , J. M. Frayret, J. M. Robert. Green Ocean Management Framework for Environmental. Social and Governance (ESG) Compliance, No. 12, 2020.

[251] Wee, H. The Growth of the Antwerp Market and the European Economy. Austaian Journal of Forensic Sciences, 1963, 25 (2).

[252] van der Chijs, J. Dagh-Register genouden int Casteel Batavia. 1674. s-Gravenhage. Nijhoff, 1902.

[253] Murray, J. M. , H. J. Donald. High Germans in the Low Countries-German Merchants and Commerce in Golden Age Antwerp. Boston: Brill, 2004.

[254] Janet Abu-Lughod. New York, Chicago, Los Angeles: American's Global City. University of Minnesota Press, 1999.

[255] Krugman, P. Increasing returns and economic geography. Journal of Political Economy, No. 3, 1991.

[256] Mahan, A. T. The Influence of Sea Power upon History, 1660 – 1783: Little. Brown, and Company, 1918.

[257] Melitz, M. J. , Ottaviano, G. I. P. Market Size, Trade, and Productivity Review of Economic Studies, No. 1, 2008.

[258] Menon. The Leading Maritime Capitals of the World. IHS Maritime Fairplay, 2019.

[259] Limberger, M. Private money, urban finance and the state: Antwerp in the sixteenth and seventeenth centuries, the 14th International Economic History

Congress. Helsinki.

[260] Patrick Mcgrath edited. Bristol in the Eighteenth Century. David & Charles: Newton Abbot, 1972.

[261] Spufford, P. From Antwerp and Amsterdam to London: The Decline of Financial Centuries in Europe. De Economist, No. 2, 2006.

[262] Liu, P., B. Zhu, M. Yang. Has marine technology innovation promoted the high-quality development of the marine economy? – Evidence from coastal regions in China. Ocean & Coastal Management, Vol. 209, 2021.

[263] Ashton, T. S. An Economic History of England, the 18th Century. London: Longman Publishing, 1966.

[264] Tan, T. Y. Port cities and hinterlands: A comparative study of Singapore and Calcutta. Political Geography, No. 26, 2007.

[265] Zheng, L., Tian K. The contribution of ocean trade to national economic growth: A non-competitive input-output analysis in China. Marine Policy, No. 8, 2021.

[266] Zhou, Z., H. Guan. Analysis of Total Factor Productivity and Influencing Factors in China's Shipbuilding Industry: Based on Industrial Environment Perspective. Ocean Development and Management, 2019.

[267] Colette C. C., Wabnitz, C. and Blasiak, R. The rapidly changing world of ocean finance. Marine Policy, No. 9, 2019.

[268] Wang S. L., Chen C., Hong G. H., et al. Carbon Dioxide and related parameters in the East China Sea. Continental Shelf Research, 2005, 20 (4): 525 –544.

后　记

　　党的十八大报告提出"建设海洋强国"，党的十九大报告进一步强调"坚持陆海统筹，加快建设海洋强国"。海洋强国建设的理论和实践在过去十年间取得了长足的发展和进步。我们课题组海洋强国建设的理论研究始于 2016 年的国家社科重大项目"海洋生态损害补偿制度研究——以中国东海为例"。我作为子课题负责人，承担了"东海生态损害损益主体关系及其补偿机理研究"。此后，我先后参与了浙江省社科规划重大委托项目"从海洋经济强省到海洋强国建设"、浙江省发改委重大委托项目"长三角陆海统筹环境治理一体化研究"等，主持了国家高端智库课题"妥善处理全球气候与环境治理中的海洋因素问题研究"等。

　　大力推进海洋强省建设是浙江的一项目标任务和重点工作。海洋城市是海洋强省建设的重要物理空间，全球海洋中心城市是重中之重。2020 年 1 月 12日，浙江省十三届人大三次会议明确提出率先实施长三角区域一体化，谋建全球海洋中心城市。2021 年 1 月 11～13 日，根据浙江省委部署要求，浙江省社会科学界联合会党组书记、副主席郭华巍一行 15 人就"推进宁波舟山全球海洋中心城市建设研究"在宁波和舟山等地展开深入调研，我十分有幸参与了这次调研的执笔工作。

　　调研后不久，2021 年 3 月，《舟山市国民经济和社会发展第十四个五年规划和二〇三五年远景目标纲要》明确提出要与宁波合力共建全球海洋中心城市，将舟山建设为长三角对外开放新高地。2021 年 5 月，《浙江省海洋经济发展"十四五"规划》正式发布，提出要全力打造海洋中心城市。2021 年 9 月，宁波建设全球海洋中心城市被明确纳入《宁波市海洋经济发展"十四五"规划》；在浙江海洋强省建设推进会上，宁波出台了经略海洋路线图。

　　在此期间，《推进宁波舟山全球海洋中心城市建设研究》（项目编号：

21NDYD059Z）被正式立为浙江省社科规划重点课题，郭华巍书记要求我们参考深圳等城市，对宁波舟山建设全球海洋中心城市再深化研究。经过多次研讨和提纲修改，我最终确立了由十章构成的研究框架。在这一过程中，我对每一章的初稿进行了细致审读并提出了修改意见，有些章节经历了框架重构并几易其稿，最终形成书稿。不同于调研项目聚焦宁波和舟山，本书从全球和更一般的视角切入，研究海洋中心城市建设，故书名定为《全球海洋中心城市建设的地区探索与政策实践》。

本书是课题组智慧的结晶，各章分工及执笔安排如下：

第一章　谢慧明（宁波大学东海战略研究院、商学院）、刘喆（宁波大学商学院）

第二章　周彬（宁波大学东海战略研究院、宁波大学旅游系）、任巧丽（宁波大学马克思主义学院）

第三章　李一（宁波大学东海战略研究院、中法联合学院）、唐慧阳（宁波大学商学院）、谢慧明

第四章　余杨（宁波大学东海战略研究院、商学院）、陈通（浙江省海港集团、宁波舟山港集团）、胡锦渠（浙江省海港集团、宁波舟山港集团）

第五章　陈琦（宁波大学东海战略研究院、商学院）

第六章　蒋伟杰（宁波大学东海战略研究院、商学院）

第七章　张潇（宁波大学商学院）、谢慧明

第八章　余璇（宁波大学东海战略研究院、商学院）

第九章　黄鹏航（宁波大学东海战略研究院、法学院）

第十章　谢慧明、唐俊彦（宁波大学商学院）、方晨（浙江海洋大学经济与管理学院）

在书稿即将付印之际，感谢郭华巍书记的全面指导和欣然作序！感谢浙江省社会科学界联合会的陈名义、蔡青、宋朝阳，宁波大学的汪浩瀚、钭晓东、张宝歌，浙江大学海洋学院的冯雪浩、叶观琼，浙江海洋大学的殷文伟等课题组成员的精诚团结、合作攻关！感谢浙江省发展规划研究院首席研究员秦诗立、舟山政策研究室副主任何军等专家的真知灼见！

在调研过程中，课题组得到了宁波市社会科学界联合会、舟山市社会科学界联合会、宁波舟山港、梅山物流产业集聚区管委会、中国电子科技集团

（宁波）海洋电子研究院、东方电缆股份有限公司、舟山港航指挥信息中心、中船海洋数据中心、远洋渔业小镇等有关单位和领导的大力支持，在此表示衷心的感谢！此外，感谢经济科学出版社的领导和编辑等的辛勤付出，本书能这么快与读者见面与其高效的工作密不可分！

2022 年 6 月 20 日，浙江省第十五次党代会在杭州召开。会议进一步明确提出"推动宁波舟山共建海洋中心城市"。我相信本书的出版必将能为这一项工作提供智力支持，也将为全球海洋中心城市建设的深入研究提供学理支撑。囿于成书时间较短，行文难免不足，敬请批评指正！

谢慧明

2022 年 7 月 1 日